SPRACHLICHE UNTERSUCHUNGEN ZU THEOPHRASTS BOTANISCHEN SCHRIFTEN.

Von

LUDWIG HINDENLANG.

STRASSBURG
VERLAG VON KARL J. TRÜBNER
1910.

M. DuMont Schauberg, Straßburg i. E.

Herrn Professor

Dr. BRUNO KEIL

in dankbarer Verehrung

gewidmet.

Von allen griechischen Schriftstellern der älteren Zeit ist Theophrast in Ansehung seiner botanischen Schriften am stiefmütterlichsten von der Wissenschaft behandelt worden. Die Philologen lasen sie nicht, weil sie der Stoff nicht anzog, die Botaniker nicht aus einem — wenigstens im letzten Jahrhundert stark bemerkbaren — horror Graecitatis, der freilich mit ihrer gesamten Nomenklatur in seltsamem Widerspruche steht. Dieses Schicksal teilte bis kaum vor einem Menschenalter mit Theophrast Hippokrates, aber nur in gewissem Sinne, insofern diesem stets wenigstens eine eingehende sachliche Durchforschung zuteil geworden ist. Das hat er allerdings hauptsächlich seinen Erklärern im Altertume, besonders Galen, zu verdanken. Theophrast aber hat nie jemanden gefunden, der ihn auch nur mit Verständnis abgeschrieben hätte. Auch Plinius hat es nicht getan. Dazu fehlte es ihm an klarer Anschauung, an physiologischen Kenntnissen ebenso sehr wie an wirklichem Forscherdrange. Und Athenaeus beschränkte sich darauf, einige Stellen, die ihm zu seinem jeweiligen Thema gerade zu passen schienen, oft aus dem Zusammenhange herausgerissen, zu zitieren. Der einzige aber, den wir als tüchtigen Botaniker des Altertums noch kennen, Dioskurides, hat uns leider nur ein Handlexikon offizineller Pflanzen für Ärzte und Apotheker hinterlassen. So tappte denn die Wissenschaft größtenteils im Dunkeln, und bis in die jüngste Zeit war es damit nicht viel besser geworden. Deswegen sollen die Verdienste mancher Gelehrten, besonders aus dem Anfange des 19. Jahrhunderts, wie Schneider, Sprengel, Wimmer, Fraas, nicht unterschätzt werden. Aber alle Versuche, Theophrast wirklich näher zu treten, waren doch schließlich an Grundfehlern der Methode gescheitert. Erst Hugo Bretzl hat in seinem Buche 'Botanische Forschungen des Alexanderzuges' (Leipzig 1903) der Forschung die Wege gezeigt, wie man in den Inhalt der theophrasteischen Schriften eindringen kann, und ihr damit zugleich ihre Grenzen gewiesen[1]). Durch diese Arbeit ist wieder in weiteren wissenschaftlichen Kreisen Interesse für die botanischen Schriften Theophrast erweckt worden, und so dürfte denn auch bald die Zeit für eine neue Ausgabe — die letzte von Wimmer ist 1866 erschienen — gekommen sein. Zu einer solchen möchten diese Untersuchungen einige Bausteine liefern[2]).

Die Grundlage für jede Ausgabe eines antiken Schriftstellers muß bilden die Erforschung seiner Diktion. Die Vernachlässigung dieser Forderung hat sich — gerade bei Theophrast — oft bitter gerächt, und manche Konjektur, die sachlich ganz gut sein mag, muß, weil sprachlich unmöglich, zurückgewiesen werden. Ich beginne meine Untersuchungen mit der Behandlung der äußeren Form, um mich dann der grammatischen und stilistischen Betrachtung zuzuwenden.

---

[1]) Vorher hatte nur O. Kirchner ('Die botanischen Schriften des Theophrast von Eresos' in Fleckeisens Jahrb. f. klass. Phil., Suppl.-B. VII) einige nützliche methodische Anregungen gegeben.

[2]) Durch die liebenswürdige Mitteilung seiner Kollationen zu den von mir textkritisch behandelten Stellen hat mich Herr Oberlehrer Dr. Bretzl zu großem Danke verpflichtet.

I. Vom rhythmischen Wohlklang.

Wenn ich diese Überschrift wähle, so soll das nicht bedeuten, daß ich, wie es Blass bei den attischen Rednern tut, rhythmische Formen und Klauseln bei Theophrast nachweisen will. Meiner Ansicht nach ist dies ein vergebliches Unterfangen und würde hier, wie ja auch teilweise bei Blass, auf eine gesuchte Künstelei hinauskommen. Vor allem regelt eine sinngemäße Anwendung des Hiats den Rhythmus. Im Innern eines Satzes oder eines Satzkolons ist der Hiat bei Dichtern ganz verpönt und seit dem 4. Jahrh. bei guten Prosaikern auch [1]). Hier ist er für den Griechen ein Mißklang, der seinem Ohr wehe tut, seine Vermeidung nicht etwa eine bloße Spielerei, ein leeres

[1]) Die meisten Schriften von Aristoteles ermangeln darum jeder Ausfeilung nach dieser Seite hin, soweit sie in der uns vorliegenden Form nicht zur Herausgabe bestimmt sind; wo Aristoteles ein wirkliches Buch schrieb, wie mit der πολιτεία Ἀθηναίων, da hat er auch Hiate zu vermeiden gesucht. Unserm Verständnis wird der Hiat vielleicht näher gerückt, wenn wir seine Wirkung uns vergrößert vor Augen führen. Dann wäre es ungefähr so, wie wenn ein Sänger mitten in einer Silbe Atem schöpft und hierauf von neuem den Ton ansetzt. Oder ähnliches empfinden wir, wenn jemand aus dem Stegreif spricht und dabei mitten im Satze nach Worten sucht. Man nehme nicht daran Anstoß, daß es sich hier nur um das gesprochene Wort handelt, auch bei dem gedruckten Wortbild gesellt sich in der Vorstellung der Wortklang dazu. Und man brauchte nur beim Druck einer freigehaltenen Rede auch die Pausen des Vortrags etwa durch Gedankenstriche bezeichnen, dann wäre die Parallele genau durchgeführt. — Aus diesem Vergleich ergibt sich, daß die Vermeidung des Hiats nur beim gedruckten Buch oder bei einer Kunstrede geboten war. Niemand wird dagegen behaupten wollen, daß die Griechen auch hiatlos im täglichen Leben gesprochen haben. Ich weiß nicht, ob es nicht am Ende eine stilistische Feinheit von Plato ist, wenn er Hiate außer in seiner letzten Periode zuläßt. Seine Dialoge sollten sich ja nicht als rhetorische Übungen, sondern als Gespräche aus dem Leben darbieten.

Formgesetz, sondern eine Forderung seines natürlichen musikalischen Gefühls. Wir müssen bei diesem Ausdruck freilich von unseren Begriffen abstrahieren, denn für uns ist musikalisches Gefühl fast gleichbedeutend mit Sinn für Harmonien geworden; namentlich seit Richard Wagner, dem größten Genie in der Harmoniebildung, hat der Rhythmus an Bedeutung in unserer Musik noch mehr verloren. Für den Griechen ist aber der Rhythmus alles; nur, wenn man sich auf diesen Standpunkt stellt, kann man auch die in den letzten 20 Jahren gefundenen Proben antiker Musik richtig würdigen. Als das Wesen des Hiats bezeichne ich also 'eine Unterbrechung des musikalischen Linienflusses'.

Für eine Verkennung der eigentlichen Natur des Hiats halte ich es, wenn man sagt, ein Schriftsteller habe ihn nach bestimmten Wörtern erlaubt. Alle Prosaiker wie Dichter — sofern sie dieses Kompositionsgesetz überhaupt beachteten — von Homer und Isokrates angefangen bis zu den letzten Ausläufern in der Byzantinerzeit, haben nur in einem Falle wirklich Hiat zugelassen, nämlich dann, wenn er rhythmisch gerechtfertigt ist, d. h. wenn er zusammenfiel mit einem Einhalten der Stimme, mag dies — in der Poesie — durch die Metrik oder — in der Prosa — durch den logischen Sinn gefordert sein. Wenn sonst an zwei als Auslaut und Anlaut aufeinanderfolgenden Vokalen kein Anstoß genommen wird, so liegt der Grund immer in einer Verschmelzung bei der Aussprache. Nur als spezielle Fälle davon sind Krasis, Elision und Aphaeresis zu betrachten; bei der ersteren ist in häufig vorkommenden Verbindungen — nach καὶ und den Artikelformen — die Verschmelzung auch in der Schrift ausgedrückt. Bei der Elision büßt der auslautende Vokal seinen Klangcharakter ganz ein, bei der Aphaeresis der anlautende. Sehr mit Unrecht sieht man diese als poetische Lizenz an, man muß sie auch in Prosa nicht selten annehmen. Das gleiche gilt von der Synizese. Denn es ist doch wohl kein Zufall, daß sie meist nach solchen Wörtern eintritt, nach denen in der Prosa, wie man sagt, Hiat gestattet ist (nach μή, δή usw. usw.). Es ist doch sicherlich dieselbe Erscheinung, nur daß sie uns im Vers durch die Forderung des Rhythmus augenfälliger ist. Man sollte darum endlich einmal mit der bisherigen Terminologie brechen, da sie, wie ich glaube, irrtümlichen Anschauungen entsprungen ist. Als Hiat sollte man nur die Fälle bezeichnen, wo tatsächlich ein neuer Ansatz der Stimme zwischen zwei Worten erfolgt, d. h. für die Prosa, wie schon gesagt, wenn zwischen aus- und anlautendem Vokal eine Sinnespause liegt, — alles übrige aber, was man bisher Hiat nannte, mit dem viel treffenderen Wort Synizese. (Von den sog. schweren Hiaten habe ich hier überall abgesehen, da es sich ja dort um vereinzelte Nachlässigkeiten handelt. Für sie gilt selbstverständlich die Bezeichnung Hiat.) Es erledigt sich, faßt man die Erscheinung so, auch die Frage, über die Benseler im Jahre 1839 in seinem Buche 'De hiatu' noch soviel Worte machen konnte und durfte, ob man Elision und Krasis (eigentlich müßte man noch Aphaeresis hinzufügen) auch stets in der Schrift ausdrücken soll, und wie weit man darin gehen dürfe. Jetzt haben alle Untersuchungen über Inschriften und Papyri[1]) bestätigt, daß man hier keine bestimmten Gesetze kannte. Aber dieser Bestätigung hätte es eigentlich nicht bedurft, es lag schon vorher klar zutage. Die Hauptsache ist, daß man Elision und Krasis mit dem Ohre empfindet, auch wenn sie für das Auge nicht dastehen. Und wenn man in der Schrift der Klarheit wegen von diesen Mitteln nicht überall Gebrauch gemacht hat, so ist damit noch lange nicht gesagt, daß der Grieche dann auch immer einen Hiat empfand. Wir müssen eine Verschmelzung in weiterem Maße annehmen, als wofür die Schriftzeichen einen Anhalt geben, genau so wie bei den Dichtern. Ich wundere mich, daß man bisher immer nur von poetischen Lizenzen sprach, während es doch wahrscheinlicher ist, daß hier Eigentümlichkeiten des gesprochenen Wortes überhaupt zugrunde liegen[2]).

[1]) Ich habe daraufhin die Werke von Meisterhans, Schweizer, Nachmanson und Crönert nachgeschlagen.

[2]) Es dürfte von Nutzen sein und manches in neues Licht setzen, wenn man die dargelegte Theorie auch auf die lateinische Prosa überträgt. Professor Reitzenstein hat sich daraufhin einzelne Abschnitte aus Cicero und Tacitus angesehen und vermutet, daß sich dort ähn-

Ich habe über diese Klärung der Begriffe so ausführlich gesprochen, weil sie mir nötig schien, da ich sie in der Literatur nirgends so behandelt gefunden habe. Damit glaube ich auch die unten eingehaltene Disposition gerechtfertigt zu haben. Ich habe eben als eigentlichen Hiat nur denjenigen rhythmischen Einschnitt bezeichnet, in welchem der Vokalzusammenstoß durch eine gleichzeitige Sinnespause seine Entschuldigung findet.

Darin besteht natürlich ein großer Unterschied zwischen den einzelnen Schriftstellern, wie weit sie Sinnespause als Entschuldigungsgrund für Hiat gelten ließen. Man scheint sich bei den Attikern von der Pedanterie, die anfangs vorherrschte, immer mehr frei gemacht und der natürlichen Aussprache genähert zu haben. So führt die Entwicklung von Isokrates über Demosthenes zu Theophrast. Die späteren Attizisten haben dann auch hier wieder Künstelei an die Stelle der Natürlichkeit gesetzt.

Für die Zulassung der Verschmelzung gilt zunächst, wie ausgeführt, das gesprochene Wort. Für Theophrast könnte aber noch ein besonderer Einschlag hinzukommen. Es mag nämlich auch die dialektische Aussprache seiner Heimat für ihn von Einfluß gewesen sein. Ich stelle dies natürlich nur als reine Vermutung hin, für die ich vorläufig den Beweis schuldig bleiben muß. Bei der weiteren Betrachtung sehe ich von der Poesie ganz ab und ziehe zum Vergleich nur den Gebrauch attischer Redner und noch den von Aristoteles in seiner Πολιτεία Ἀθηναίων heran. Daß Theophrast, der nach der Tradition seinen Namen von seiner Redekunst erhalten, und der selbst Περὶ λέξεως geschrieben hat, auch die rhetorische Vorschrift der Hiatvermeidung beachtete, kann man von vornherein annehmen. So sagt auch Blass in seiner griechischen Grammatik I S. 200: 'Theophrast berücksichtigt den Hiat durchweg, aber nach sehr freien Gesetzen'. Freilich worin diese 'Gesetze' bestünden, darüber fehlten bisher genauere Beobachtungen.

---

liche Erscheinungen finden lassen. Seiner dankenswerten Anregung kann ich vielleicht später einmal nachgehen.

Entsprechend den obigen Darlegungen zergliedert sich die Untersuchung in zwei große Hauptabschnitte:

I. Scheinbare Hiate, die nur für das Auge da sind (nach der vorgeschlagenen Terminologie als Synizesen zu bezeichnen).

II. Wirkliche, zu entschuldigende Hiate (Sinnespausen).

Daran werden sich anschließen als dritte Gruppe die Hiate aus Nachlässigkeit. Vorher müssen aber alle die Fälle abgerechnet werden, die nicht auf das Konto Theophrasts, sondern auf das seiner Herausgeber oder auf das einer offensichtlich verderbten Überlieferung zu setzen sind.

Wie sorgfältig Theophrast den Hiat mied, zeigt z. B. deutlich der Wechsel von καθάπερ und ὥςπερ. Ich greife ein beliebiges Beispiel heraus, Hist. pl. I 11, 3—4[1]); dort haben wir nacheinander folgende Verbindungen: τὰ μὲν δερματικοῖς ὥςπερ — τὰ δὲ ξυλώδεςιν ὥςπερ — τῶν μὲν εὐθὺ σαρκώδη καθάπερ — τὸ σαρκῶδες ἔχεται καθάπερ — καὶ ὥςπερ — καὶ τούτῳ καθάπερ εἴπομεν — καὶ στοιχηδὸν ὥςπερ — τὰ μὲν ἐνί τινι περιέχεσθαι καθάπερ — ὑφ' ἑνὸς ὥςπερ — τοὺς καρποὺς ὥςπερ — also immer nach Vokalen (von dem einzigen Beispiel nach καὶ abgesehen) καθάπερ, nach Konsonanten ὥςπερ Natürlich ist dies nicht streng durchgeführt, da vor ὥςπερ auch Sinnespause eintritt, so VIII 2, 1 ἐξ ἑκατέρου ὥςπερ ἐν τῷ σταχύι πέφυκεν, ebenso vor οἷον, das Theophrast sehr liebt zur Anführung einzelner Beispiele: I 2, 7 σκληρυνομένη

[1]) Ich zitiere nach Wimmer (Leipzig 1854). Die Schneidersche Ausgabe Leipzig 1818—21 (5 Bde.) ist schon deshalb veraltet, weil der beste codex U (Urbinas) bei der Textgestaltung nicht berücksichtigt ist, seine Lesarten sind erst nachträglich im 5. Band verzeichnet. Vorher hatte Wimmer die Historien gesondert mit sorgfältigem Apparat und guten sachlichen Anmerkungen herausgegeben (Breslau 1842). Hier hat er auch seine zahlreichen Konjekturen eingehend begründet, was wir bei den Causae plantarum sehr vermissen. Endlich ist ebenfalls von Wimmer noch eine vollständige Ausgabe mit lateinischer Übersetzung bei Didot (Paris 1866) erschienen, wo einige weitere Konjekturen in den Text der causae aufgenommen wurden, — ohne daß dies allerdings besonders angegeben wäre. — Im folgenden bezeichne ich nach üblichem Gebrauch die Causae mit C., die Stellen aus den Historien werden mit bloßen Ziffern angegeben. Meine Beobachtungen reichen bis IX 7, den Schluß halte ich mit Bretzl für unecht.

οἷον; 5, 4 ὀζώδη οἷον; 8, 2 ἄμφω οἷον; III 2, 1 ὁμογενῆ οἷον; V 3, 1 διαφοραὶ οἷον und so noch öfters. Überhaupt darf man nicht glauben, daß Theophrast aus Ängstlichkeit vor dem Hiat stilistische Feinheiten preisgab, wenn Synizese oder Pause eintreten konnte. So finden wir z. B. nicht — wie bei den Attizisten — Wechsel zwischen Formen von ὅς und ὅσπερ[1]), ebenso wenig schreibt er καίτοι γε wie die Attizisten, sondern nur richtig attisch καίτοι—γε (über die paar Ausnahmen, von denen eigentlich nur eine übrig bleibt, s. S. 82). Neben μικρὸν ὕστερον wie VIII 2, 4 finden wir auch μικρῷ ὕστερον III 4, 1, das als einheitlicher Zeitbegriff ohne weiteres zusammengelesen wurde. Daß aber sonst Wortwahl und Wortstellung sehr durch das Hiatgesetz beeinflußt ist, läßt sich sicherlich annehmen, nur können wir das im einzelnen nicht nachweisen, da man sonst Gefahr liefe, oft Absicht zu wittern, wo gar keine vorliegt. An einigen wenigen Stellen indes ist sie unverkennbar, nämlich III 10, 2, wo beim Prädikatsadjektiv Genuswechsel eintritt: μονογενὴς δὲ καὶ ἡ μίλος, ὀρθοφυὴς δὲ καὶ εὐαυξὴς καὶ ὁμοία τῇ ἐλάτῃ, πλὴν οὐχ ὑψηλὸν οὕτως, ferner C. IV, 1, 5-6 τὸ δὲ μὴ δύνασθαι τηρεῖν τὰ γένη μηδ' ἐξομοιοῦν ἐν ἀμφοῖν ἂν ἔχοι τὸ αἴτιον, καὶ τῷ πλείω χρόνον τὰ κατὰ γῆς μᾶλλον κατακρατεῖσθαι καὶ τῷ τοὺς σωματικοὺς ὄγκους ἀντισπᾶν, ὃ γοῦν καὶ τῆς ἀκαρπίας αἴτιον εὐλόγως. Hier ist γοῦν genau in demselben Sinne wie sonst οὖν gesetzt, während es sonst Theophrast nur bei Begründung allgemeiner Sätze durch einzelne Beispiele, überhaupt fast wie γάρ gebraucht. Endlich haben wir noch eine auffällige Änderung der gewöhnlichen Wortstellung C. V 4, 3 τῆς ὥρας ὑπογυίου τῆς βλαστητικῆς οὔσης (statt τῆς βλαστητικῆς ὥρας ὑπογυίου οὔσης).

A. Nur geschriebene Hiate, die beim Vortrag verschwinden.

Über die üblichen Elisionen will ich schnell hinweggehen; man findet alle Fälle, die auch sonst vorkommen, sehr zahlreich, so z. B. allein in dem kleinen 1. Buch der Historien

[1]) Vereinzelt ist II 7, 1 ἡ κυπάριττος, ἧπερ οὐ.

δέ mit folgendem Vokal mehr als 200 mal; außer ε haben wir oft ausgehendes ο (δύο usw.), ι bei Präpositionen und Adverbien (ἐπί, ἔτι usw.), ᾰ nicht nur bei Adverbien und Zahlwörtern, sondern auch in der Deklination (wie II 6, 7 γλυκύτητα[1]) ἰδίαν ἔχει; I 7, 1 οὖσα ἐπί; I 10, 7 φύλλα εἰκός; C. I 6, 7 τὸ ἔνθεμα οὕτως; VIII 8, 4 τοὔνομα εἴληφε und sehr viele andere Beispiele, darunter auch solche, wo das auslautende ᾰ den Akzent trägt wie III 11, 5 τὰ μὲν ὀρεινὰ εὔχροα γίγνεται usw.). Daß sich keine Beispiele von elidierbarem ᾰ in der Konjugation finden, hängt mit dem Stil zusammen, da Theophrast fast nie in der 1. Person berichtet. — Auch über die gebräuchliche Anwendung der Krasis brauche ich nichts zu sagen, da es sich dabei, wie bemerkt, ja nur um reine Äußerlichkeiten der Schrift handelt[2]).

Abgesehen von diesen oft auch in der Schrift ausgedrückten Beseitigungen des Hiats ist nie einer anzunehmen nach καί, wo ja in einzelnen Fällen die Krasis auch geschrieben wird; wie zahllos dies vorkommt, mag man daraus erkennen, daß auf den 32 Seiten des 1. Buches der Historien 292 mal nach καί Vokal folgt. Fast ebenso oft finden wir den nur geschriebenen Hiat nach allen Formen des Artikels (im 1. Buch 146 mal), nicht nur wenn ein Substantiv unmittelbar folgt, sondern auch sonst durchweg; man vergl. I 4, 3 τὸ οὕτω σκοπεῖν; 1, 2 τὰ ὕστερον γενησόμενα; II, 3, 3 ἐκ τοῦ ὄπισθεν; I 14, 2 ἐν τῷ ἄνω; 3, 1 τὸ ἀπὸ ῥίζης μονοστέλεχες; 1, 9 τὸ ὑπὲρ γῆς πεφυκός; 8, 4 τὸ ὑπὸ τῆς πληγῆς;

---

[1]) Derartige Elisionen hat Isokrates noch nicht gestattet, s. Benseler, De hiatu S. 12; über die übrigen Elisionen von ᾰ bei Isokrates s. S. 53—54, dagegen Demosthenes s. S. 155—165.

[2]) Das Gleiche gilt für das ν ἐφελκυστικόν (über den Gebrauch auf attischen Inschriften s. Meisterhans[3] S. 113—114). Bei einem den Hiat vermeidenden Schriftsteller wird man es vor Vokalen in unseren Ausgaben nicht weglassen dürfen. Man stelle darnach die Schreibung richtig: IV 4, 8 ἀφορῶσι ἄμπελοι; IV 11, 1 καλοῦσι, οὗ; IV 11, 8 προσαγορεύουσι Ἱππίαν; V 4, 7 λέγουσι, οὐδέν; 8, 3 τέμνουσι ὥστ'; 9, 4 ζητοῦσι εἰς; VI 2, 3 εὐμελιτοῦσι ἥ; VII 15, 1 λαμβάνουσι ἀκολοθοῦντα; C. I 7, 8 προαποτέμνουσι ἡμέραις; C. I 20, 5 εὐβλαστῶσι ἄγαν; C. III 18, 1 κατασείωσι ἅμα; C. VI 1, 5 δυνάμεσι ἀφορίζει; 16, 3 ἔοικε ἐν (oder ἔοικ' ἐν?).

III 1, 2 τῇ ἀπὸ τῶν ῥιζῶν; I 8, 2 τὰ ὑπὸ ταὐτὸ γένος; 1, 5 τῷ ἐν τοῖς ζῴοις; 1, 12 τῷ ἐφ' ἕν; VI 4, 2 τῷ ὑπὸ τὸ ἀκρόν usw.

Nach τι finden wir Vokale: I 2, 2 τί ἐστιν; I 2, 7 τι ἄλλο (ebenso I 6, 9; 9, 9; IV 1, 2; 3, 7; IX 1, 4; C. I 18, 4; 16, 9; III 5, 3, 5 usw.); I 7, 3 τι ἐκ; III 12, 9 τι ἐμποδίσῃ; VIII 1, 3 τι ἕτερον (C. V 6, 10); C. V 11, 4 τι ἀεί; C. VI 2, 2 τι ἀνομοιότητος[1]. Nicht hierher gehört C. VI 19, 3, wo Wimmer φυλακτικόν τι εἶναι schreibt, wo man aber besser ändert μὴ οὕτω λεπτόν τι ὡς στεγνὸν καὶ φυλακτικὸν εἶναι[2]). Nach ὅτι, wonach sogar Isokrates Vokale hat (s. Blass, Att. Ber. II 143), viele Fälle wie I 7, 3; 13, 2; II 6, 1; III 17, 4. Hieran reihen sich περί: so περὶ Αἴγυπτον II 6, 7; περὶ αὐτόν I 1, 7; περὶ ἄνθους III 11, 1 usw. — μέχρι: μέχρι οὗ I 7, 3; II 5, 4 usw., doch nur diese Verbindung, ebenso ἄχρι οὗ II 5, 4, 5; V 1, 8. — ἤ im 1. Buch der Hist. 18 mal vor Vokalen; auch bei Isokrates s. Benseler a. a. O. S. 46. — μή: bei Isokrates nur im Τραπεζιτικός, dagegen bei Demosthenes öfter, s. Benseler S. 62; auch bei Anaximenes (s. Blass II 397) und bei Plato in den gefeilten Schriften (s. Blass II 459), bei Aristoteles nicht häufig (s. Kaibel, Stil und Text der Πολιτεία Ἀθηναίων S. 11). Sehr geläufig bei Theophrast; z. B. im 1. Buch der Hist. 18 mal. Doch begünstigt auch hier das folgende Wort oft die Verschmelzung, so in Verbindungen wie μὴ ἐν I 4, 2; 14, 4; μὴ ἐκ I 10, 7; μὴ ἔχει(ν) I 4, 3; 6, 1, 5; 8, 1; μὴ ἐπιτμηθέντος IV 2, 3. — Allgemein üblich sind auch Vokale nach εἰ, so bei Isokrates, aber nicht in den Prunkreden (s. Blass a. a. O. II 143), auch bei Plato in den Gesetzen (s. Blass a. a. O. II 459); bei Theophrast 24 mal, so εἰ αὐαίνονται IV 12, 3; εἰ ἀληθές C. V 9, 13; εἰ ὅλως VI 3, 7; εἰ ὕστερον C. VI 8, 3. Auch hier könnte man wieder oft die Ursache der Verschmelzung im folgenden Worte suchen (εἰ ἐπιπέσοι C. V 4, 5 usw.), wie man überhaupt fast die Hälfte aller Beispiele der ganzen Hiatuntersuchung doppelt anführen

---

[1]) So von Wimmer sicher richtig statt des überlieferten αἰτίαν ὁμοιότητος geschrieben.

[2]) Die codd. haben μὴ οὕτω στεγνὸν ὡς λεπτόν τι καὶ φυλακτικόν τι εἶναι, was dem Sinne nach ausgeschlossen ist. Das zweite τι mag aus dem ersten nach λεπτόν entstanden sein.

könnte. Ich mußte mich, um die Übersicht nicht übermäßig zu erschweren, darauf beschränken, nur einmal solche Fälle anzugeben und zwar dort, wohin sie mir am ehesten zu gehören schienen.

Die Partikel ἄν bildet nach vokalischem Auslaut keinen Hiat, so bei Isokrates, aber nur in den Gerichtsreden und in der Verbindung πολὺ ἄν. Mit Ausnahme von συμβαίνοι ἄν I 10, 6 haben wir immer das Relativpronomen vorher, so οὗ ἄν II 5, 4, 5; III 10, 3; IV 11, 1, 9; VIII 5, 4; C. V 17, 2; VI 11, 12; 14, 11; ᾗ ἄν IX 3, 2; C. I 3, 5; ᾧ ἄν C. V 6, 7; ὃ ἄν I 8, 4; ὅπου ἄν C. VI 17, 7; ὅσῳ ἄν C. I 6, 2.

Wir kommen nun zu den Verschmelzungen, die sich zwar auch schon vor Theophrast finden, aber nur vereinzelt oder nicht bei allen den Hiat vermeidenden Schriftstellern. An Partikeln gehören hierher:

δή (bei Demosthenes, s. Blass a. a. O. III 103 Anm.)[1]): δὴ ἐπετειόκαρπα I 2, 2; δὴ αὗται I 6, 7; δὴ ἐφίκηται V 1, 8; τρίτῳ δὴ ἔτει C. I 9, 3 und δὴ ἐπ' ἄρχοντος, C. I 19, 5 so liest Prof. Keil statt ἤδη ἐπ'; δή paßt hier als Verstärkung des vorausgehenden superlativischen Begriffs τὸ τελευταῖον sehr gut. Übrigens läßt nach ἐπειδή auch Isokrates im Τραπεζιτικός 2 mal Vokal folgen (Benseler a. a. O. S. 54). Hierher möchte ich auch ἤδη ἕτερα I 2, 5 ziehen.

ἐπεί: ἐπεὶ ἡ III 1, 3; VII 1, 2; ἐπεὶ οἵ γε IX 2, 3; ἐπεὶ ἐν C. V 3, 7; ἐπεὶ οὐδέ IV 9, 1; II 3, 2; C. I 3, 2; II 8, 2; VI 4, 5; 10, 7; ἐπεὶ οὖν C. VI 14, 3; ἐπεὶ οὕτω C. I 16, 6. Sinnespause ist vielleicht eher anzunehmen in ἐπεὶ ὧν C. IV 8, 3; VI 11, 15 ἐπεὶ ὅτι I 6, 10; II 9, 13; V 17, 7; C. VI 8, 3; ἐπεὶ ὅσα C. II 7, 3; III 17, 1: V 3, 4; ἐπεὶ ὅπου C. I 12, 7; ἐπεὶ εἰ C. I 6, 10; III 7, 8; ἐπεὶ ὡς IV 3, 4; ἐπεὶ ἐάν IV 15, 4.

μέντοι und καίτοι (bei Demosthenes, Blass a. a. O. III 103): τὴν μέντοι οὖσαν III 9, 8; ἀσθενέστεροι V 9, 3 καίτοι.

οὐχί, τουτί: bei Demosthenes in der 3. olynth. Rede, wo Benseler (S. 64) mit Unrecht Pause annimmt, und in der Rede von der Truggesandtschaft (Benseler a. a. O. S. 100). οὑτοσί in

[1]) Von Späteren läßt Verschmelzung zu Plutarch, s. Benseler, De hiatu S. 317, 334, 335 usw., wo Benseler immer ändern will.

der Rede vom Kranze will Benseler und τουτονί in der von der Truggesandtschaft auch Blass ändern, vielleicht unnötig. οὐχὶ ἕν II 6, 10; ἔτος φέρει οὐχὶ ἄρουρα wird VIII 7, 6 als Sprichwort zitiert, ebenso C. III 23, 4, dort aber in der Form οὔτι ἄρουρα.

Andere einsilbige Formwörter, nach denen auch Demosthenes gern Vokal folgen läßt (Blass a. a. O. III 101), sind:

που : φασί που ἀναφῦναι IV 15, 2; ἐάν που ἐνῶσι C. III 16, 4; εἴ που ἄλλοθι C. I 13, 5; V 18, 3.

οὗ : οὗ ὁ I 3, 1; IV 4, 5; 10, 5; 11, 1 usw.; οὗ ἡ II 6, 9; III 15, 5; οὗ οἱ IV 7, 2; οὗ ἐν I 10, 5; οὗ ἀνετίθη V 2, 4; οὗ ἀμφοτέρων C. IV 7, 7. Daran schließen sich wohl an:

ὅποι ὁ ἥλιος VI 7, 3; ὅπου ἵπποι IV 4, 12; doch ist diese Stelle verderbt; vielleicht gehört hierher auch ὅσῳ ἐνδᾳδότερα IV 4, 4, das ich unten nochmals aufzähle; freilich vermißt man ἦσαν (über Vokale nach kurzen Formen des Relativs s. S. 19). — Zusatz: C. II 17, 9 schreibt Wimmer: ἡ ὑπολαὶς ᾗ εἰς τὴν νεοττίαν τὰ ᾠὰ τίθησιν; überliefert ist καὶ für ᾗ, danach kann man ebenso richtig und paläographisch wahrscheinlicher mit Moldenhauer und Schneider ἧς εἰς einsetzen.

Als größere Gruppe gehört hierher der Verbalausgang αι. Zwei Beispiele finden sich im Isokrateischen Τραπεζιτικός (Blass a. a. O. II 234), eine größere Anzahl bei Demosthenes, in der Kranzrede z. B. 8 Fälle, wo Benseler entweder Pause annimmt oder ändert. Daß dieser Ausgang fast nur den Wert eines kurzen Vokals hat — nicht sowohl seiner metrischen Quantität, als vielmehr der Qualität nach —, bezeugen die Inschriften der Alexandrinerzeit, die einigemal αι sogar elidieren (Kühner-Blass, Griech. Gramm. I S. 238). Ich rechne alle die Fälle nicht hierher, in denen auf αι eine Sinnespause folgt; freilich kann man bei ganz kurzen Gliedern im Zweifel sein. Sicherlich gehört zu der jetzt behandelten Gruppe wenigstens VII 2, 4 εἶναι ὡς ἄπεπτον. Ich zähle die übrigen Beispiele auf:

Infinitive: a) passive: ἐσθίεσθαί ἐστιν I 7, 3; γίγνεσθαι ἀτεράμονα II 4, 2; καταναλίσκεσθαι οὕτω II 6, 2; κατακρύπτεσθαι ὅλα IV 7, 4; γίγνεσθαι ἄμφω IV 14, 8; ἁδρύνεσθαι οὖσα VIII

10, 3; ἐνδᾳδοῦσθαι ἐνιαυτῷ IX 2, 7; τελειοῦσθαι ἄμφω C. IV 6, 4; δύνασθαι ἐσθίειν C. VI 10, 7; b) aktive: ἀνατεῖλαι ὕλης III 1, 6; εἶναι ἡ ἄρκευθος III 12, 3; εἶναι ἠιόνα V 8, 3.

Indikative und Konjunktive: γίγνεται ἰνός I 2, 6; γένηται ἀρτιτελῆ II 5, 5; γίγνονται ἀπύρηνοι II 7, 2; γίγνεται αὐτό III 18, 9; δέχεται ἡ χώρα IV 4, 1; γίγνεται ὁ πῖλος 8, 7 (doch verderbt); φύεται ἡ ἄγρωστις 10, 6; γίγνονται ὅλων 14, 8; διικνεῖται ἡ ἀπό VI 2, 4; φυτεύεται αὐτά VII 1, 6; ἀπήρτηνται αἱ ἀποφυάδες 2, 5; χρῶνται οἱ ἰατροί 4, 4; ὕεται ἡ χώρα VIII 6, 6; γίγνεται ἡ πήδησις 11, 7 (Wimmer schiebt καὶ ein); γίγνεται ὁμοιότης C. II 13, 1; σκωληκοῦνται οἱ καρποί C. V 10, 1; φυτεύεται οὐδέν C. VI 10, 1. Es finden sich, wie man sieht, in den Historiae weit mehr Fälle als in den Causae. — Ich lasse die Beispiele folgen, wo auf αι vokalisch anlautende Präpositionen folgen, die, wie nachher gezeigt wird, bei Theophrast nie Hiat bilden. a) Indikative und passive Infinitive: συμφωνεῖται ἐκ C. VI 8, 7 (W.); διαφύηται ἐν III 7, 2; φύεται ἐν IV 3, 7; γίγνεται ἐν IV 8, 7; ἐνέχεται ἐν V 6, 3; κοιμᾶται ἐν VII 5, 4; ἁδρύνεσθαι ἐν 11, 4; φύεσθαι ἐν 11, 8; ἀποτήκεται ἀπό C. V 13, 6; ἀπολιθοῦνται ὑπό IV 7, 2; ἐντίκτονται ὑπό IV 14, 5; ἐξικμάζεσθαι ὑπό C. III 6, 1; weiter noch γίγνεσθαι ἐνταῦθα IV 2, 5; λέγεται ἀπιών IV 4, 1 (W); δύναται ἀφαιρεθέντα C. II 8, 2 (dies Lesart der Editoren). b) Aktive Infinitive: εἶναι ἐν I 9, 5; VII 6, 3; εἶναι ἐπέτειον IV 9, 3; διατηρῆσαι ἐπὶ πλεῖον C I 3, 2; διϊέναι εἰς C VI 11, 7.

Hieran möchte ich gleich die übrigen Fälle reihen, wo Präpositionen Hiat zu bilden scheinen. Denn ich glaube nicht, daß erst Theophrast an solchen Verbindungen nichts Anstößiges gefunden hat; sie finden sich vielmehr auch früher bereits, wenn auch seltener. Sie bilden einen großen Teil der sonst als schwer angesehenen Hiate. Bekannt ist bei den Dichtern die ἀφαίρεσις von ἀπό, ἐπί vgl. Kühner-Blass I, S. 240 f. Es scheint eben, als wenn es auch solche Vokalfolgen gegeben habe, die zwar von einer strengen Kritik verworfen, aber hier und da doch zugelassen wurden. Dies dürfte wie für den Verbalausgang αι so auch für die vokalisch anlautenden Präpositionen, sicherlich für die mit ε beginnenden zutreffen. Man müßte daraufhin nur die bezügliche Literatur durchsehen, es würden sich gewiß die schweren Hiate sehr vermindern. Die Häufigkeit der vorkommenden Fälle läßt auch hier auf eine allgemeinere Gültigkeit schließen. Nur ganz flüchtig habe ich folgendes angemerkt. Von den 39 Hiaten — abgesehen von den durch Demosthenischen Gebrauch gerechtfertigten, die Benseler (aus dem Isokrateischen Τραπεζιτικός und der Rede gegen Euthynus) S. 54f. aufzählt, sind nicht weniger als 18 vor Präpositionen (weitere drei vor syll. Augment); vokalischen Auslaut vor Präpositionen haben wir im Aias des Antisthenes zweimal (darunter freilich ἀφῖκται εἰς, Blass, Att. Ber. II 342); von den vier 'unentschuldbaren' Hiaten, die Blass II a. a. O. 397 aus dem 1. Kapitel der Τέχνη anführt, sind zwei vor Präpositionen (die andern nach verbalem αι). Noch häufiger sind die Beispiele bei Demosthenes, s. Benseler a. a. O. S. 73f., auch in der Kranzrede s. S. 89f.; in der Aufzählung S. 93—94, wo Benseler oft sehr gezwungen Pause annehmen will, finde ich sechs Fälle vor Präpositionen (vier nach αι), ebenso S. 94—95 drei vor Präpositionen (sechs nach αι, zwei vor syllabischem Augment s. unten), in der Aufzählung aus der Gesandtschaftsrede S. 101, vier vor Präpositionen. Theophrast scheint auch hier weitergegangen zu sein. Ich gebe die Beispiele nach den einzelnen Präpositionen geordnet wieder, und zwar jedesmal zuerst vor den einfachen Wörtern, dann vor Zusammensetzungen:

vor ἐκ: a) γεννᾷ ἐκ C. IV 15, 4 (W); φανεραὶ ἐκ C. V 12, 1; φέρει ἐκ III 16, 1; πλατανῷ ἐκ C. V 4, 5;

b) κωδύα ἐκτελειωθῇ IV 8, 9; κεραῖαι ἐξαιρεθείσης V 5, 3; πολὺ ἐκτρέχει VI 8, 1; χρόνῳ ἐξομοιοῦσθαι IV 7, 3[1]);

vor ἐν: a) ὀστᾶ ἐν C. I 16, 7 (Heinze); κατεργασία ἐν C. III 20, 7; γλυκεῖαι ἐν III 8, 2; ἀθληταὶ ἐν VIII 4, 5; φέρει ἐν III 16, 1; ἠλοημένοι ἐν C. IV 12, 8 (W); καλλίστη ἐν III 15, 5; ἐψήσῃ ἐν IV 4, 2; ᾗ ἐν IV 7, 3; αὕτη ἐν IV 7, 7; κώπη ἐν VI;

[1]) Nicht hierher zähle ich: ἔλαττω ἐκβαίνειν IX 2, 5, dafür ist ἔλαττον' ἐκβαίνειν zu lesen; das Gleiche gilt für πλείω ἐν IV 1, 4. In Wegfall kommt auch μήλου ἐκπιέσῃ IV 4, 2; hier fehlt die Verbindung mit dem vorhergehenden ἐψήσῃ; man lese also κἀκπιέσῃ (καὶ ἐκπιέσῃ).

9, 8; ἤδη ἐν VIII 10, 3; ἀρίστη ἐν IX 7, 4; συνεχῆ ἐν C. I 5, 4; μεταβολὴ ἐν C. I 13, 7 (W); φυτεύοι ἐν II 2, 8; Λέσβου ἐν III 18, 13; πολλαχοῦ ἐν IV 5, 4; Κύπρου ἐν IV 7, 1; παπύρου ἐν VI 3, 1; μικροῦ ἐν IX 7, 1; ξηροῦ ἐν C. VI 1, 1;

b) θέσει ἐγκειμένας V 3, 6; ἀλλοιώσει ἔγχυμα C. VI 3, 2; ἄλλη ἐναντιότης C. III 20, 3; πολλοὶ ἐγκαταλιπόντες II 8, 2; ὑγροῦ ἐμφύτου C. VI 3, 5; μεταξὺ ἐγγίγνονται C. III 22, 3; ταχὺ ἐξίσταται C. V 18, 2; Λέσβῳ ἐμπρησθέν III 9, 5; ὅσῳ ἐνδᾳδότερα[1]) IV 4, 4; τῷ ὑγρῷ ἐναπόμιξις C. VI 1, 1;

vor ἐπί: a) ἐᾷ ἐπὶ III 4, 5; φέρει ἐπί II 6, 6; γῇ ἐπί IV 6, 5;

b) ῥίζαι ἐπιβλαστάνουσι VII 2, 3; λειριώδη ἐπιβαρεῖαν III 13, 6; δένδρου ἐπιρροήν C. V 4, 5; ἄμμῳ ἐπιπάττουσι C. II 9, 9;

vor εἰς nur bei der einfachen Präposition: παραβλαστητικαὶ εἰς I 6, 5 ἐκπιέσῃ εἰς IV 4, 2 ἀφεμένη εἰς VI 5, 4 σισυμβρίου εἰς C. V 7, 1;

vor ἀνά nur in Zusammensetzungen: κίττου ἀνάπαλιν I 10, 1; τελείου ἀναβάπτονται III 13, 6 (doch verderbt); ἡλίου ἀνάγεσθαι C. VI 10, 3. — εὐθὺ ἄνω C. IV 7, 1 ist ein Druckfehler bei Wimmer, die codd. haben εὐθύς;

vor ἀντί: ἐπικρατεῖ ἀντιπεριστάμενον τὸ θερμόν C. II 9, 8;

vor ἀπό: a) ἀποπηδᾷ ἀπό II 9, 3; ἐν τοῖς ἄνω ἀπὸ θαλάττης IV 4, 1 (so Bretzl, Bot. Forsch. d. Alex. S. 221 und 348); b) ἀεὶ ἀπόλλυσθαι III 13, 2; σκληρυνομένη ἀφίησιν VI 4, 7; ἀπὸ τοῦ δένδρου ἀφαιρεθῇ C. I 1, 3; ξηρῷ ἀπομιγνύμενον C. VI 14, 7;

vor ὑπό: a) ἐν τῇ γῇ ὑπό IV 7, 6; καταρρεῖ ὑπό C. III 20, 4; οἱ κανθαροὶ ὑπὸ τῶν ῥόδων C. VI 5, 1; b) κελύφη ὑπέροθρα IV 12, 3;

vor ὑπέρ: a) αἱ αἰτίαι ὑπέρ C V 14, 6; b) ᾗ ὑπερβολή C I 20, 6.

Die beiden letzten Präpositionen sind anscheinend in den wenigen Fällen nach Analogie der anderen behandelt worden, man wird darum die Stellen nicht zu den eigentlichen Hiaten rechnen, denn bei dem Äoler Theophrast erschwerte auch der spiritus asper am wenigsten die Verschmelzung; ebenso wird man auch

[1]) Wimmer schreibt gegen die Regeln der Komparationsbildung ἐνδαδῴτερα.

III 17, 5 ἀνθεῖ ἅμα τῇ μεcπίλῃ zur Not ertragen und C. VI, 11 ἡ τροφὴ ἅμα, wo freilich ἅμα reines Adverb ist. VII 14, 1 dürfte ἀντικρὺ ἀλλήλων in ἀντικρὺc ἀλλήλων zu ändern sein.

Man sieht aus dieser Zusammenstellung, daß, auch wenn man von den leichteren Fällen vor ἐν und ἐκ absieht, noch eine erkleckliche Zahl von sog. Hiaten vor Präpositionen übrig bleibt. Es würden sich die schweren Hiate nahezu verdoppeln, wollte man die Möglichkeit einer Verschmelzung leugnen. Abgesehen von dem vereinzelten Vorkommen bei früheren Schriftstellern ist für mich auch folgende Beobachtung bestimmend. Nie ist in den obigen Beispielen unter a) bei zweisilbigen Präpositionen der Vokal der zweiten Silbe (z. B. ἀπ') elidiert. Das erleichterte die Verschmelzung mit dem vorausgegangenen Wort, die man sich, wie nochmals betont sei, nicht als vollständige Krasis, sondern als Synizese zu denken hat[1]).

[1]) In den Fragmenten finden sich noch: φθάνει ἐκπηγύc V 7 (W); διαφέρει ἔξωθεν VIII 1; κωλύει ἐξιέναι IX 26; τοιαῦται ἐκλυcειc X 2; πᾶcαι ἐν II 47; αὖ ἐν II 21; cυνεχῆ ἐν VIII 9; cυμβαίνοι ἐν VII 5; πέρίπατοι ἐν VII 15; ἔcτω ἐν IX 1; τέφρᾳ ἐκγρύπτουcι III 23; μολυβδᾶ ἐγχέουcι IV 41; ἀλλοτρία ἐμπεπωκυῖα VIII 12; διακριθῆ ἔνθεν I 61; ὅcῳ ἐμψυχρότεροc I 53; αὐτῷ ἐνυπάρχει V 77; ὅcῳ ἐγκλίνουcι VIII 5; οἴνῳ ἐπιχέοντεc IV 8; διαλλάττει εἰc III 75; διαλυομένου εἰc III 75; καταψύξει εἴcοδον X 3; εὐτρήτου εἰcιοῦcαν I 56; ἐνεργείᾳ ἀναμίγνυνται IV 44; ψυχρὰ ἀντιπερίcταcιν IX 23; πλείcτη ἀπουcία IV 25; δεῖ ὑπέρ II 24. Überhaupt weisen die Fragmente durchaus dieselben Gesetze auf wie die großen Schriften, dieselben Freiheiten und im übrigen dieselbe Sorgfalt in der Komposition. Eine Ausnahme macht nur fr. VI, das geradezu von groben Hiaten wimmelt; ich zähle 38 Fälle, die sich auf keine Weise entschuldigen lassen, und außerdem noch zahlreiche, die ich für zulässig halte, weil sie in der Aussprache verschmolzen werden können, die sich aber in diesem Fragment doch auffällig häufen. Des weiteren erscheinen für Theophrast bedenklich der Gebrauch von ἕωc als Präposition in zeitlicher Bedeutung (ἕωc ἰcημερίαc § 7), ferner das Fehlen der Kopula nach ἄν (τοῦ δ' ἔαροc ἧττον ἂν ταὐτὰ cημεῖα § 32), dann das Vorkommen der sonst bei Theophrast sich nicht findenden Verbindung ὡc δ' αὔτωc § 8 u. 9, von μείc (in der Bedeutung 'Vollmond'). Wenn man endlich die ungeschickte Stilisierung des Ganzen betrachtet, wo sich so schwerfällige Stellen finden wie κέγχρα μικρὰ λαμπρὰ πολλά (§ 25), und die Eingänge sich in stereotyper Weise wiederholen, so wird es für mich zur Gewißheit, daß wir hier ein Elaborat haben, das entweder mit Theophrast selbst gar nichts zu tun hat, sondern in seiner

Mehrere andere Stellen, wo Präpositionen keinen Hiat bilden, habe ich bei anderen Gruppen angeführt, so einzelne nach δή, που, mehrere nach αι, weiter unten nach Dativ-ι, bei Zeitbestimmungen, einige auch im nächsten Hauptabschnitt. — Ähnlich wie bei den Präpositionen ist die Ursache der Verschmelzung im folgenden Vokal zu suchen bei einigen mit ε beginnenden häufigen Wörtern. Es sind dies also die Fälle der sog. Aphäresis. In der Prosa nimmt man sie von den Älteren bei Demosthenes an in ἐγώ und ἐκεῖ (s. Blass a. a. O. III 103), für den Attizismus hat W. Schmidt (Atticismus I, 59 u. 404) Beispiele gesammelt. Theophrast gestattet sich diese Freiheit auch bei ἐλάττων, ἔνια, ἔτι und dem syllabischen Augment: τῷ δὲ σίτῳ ἐκείνην C. I 18, 1; γλυκυκαρπεῖ ἐκεῖ C. II 3, 7; πορφυρᾶ ἐστι V I6, 3; εὐβλαστῆ ἐστιν C I 6, 4; ἑκάστῳ ἐστί C. IV 1, 1; ἐν ὑγρῷ ἐστι 16, 3 (W)[1]); ἐκφανῆ ἔχει I 10, 2; τούτῳ ἔχουσι 11, 7; ἄνθει ἔχει 13, 2; δι' ὅλου ἔχει V 3, 6; τὴν φύσιν ἀκανθώδη ἔχει VI 4, 3; ἡ κολυτέα ἔχει III 14, 4; οὐκ ἀκανθώδη ἔχει 16, 2; ἡ ἀνδράχλη ἔχει 16, 5; ἐμφερῆ ἔχει VII 7, 1; ἀθερώδη ἔχοντα VII 11, 2; in den Causae nur εὖ ἔχει I 16, 1[2]), worauf ich indes nicht viel Wert legen möchte, da sich andere Fälle von Aphäresis dort finden; αἱ δ' ἕτεραι ἐλάττω III 12, 5; ἀεὶ ἐλάττω IV 9, 2; τῇ τομῇ ἔλαττον IX 5, 10; πολλῷ ἐλάττονα 6, 1; ὅσῳ ἐλάττω C. III 14, 4; φλοιορραγῆ ἔνια ἐστιν IV 5, 2; εὐοσμία ἐνίων C. VI 11, 10; ἐν Θετταλίᾳ ἐνιαρχοῦ C. V 12, 7; σπανιωτέρα ἔτι IV 8, 2; ταύτῃ ἐμίγη I 9, 5; πάνυ ἐτίμων IV 7, 2; αἱ

Schule angefertigt ist, oder aber als eine einfache Sammlung von Material, eine Art Zettelkasten Theophrasts zu betrachten ist, in dem er sich die verschiedenen Bauernregeln für Wind und Wetter zum Zwecke einer späteren Bearbeitung zusammengestellt hat. Und das ist dann, wohl nach seinem Tode, von einem seiner Schüler herausgegeben worden, ohne daß dieser sich nur bemüht hätte, die Gedanken in eine richtige Ordnung und stilisierte Form zu bringen.

[1]) Nach Relativpronomen s. S. 19.

[2]) Ich möchte dies nicht in Parallele setzen zu εὖ οἶδα bei Demosthenes, das man fast wie ein Wort empfand (s. Blass a. a. O. III 102); die Verbindung εὖ ἔχει ist nicht so geläufig, und da nach εὖ sonst nie Vokale zugelassen werden, so kann man unsere Stelle nur wegen des anlautenden ε für hiatfrei halten.

ῥόαι ἐγένοντο IV 14, 12; ὃ ἐκάλουν[1]) und ὃ ἔδει s. S. 19. — Nur selten lassen die Redner die Endung ι der 3. Deklination keinen Hiat bilden, und auch dann ist stets der folgende Vokal sehr leicht, sodaß wir zu keiner bestimmten Entscheidung kommen können; so hat Isaeus 1, 11: πατρὶ ἐγκαλεῖ[2]). Ich führe darum für Theophrast zuerst die Beispiele an, wo auch der folgende Vokal mit in Betracht kommt: τῇ ξηρότητι ἀφαιρεῖται C. V 15, 2; πυρὶ ἐμβαλλόμενα IV 7, 3; ἐν ὕδατι ἐπιρρύτῳ V 9, 5; τῇ θερμότητι ἐπιμένειν C. I 21, 6; μηνὶ ἐκβλαστάνειν C. IV 3, 2; τῇ σκληρότητι ὑπερβάλλον III 7, 1. Außerdem finden sich aber noch: τῷ ὕδατι ἑφθή IV 8, 12; ἐν τῷ ὕδατι ἰτέα 10, 6; ὑπὸ τῷ δέρματι εἶναι IV 14, 10; τῷ στέατι ἀλείφουσι C. V 15, 6; ὑπὸ δέρματι εἶναι 10, 1; ἐν πέρατι εἶναι ἐν τίνι ἑκατέρα C. VI 16, 1. Theophrast scheint also eine Elision — oder wohl richtiger eine Art Synizese — des Dativ-ι gestattet zu haben, wobei ι einen halbkonsonantischen Klang (etwa wie j) angenommen haben mag. Bei den Dichtern wird es ein paarmal elidiert, s. Kühner-Blass I, 237 f.

Hiatlose Vokalfolgen, die sich zuerst bei Theophrast finden, sind einzeln schon auf den Seiten 15—18 enthalten. Es sind noch die Gruppen zu betrachten, die dahin gehören.

Zweifelhaft ist, ob ἄρτι nach Analogie von μέχρι, περί behandelt wurde; wenn man die beiden Fälle vor Präpositionen ἄρτι ἀναφυόμενα C. V 15, 1 und ἄρτι ἀπηνθηκότα VIII 10, 3 abrechnet, bleibt noch ἄρτι εἰρημένων I 2, 2.

Daß die Kopula im Partizip eine Verschmelzung mit

---

[1]) In den Fragmenten haben wir noch: ἕω ἐκείνων V 48 (wo natürlich ʼκείνων zu verstehen) θερμοτέρου ἐστίν III 46 (W), γῇ ἐστι V 41, ἀγωνία ἐστίν IX 36; ὄψει ἔχουσαν I 5 εὖ ἔχωσι IV 61 τούτῳ ἔχουσι VII 11 συμβαίνει ἔχοντα VIII 5 (W); χρόνῳ ἐλάττω VII 14; οὔπω ἔτι III 51 ψυχροῦ ἔτι V 42; ὑδατώδη ἐποίησεν V 54.

[2]) Auch bei Späteren ähnliche Fälle, s. B. Keil in seiner Aristidesausgabe XXXII, 8 (S. 213, 30), dort einmal Zeitbestimmung νυκτὶ ἑκάστῃ, das andere Mal vor ὡς; χάσματι ἀδιαβάτῳ bei Gregor von Nyssa (Brief an Amphilochius, zuletzt abgedruckt in Strzygowskis Kleinasien, ein Neuland der Kunstgeschichte, Beitrag von B. Keil S. 79). Vgl. auch Kaibel a. a. O. S. 11 Anm.

dem vorhergehenden Prädikatsnomen eingehen kann, wird man ohne weiteres zugeben. Denn hier entsteht bei der Aussprache nicht leicht eine Zweideutigkeit: so mag man νεὰ οὖσα I 7, 1 mit Zusammenziehung etwa νεῶσα gelesen haben, ähnlich διακόρου οὔσης C. II 1, 5[1]). Vor εἶναι haben wir 6mal Vokale, davon freilich nur 2mal beim Prädikatsnomen, sodaß sich hier keine Gewißheit gewinnen läßt. ἐβένῳ εἶναι V 3, 1; ὁμοιοπαθῆ εἶναι 7, 2; δοκεῖ εἶναι VI 3, 6; δεῖ εἶναι C. I 4, 6; ἰσχυροτάτῃ εἶναι C. V 15, 6; χυλοῦ εἶναι C. VI 10, 9. Dazu kämen Wimmers Konjekturen εἰ δ' εἰς τὰ πλείονα εἴδη εἶναι C. VI 4, 2 (darüber s. S. 28) und κιττῷ εἶναι IV 4, 1. Überliefert ist hier: δι' ὃ καὶ Ἀλέξανδρος ἀπ' ἐξοδίας ποτὲ ἀπιὼν ἐστεφανωμένος εἶτα μὴ μεῖναι; (nur U hat εἶτα μ εἶναι mit Rasur dazwischen). Wimmer änderte dafür δι' ὃ καὶ Ἀλέξανδρος ἐξ Ἰνδίας λέγεται ἀπιὼν ἐστεφανωμένος κιττῷ εἶναι; aber man erwartete nach dieser Auffassung στεφανωθῆναι oder ἐστεφανωμένος ἀπελθεῖν; die Heilung gab Prof. Keil, der im engen Anschluß an die Überlieferung liest: ἀπ' ἐξοδίας τῆς τότε κατιὼν ἐστεφανωμένος εἶτα μεῖναι. C. II 3, 1: ἐὰν μὴ ἀρτιβλαστῇ ᾖ καὶ ἐν ἀνθήσει λαμβάνῃ streiche man ᾖ; es ist, wie bei Theophrast üblich, ὄντα zu ergänzen.

Nach kurzen Formen des Relativs scheint eine ähnliche Verschmelzung möglich gewesen zu sein wie nach Artikelformen. Doch hat das zweite Wort meist leichten Anlaut, so: ὃ ἐπί I 1, 9; ἃ ἐκ I 13, 4; ἃ ὁ II 6, 6; ὃ ἅμα V 3, 2; ὅ ἐστι I 2, 5; III 6, 2; V 2, 4; ὃ ἐκάλουν IV 4, 10; ὃ ἔδει C. III 21, 4. Anders sind dagegen: ἃ οὐ I 4, 2; 9, 4; 14, 3; ὃ οὐ II 6, 7; ἃ οὐδ' II 8, 4; ὃ ἡ IV 7, 5; 11, 8; ἃ οὐδέν IX 4, 8. Wimmersche Konjektur ist ἃ ἑκάστοις C. IV 13, 4; hier läßt sich die Überlieferung halten: καὶ τὰ βόρεια μᾶλλον καὶ (sc. ταῦτα) ὅλως οἷς ἕκαστα ψυχρά (sc. γίγνεται). — ὅσαι ἀβλαβεῖς VII 9, 4 und ὅσαι ὑγρότεραι C. V 1, 10 sind ähnlich den oben angeführten Stellen ὅποι ὁ ἥλιος und ὅπου ἵπποι. Ob man sie hiatlos lesen kann, erscheint mir zweifelhaft.

Eine Anzahl von Hiaten findet sich vor Formen des

[1]) Aus den Fragmenten: ψυχρὰ οὖσα III 21; ὑγροὶ ὄντες V 57; ψυχρὰ ὄντες V 60; ἰσορρόπου οὔσης VII 2.

Artikels. Doch möchte ich diese nicht in gleicher Weise beurteilen. Wenn wir I 9, 5 haben ὡς ὑπὸ ταύτῃ ἐμίγη τῇ Εὐρώπῃ ὁ Ζεύς, so ist hier doch wohl mit Absicht das Subjekt ans Ende gestellt; die Stimme soll davor etwas einhalten, um die Nennung des Götterkönigs besonders hervorzuheben. Theophrast ist auch hier der Redner, dem stets das gesprochene Wort vorschwebt. Pause, d. h. Kolonende ist vielleicht auch I 12, 2 anzunehmen: ἐν τοῖς περικαρπίοις γὰρ μᾶλλον κατεργασίαν λαμβάνει καὶ πέψιν καθαρὰν καὶ εἰλικρινῆ | ἡ τοῦ χύλου φύσις. Doch könnte man auch an Verschmelzung denken, die hier dadurch erleichtert wird, daß zwei η einander folgen. Die mehrmalige Wiederkehr ähnlicher Fälle nötigt uns zu dieser Auffassung. Dabei sind 2 Gruppen zu unterscheiden: das nachgestellte attributive Adjektiv und das nachgestellte Subjekt. Es ist wohl kein Zufall, daß sich sonst keine Hiate vor Artikelformen finden: bei diesen beiden Gruppen leidet eben das Verständnis nicht im geringsten durch die Verschmelzung beim Sprechen. Ich zähle immer zuerst die Fälle auf, wo sich gleiche Vokale folgen, dann die übrigen.

a) Vokale vor Artikelformen bei nachgestelltem Adjektiv: αἱ πεῦκαι αἱ ἐν IV 1, 2; αἱ κέραιαι αἱ ἐκ 1, 2; ἐλάαι αἱ νέαι C. V 11, 2; οἱ μίσχοι οἱ ῥαγικοί III 18, 12; ὀροβιαῖοι οἱ ἀνὰ μέσον VIII 5, 1; πεύκη ἡ κωνοφόρος C. I 9, 2; ἡ κονία ἡ ἀπ' αὐτῶν V 9, 5; ἡ ἰξία ἡ ἐν IX 1, 3[1]).

b) Vokale vor Artikelformen bei nachgestelltem Subjekt: ἀνοιδήσῃ ἡ γελγίς VII 4, 12; πίττα γίγνεται καὶ καθαρωτάτη ἡ ἐκ τῶν προσείλων IX 2, 3; ἡλιωθῇ ἡ γῆ C. III 20, 7; φύεται ἐν τῇ Ἀρκαδίᾳ ἡ πίτυς ὀλίγη III 9, 4; ἐκτρέφει πρὸς τούτῳ ἡ δρόσος IV 3, 7; ἐπιλάμψῃ ὁ ἥλιος IV 4, 12; ἔχει ἡ ἐλάα IV 7, 2; ἐκβαίνει ἡ πλημμυρίς 7, 6; ᾖ ὁ καιρός VI 6, 1; λάχῃ ὁ ἥλιος IX 5, 2; ἀντικύψῃ ὁ χειμών C. I 12, 6; ἔστιν ἐν τελειώσει ὁ πόνος C. II 11, 11; ποιεῖ ἡ πεύκη C. III 10, 5; τὸ δ' ὅλον οὐ ποιεῖ ἡ θερμότης C. IV 3, 3; διεκπίπτει ἡ ὑγρότης C. IV 14, 1; ἔστι δέ τις ἑτέρα ἡ διὰ τὴν εὐκαρπίαν C. V 11, 2. Am wenigsten erträglich sind mir davon die Stellen IV 4, 12; 7, 2; IX 5, 2;

[1]) αἴγειροι αἱ μέγισται IV 7, 4 fällt durch Bretzls Änderung in τὰ μέγιστα (S. 28 u. 324) weg.

C. IV 14, 1, weil hier das Substantiv wiederum mit einem Vokal anfängt, wobei freilich IV 4, 12 und IX 5, 2 gleiche Vokale sich folgen würden, wenn man über den Artikel hinüberläse. IX 2, 3 und C. V 11, 2 könnte man auch an eine Pause denken, da hier das Subjekt auf das prädikative Adjektiv folgt; bei ausgelassener Kopula ist dies üblich (darüber s. S. 32f.).

In Wegfall kommt I 7, 1 ἤγουν ἐν τῷ Λυκείῳ ἡ πλάτανος ἡ κατὰ τὸν ὀχετόν usw. ἤγουν findet sich bei Theophrast nicht, vor ihm nur bei Hippokrates und in Xenophons Οἰκονομικός 19, 11, wo es jetzt gestrichen ist. Dagegen wendet zur Einführung eines empirischen Beweises einer vorausgehenden allgemeinen Behauptung Theophrast gewöhnlich γοῦν an. Man streiche darum ἡ nach Λυκείῳ und lese mit Schneider hiatlos: ἡ γοῦν ἐν τῷ Λυκείῳ πλάτανος. Ferner wird man statt ὅλη ἡ φύσις III 2, 3 schreiben ἡ ὅλη φύσις, da Theophrast, soweit ich sehe, immer so stellt[1]). Dann bleiben noch αὕτη ἡ χώρα IV 4, 11 und αὐτὴ ἡ γῆ C. II 19, 4; beidemal glaube ich, daß man ebenso gut wie an den oben angeführten Stellen zusammenlesen kann (ἡ γῆ αὐτή wäre viel härter). Endlich haben wir noch III 6, 2 πάλιν ἐξ ἐκείνου ἡ ἑτέρα σχίσις γίγνεται,

[1]) Überliefert ist nach Bretzl in UM ὅλη φύσις, nur in B ὅλη ἡ φύσις. Dieser von Bretzl untersuchte Codex (Vaticanus 1305) scheint Spuren einer korrigierenden Hand zu verraten. So ist III 14, 4 das in den anderen codd. fehlende, aber vom Sinn geforderte ὅμοιον zu φύλλον ἔχει eingeschoben, doch so, daß ein Hiat entsteht: ἔχει ὅμοιον. II 5, 2 μείζω τὴν ῥίζαν ἔχειν ἢ ὀκτάπηχυν hat B allein ἤ, das die anderen codd. auslassen. III 12, 4 ist die ungewöhnliche Wortstellung ἔφη δὲ καὶ κομίσαι τοὺς ὀρεοτύπους αὐτῷ Σάτυρος ἀνανθεῖς ἄμφω so geändert, wie sie Wimmer schreibt. Nach den wenigen Stellen, zu denen mir Bretzl seine Kollationen übersandt hat, schließe ich vorläufig, daß in der Vorlage von B von einer zweiten Hand Verbesserungen über dem Texte standen. So finden sich folgende unentbehrliche Worte nur in B: II 5, 2 ἤ nach ὀκτάπηχυν; III 2, 3 ἡ bei ὅλη ἡ φύσις; III 14, 4 ὅμοιον zu φύλλον ἔχει; IV 6, 1 γάρ nach ποταμοῖς. Doch sind diese so in den Text eingefügt, daß zweimal Hiat entsteht, und IV 6, 1 steht γάρ an einer unmöglichen Stelle. Ganz grobe Fehler suchte B zu beseitigen z. B. IV 10, 1, wo für πλείω UM πλεῖον; C. I 19, 3, wo statt ἡ περὶ δὲ τῶν UM ἡ δέ τῶν und für ὅμοια UM ὁμοίως sich findet. Das endgültige Urteil über den Wert von B steht natürlich Bretzl zu.

wo der Text kaum heil sein dürfte. Anders fasse ich die Fälle, wo durch die Auslassung der Kopula eine Sinnespause entsteht, s. S. 32 f.

Daß bei Zeitbestimmungen kein Hiat eintritt, darauf hat — soweit ich wenigstens von den einschlägigen Arbeiten Kenntnis nahm — zuerst Kaibel hingewiesen (Stil und Text der πολιτ. Ἀθην. S. 13). Wir finden außer Aristoteles auch bei Isaeus II 4 τετάρτῳ ἔτει ἢ πέμπτῳ. Ganz einfach sind bei Theophrast: τῷ τετάρτῳ ἔτει III 17, 2; τῷ δευτέρῳ ἔτει 13, 2; τῷ ὑστέρῳ ἔτει 1, 2 [1]); τῷ τρίτῳ ἔτει II 4, 1; III 1, 5; C. III 13, 3; τῷ ἐχομένῳ ἔτει VII 1, 6; ἑκατοστῷ ἔτει C. I 17, 9, dann zur Bezeichnung der Tages- oder Jahreszeit, wohin auch die Fälle mit πρό gehören, das sonst nicht vor Vokalen zugelassen scheint. πρὸ ἰσημερίας III 4, 2; C. III 11, 6; πρὸ ἡλίου τροπῶν III, 4, 4; πρὸ ὥρας C. V 9, 13; τῷ ἡλίῳ ἀνιόντι IV 7, 8; τῆς τοῦ ἄστρου ἐπιτολῆς C. VI, 7, 6; πρῶτον μὲν ἄκρου ἔαρος III 5, 1; περὶ πυροῦ ἄμητον III 4, 4 [2]). Endlich gehören hierher: μικρῷ ὕστερον III 4, 1 und μικρῷ ὀψιαίτερον III 4, 2, 3.

Formelhafte Ausdrücke werden ohne weiteres zusammengelesen, so bei Demosthenes (Benseler, De hiatu S. 97); damit entschuldigen wir τύπῳ εἰπεῖν C. I 17, 9 und καθ' ὅλου εἰπεῖν I 10, 5; 12, 2. Hier schließt man am besten auch an ἄλλαι ἄλλων I 6, 4; ἄλλοι ἄλλοις IV 11, 10 und ἄλλη ἄλλοις χρησίμη V 9, 6; so bei Späteren nicht zu selten. Ferner dürften hierher gehören τούτου αἰτιάσαιτ' C IV 8, 1 und τούτου αἴτιον C VI 10, 2.

Termini technici bilden einen Begriff, sie sind für die Aussprache so gut wie ein Wort (so bei Aristoteles, s. Kaibel a. a. O. S. 11). Bei Theophrast haben wir: τῇ καλουμένῃ σταφυλῇ ἀγρίᾳ III 18, 11; τῷ λευκῷ ἴῳ 18, 13; ἐν τῷ κόλπῳ τῷ καλουμένῳ Ἡρώων IV 7, 2; τῷ ἀστρακυλίδι καλουμένῃ ἀκάνθῃ IX 1, 1; so wohl auch μηλέα ἡ ἐαρινή IV 14, 7; C. II 11, 6; III 17, 7, zumal sich auch μηλέα ἐαρινή II 1, 3 ohne Artikel findet. Anders sind auch die Verbindungen mit ὅμοιος nicht aufzufassen, vgl. auch Bretzl S. 11 f.; also ἀμυγδαλῇ ὅμοιον III 12, 1 so gut

[1]) Dafür τῷ ὕστερον ἔτει C. IV 8, 5 usw. usw.

[2]) Vgl. übrigens ὑπὸ πυράμητον VII 6, 2.

wie an anderen Stellen ἀμυγδαλώδης; μεσπίλῃ ὅμοιον III 13, 3 wie bald darauf III 15, 6 μεσπιλώδης; εὐζώμῳ ὅμοιον VII 4, 2 τῷ κρόκρῳ ὅμοιον VII 7, 1; kein Beispiel in den Causae. Hierher rechnet jetzt nach Bretzls Untersuchungen auch ἔστι δὲ ἡ μὲν δάφνῃ ὁμοία τῇ ἰδέᾳ IV 7, 2 (statt der bisherigen Lesart δάφνη ὁμοία, bei der man Hiat hätte annehmen müssen)[1]. Ich rechne hierher auch: ἡδὺ ὄζον III 15, 5 (= εὔοσμον); δένδρου ὕψος C. I 10, 4; δένδρου ὁρμή C. V 1, 11; ferner συμφύτου ὑγρότητος, συμφύτῳ ὑγρότητι C. VI 1, 3; μυξώδει ὑγρασίᾳ III 13, 2. Hier entsteht überall durch Zusammenlesen nirgends Unklarheit, und das scheint mir bei der ganzen Frage von wesentlicher Bedeutung zu sein. Auch πολὺ ὕδωρ V 3, 4 halte ich für hiatlos.

Der ganze Abschnitt hat gezeigt, wie Theophrast zunächst frühere Tradition aufnimmt, dann aber sich die erlaubten Freiheiten in der Komposition in weitgehenderem Maße gestattet. Etwas strenger sind die Causae plantarum gebaut, ohne daß indes der Unterschied besonders auffallend wäre.

B. Hiate, die durch Pause zu entschuldigen sind.

Während Isokrates nur nach ganz großen Abschnitten Hiat gestattet — solche Fälle werden in unsern Ausgaben

[1]) Die Bedenken, die Bretzl gegen das von Prof. Keil vorgeschlagene ἰδέᾳ (s. S. 325) vortrug, scheinen mir nicht zwingend. μορφή und ἰδέα sind keine getrennten morphologischen Begriffe, sie gehen ineinander über. So bedeuten beide 'Varietäten' in den auch bei Bretzl angeführten Beispielen: VIII 5, 1 οἱ δὲ ἐρέβινθοι διαφέρουσι ταῖς μορφαῖς; VII 11, 2 ὁ ἀχύνωψ πλείους ἔχων ἰδέας ἐν ἑαυτῷ. Zur Bezeichnung von Wuchsformen wird μορφή mit dem Zusatz ἰδία gebraucht III 8 1 συνεμφαίνοντας καὶ τὰς ἰδίας μορφὰς τῶν μὴ φανερῶν καὶ γνωρίμων, worauf dann gleich die Ausführung des Themas mit δρυὸς δὴ γένη beginnt. Hier könnte also ebensogut ἰδέας stehen. Andrerseits bedeutet ἰδέα 'Habitus', also dasselbe wie μορφή, VII 7, 2 ὅσα ἄλλα τὰς αὐτὰς μὲν ἰδέας ἔχει, τοὺς δὲ χυλοὺς ἐδωδίμους usw.? Wie man sieht, läßt sich ein strenger Unterschied nicht durchführen. Darum wird man an unserer Stelle, deren richtige Interpretation niemand Bretzl bestreiten dürfte, auch an der paläographisch am nächsten liegenden Änderung ἰδέᾳ festhalten, — τῷ εἴδει statt τῇ ἀρίᾳ, an das man auch denken könnte, führt schon wieder zu weit ab. — Das mehr äußerliche Bedenken Bretzls, ἰδέα komme bei Theophrast nur im Plural vor, beseitigt IV 6, 2 τὰ δὲ μίαν ἰδέαν ἔχοντα.

durch Punkte bezeichnet — ging Demosthenes hierin schon bedeutend weiter; er ließ Hiat nach jedem Kolonende zu, aber auch schon innerhalb eines Kolons, nämlich dann, wenn der Gedankengang eine neue Wendung nimmt. Dahin gehören die Hiate vor Verneinungen und Entgegensetzungen (s. Blass Att. Ber. III 115). Auch hier erweitert Theophrast den Gebrauch: Pause tritt bei ihm z. B. schon ein, wenn die Kopula ausgelassen ist. Und dies ist für den Vortrag ganz natürlich; z. B. in IV 4, 9 οἱ ἄρτοι ἡδεῖς wird die Stimme hinter ἄρτοι einhalten, denn beide Wörter bilden nicht einen Begriff. Vor allem ist die Pause nötig, wenn wie hier Subjekt und Prädikatsadjektiv unmittelbar einander folgen. Theophrast macht sich überall das logische Prinzip zu Nutze und erweist sich auch hier als Meister der Redekunst, der auch im wissenschaftlichen Stil stets den lebendigen Vortrag vor Augen hat, oder besser gesagt — in den Ohren, denn dadurch unterscheidet er sich ja gerade von Schulmeister-Rhetoren wie Isokrates, daß er nicht auf den geschriebenen Buchstabenhiat achtete, sondern auf ein ungekünsteltes, sinngemäßes Sprechen. Dies zeigen seine Freiheiten in der Vokalfolge, wie wir sie im vorigen Abschnitt besprochen haben, dies zeigt ebenso die wirksame Verwendung von Sinneshiaten.

I. Kolonende durch Partikeln bei Hauptsätzen.

Ich übergehe die Fälle, wo in unseren Ausgaben der Sinnesabschnitt durch eine größere Interpunktion (Punkt, Kolon oder Semikolon) bezeichnet ist[1]). Im 1. Buch der Hist. pl. sind 39 derartige Stellen. Sehr häufig finden sich Hiate vor ἤ, ἀλλά, sowohl vor längeren als vor kürzeren Gliedern, z. B. καὶ μόναι δὴ αὗται ἢ μάλιcθ' ὅμοιαι τοῖc ὑπὲρ γῆc I 6, 7; ὅταν ἢ μὴ λυθῇ καὶ ἐκβιάζηται ἢ καὶ ἀποκοπῇ 8, 4[2]); ἀπὸ ῥίζηc

[1]) Freilich weiß ich, daß unsere Herausgeber oft sehr willkürlich in diesen Punkten sind. Aus diesem Abschnitt wird sich wohl mancher Anhalt für die Interpunktion ergeben, so wird man C. III 6, 4 λίθοι ταῖc τοιαύταιc οὐκ ἐκλεκτέα, ὑπάρχει γὰρ sicher statt des Kommas ein Semikolon zu setzen haben.

[2]) Mehrere dieser Fälle lassen sich auch als Aufzählungen ansehen, darüber s. S. 26 f.

ἢ κλάδου ἢ καυλοῦ ἢ ἀκρεμόνος· τὸ δὲ δι' οὗ ἡ διὰ μίσχου ἢ δι' αὐτοῦ I 10, 8 usw. usw.; οὐκ ἀκριβολογητέον τῷ ὅρῳ ἀλλὰ τῷ τύπῳ ληπτέον I 3, 5; οὐ γὰρ μακροὶ ἀλλὰ βραχεῖς II 6, 7; οὐ καίεται ἀλλ' ἀποπηδᾷ III 9, 3; οὐδ' ἐξ ὀφθαλμοῦ ἀλλ' ἐκ τοῦ πλαγίου 8, 6 οὐκ εὔχυλος ὥσπερ ἄλλα ἀλλ' ὅμοιος ταῖς ῥόαις, ὥστε μὴ καταδέχεσθαι ἀλλὰ — ἐκβάλλειν II 6, 8. — Besonders begreiflich wird der Hiat, wenn in der Partikel zugleich eine Negation liegt, also vor οὐδέ und οὔτε: so μηλέα οὐδ' ἡ ῥόα οὐδ' ἡ ἄπιος εἶναι οὐδ' ὅλως ὅσα παραβλαστητικὰ I 3, 3 (dieses Beispiel könnte man auch eine negative Aufzählung heißen, über welche Fälle s. S. 26 f.). Ganz kurzes Glied haben wir in αἱ ἐλάται — οὐ μὴν ὁμοίως γε πυκναὶ οὐδ' ὡραῖαι· οὔτε γὰρ ῥίζαν πάντ' ἔχει οὔτε καυλόν I 1, 11; οὔτε κραδᾷ οὔτε σφακελίζει οὔτε φωριᾷ οὔτε σκωληκοῦται IV 1, 4; οὔθ' ὅμοιοι πάντες οὔθ' ἴσοι οὔθ' ἅμα βλαστάνουσιν C. I 11, 4; Ferner gehört hierher: διαφέρουσι τῷ μήκει καὶ τῷ πάχει, οὐ μὴν ὁμοίως γε πυκναί IV 1, 2 und λέγω, οὐχ ὥστε usw. I 8, 1. Hierher wird man am besten auch die Hiate vor ὥσπερ, ὡς und οἷον ziehen, wo jene nicht als satzeinleitende Konjunktionen gebraucht sind: ἐπιμελαίνεται ὥσπερ μυξώδει ὑγρασίᾳ III 13, 2; τὰ μὲν ἁπλῶς εἰσιν ἄκανθαι ὥσπερ ἀσφάραγος VI 1, 3; εἶναι ὥσπερ καὶ ἡ ἄργιλος C. VI 3, 2; βλαστάνει ὡς ἐπὶ πᾶν III 2, 1; ἀκανθίζοντα ὡς ἡ θριδακίνη I 10, 7; μάλιστα δ' εὐφυῆ ὡς γ' ἐνὶ λαβεῖν C. I 6, 4; μὴ οὕτω λεπτόν τι ὡς στεγνόν C. VI 19, 3 (W). Vor οἷον findet sich Hiat sehr oft bei Einführung von Beispielen, so im 1. Buch 8mal: σκληρυνομένη οἷον ἐν τοῖς φοίνιξι usw. I 2, 7; βραχυστελέχη οἷον ἰτέα usw. 5, 1; ὀζώδη οἷον τὰ τῆς πευκῆς 5, 4; ἐν οἷς ἐστιν ἄμφω οἷον κυπάριττος 8, 2; πλείω — τὰ γένη οἷον τὰ κατὰ τὰς χώρας καλούμενα σάρδια

[1]) Man wird hier Verschmelzung nicht annehmen, auch wenn sie sonst nach dem vorausgehenden Vokal geläufig ist, ebensowenig Elisionen; denn sie widersprächen ja dem Sinn, indem sie die Pause beseitigten. Dies gilt von dem ganzen Abschnitt; so wird man z. B. τῶν ἄλλων ὑλημάτων (ἐστὶν) ἔνια ἃ τοὺς ψυχροὺς ζητεῖ τόπους IV 5, 1, nicht elidieren, da vor dem Relativpronomen die Pause üblich ist, ja gefordert wird. Solche Beispiele sind darum auch berücksichtigt. Nur bei ganz kurzen Gliedern wird man richtiger Elision (bezw. Verschmelzung) annehmen, so in τά τε λαχανώδη πάντα ἢ τὰ πλεῖστα I 3, 4 usw.

usw. VII 4, 7 αἱ τοιαῦταί εἰσι διαφοραὶ οἷον πυκνότης V 3, 1; auch gehört dahin: δένδρα μεγάλα πεφυκέναι | ἡλίκα πλάτανοι IV 7, 4. — Ziemlich oft werden Hiate zwischen zwei durch μὲν — δέ verbundenen Gliedern zugelassen: πάντα δὲ νέα μὲν ὄντα λειοφλοιότερα, ἀπογηράσκοντα δὲ τραχυφλοιότερα, ἔνια δὲ καὶ ῥηξίφλοια[1]) I 5, 2 ὑμενώδεις δ' ἐν μὲν τοῖς δένδροις οὐκ εἰσὶν ἢ σπάνιοι, ἐν δὲ τοῖς θαμνώδεσι — εἰσίν I 6, 2, αὕτη μὲν οὖν ἰδία τοῦ μυρρίνου, αἱ δ' ἄλλαι II 5, 6 ὁ μὲν ἄπεπτος ἐπιπλεῖ, ὁ δὲ μέλας III 15, 4, τὰ μὲν εἰς τὰ κάτω κάμπτεται, ὁ δὲ φοῖνιξ usw. V 6, 1 οἱ μέν φασιν εἶναι, οἱ δ' οὔ VII 4, 3, ἔνθεν μὲν στελὶς ἢ ἰξέα, ἔνθεν δ' ὑφέαρ C. II 17, 2 ἡ μὲν βλάστησις — διὰ τὴν ψυχρότητα τοῦ τόπου, ἡ δὲ πέψις C. I 17, 3; derartige Hiate noch I 5, 5; 10, 3; 12, 4; 13, 4; II 6, 3; 6, 6; III 3, 4; IV 7, 2; V 8, 1; VI 8, 3; 19, 4; VIII 4, 3, 5; IX 4, 10; C. III 14, 7; IV 4, 4; 14, 4; 13, 6; 16, 3; V 4, 7; 9, 3; VI 2, 4; 12, 10; ohne vorausgehendes μέν: ἐντεριώνην ἔχει, εὔφθαρτον δέ III 18, 5 ἐσθίεται καὶ ὠμή, ἀρίστη δέ IV 8, 11, ebenso I 10, 6; IV 4, 10; V 3, 5; C. I 12, 2; II 8, 3; C. VI 10, 3.

Weiter stelle ich in Analogie: ἥ τε γὰρ γλισχρότης ἀντιληπτικὴ ὅ τε φλοιὸς μαλακὸς ὢν usw. — οὐ ποιεῖ C. I 6, 4; ὡς τέτταρας εἰς τὸν πῆχυν εἶναι, ἐνίοτι καὶ ἐπὶ πόδα II 6, 6. Anknüpfungen mit ἔτι: ἀπόλαυσιν ποιεῖ πλείω, ἔτι δ' ἀφαιρεῖ C. II 2, 4 (W).; τῶν δὲ καὶ δακρυώδης γίγνεται καθάπερ — πτελέας, (καὶ γὰρ αὕτη φέρει κόμμι ἐν τῷ ἀγγείῳ), ἔτι δὲ ἀφ' ὧν ὁ λίβανος IX 1, 2[2]); κρομύου σκόρδου κιχορίου, ἔτι δὲ ἀσφοδέλου I 10, 7; τὰ ἐν Σινώπῃ καὶ Ἀμίσῳ ἔτι δὲ ὁ Μύσιος Ὄλυμπος IV 5, 5; τύφη, ἔτι γε μήνανθος IV 10, 1; ἐλάτη καὶ πεύκη, ἔτι δὲ κυπάριττος V 7, 4. Läßt man in den letzten vier Stellen ἔτι δὲ (bezw. γε) weg, so haben wir eine reine Aufzählung.

Bei dieser sind Hiate auch nach einzelnen Wörtern durch Sinnespause gerechtfertigt[3]). Die Beispiele bei Theophrast

---

[1]) Man wird auch bei dieser Gruppe nur dann Elision annehmen, wenn die Glieder sehr kurz sind.

[2]) Hier ist der Hiat allerdings schon durch die Pause nach der Parenthese entschuldigt.

[3]) Sogar Benseler (S. 298) läßt sie bei Polybius als Entschuldigung gelten.

sind zahlreich, so συκῆ ἄμπελος I 3, 1; ἐλάα, πεύκη, ἄρκευθος, φιλύκη, ὀξυάκανθος I 9, 3; ῥοδωνία, ἰωνία, ἀβρότονον I 9, 4; μηλέα, ἀμυγδαλῆ, ἄπιος I 14, 1; φιλύκη, ἀφάρκη, λεύκη, ἰτέα, αἴγειρος, λακάρη, ἀχράς, μηλέα, ὀστρύα III 3, 1; σελίνου, ἱπποσελίνου C. VI 11, 10; πτελέα, ὀστρύη C. V 12, 9 usw. usw.; vor dem ersten Glied einer Aufzählung haben wir Hiat III 3, 3 ἀείφυλλα μὲν οὖν ἐστι τῶν ἀγρίων, ἃ καὶ πρότερον ἐλέχθη, ἐλάτη usw., er fällt aber zusammen mit einer Pause nach dem Relativsatz ἃ — ἐλέχθη. Manchmal wird übrigens bei Aufzählungen der Hiat vermieden, indem die einzelnen Pflanzennamen durch καὶ — καὶ verbunden werden, so ἰτέα καὶ ἀκτῆ καὶ λεύκη καὶ αἴγειρος C. I 1, 3; ἀβροτόνου καὶ σισυμβρίου καὶ ἑρπύλλου 4, 2.

II. Kolonende zwischen Haupt- und Nebensätzen (bei Partizipien).

a) Hiate vor nachfolgendem Hauptsatz.

ἐπεὶ δὲ πλεῖον ἡ φύσις ἣ κατὰ ῥίζαν ταύτῃ, ἀπορίαν ἔχει[1]) I 6 9; ἐὰν σπαρὲν κυλινδρωθῇ, ἀναφύεσθαί φασιν οὐδέν II 4, 3; τὰ δὲ φυτευτήρια ἐὰν μὲν ἐνδέχεται, ὑπόρριζα δεῖ λαμβάνειν II 5, 3; ὅπου δὲ πτελέαι (sc. ἦσαν) αὖθις πτελέας (sc. ἀναφῦναί φασιν) III 1, 2; ὅταν ἄλλος ἐπιφυῇ, ὁ περύσινος ἀποπίπτει III 12, 4; ἐάν τις κολούσῃ, ἀποθνῄσκει III 17, 2; εἴ τις (so zu schreiben statt τι, die codd. haben nur τι) φάγοι, ἐναποθνῄσκει IV 4, 12; ὅταν ὡραῖον ᾖ, ἐκπετάννυσθαι IV 7, 7; ἐὰν δὲ πολύ (sc. γένηται), ἀποκλύζεται IV 14, 5; ἐὰν διαφάγῃ, ὠφελεῖ IV 14, 10 ἐάν τις — ποιήσῃ, οὐδὲν ἄτοπον IV 15, 4 οὗπερ ἡ ῥοπή, ἐνταῦθα κτλ. V 3, 5; ἐὰν . . . ἀπολειφθῇ, ἀπὸ τούτου βλαστάνει VI 5, 4; τὸ διαφέρειν, ὥσπερ ἐκ Κιλικίας φασὶν εἰς

[1]) So interpungiere ich, nicht hinter ῥίζαν; ταύτῃ ist betont 'in diesem Falle'; bei den Knollen im Gegensatz zu allen anderen Pflanzen (ἐπὶ δὲ τῶν ἄλλων), die solche nicht bilden. Im übrigen folge ich bei dieser schwierigen Stelle ganz der Lesart Wimmers. Für den Botaniker ist I 6, 9 interessant, indem man daraus das weit vorgeschrittene physiologische Verständnis Theophrasts ersieht: er hat richtig beobachtet, daß eine Zwiebel keine Wurzel ist, und trifft mit der Bezeichnung κῦμα schon fast das Richtige.

Καππαδοκίαν καὶ ὅλως τὴν ἐπέκεινα τοῦ Ταύρου, ἧττον ἄτοπον VIII 2, 9; ἐν οἷς εἰώθασι γίγνεσθαι, οὐκ ἀεὶ γίγνονται VIII 10, 5; καί τινες ἀκούσαντες ὡς ἐντεῦθεν ἡ σμύρνα, ἡγοῦνται IX 1, 4; ὅταν ἡ φυτεία πυκνή (sc. ᾖ), εὐαυξῆ μὲν τὰ δένδρα C. I 8, 3; ἃ μὴ πρωικαρπεῖ, ὅμως διαφέρει 13, 9 (W); ἐξ ὧν διαιρετέον, ὥσπερ καὶ ἡ φύσις διῄρηται, ἡμέροις 16, 13; ὅτι ψυχρὰ τῇ φύσει, ὀψίκαρπα 17, 8; ἐὰν δὲ εἰς θωμοὺς συντεθῇ, ἀδρότερος C. IV 13, 6; ἐὰν προβλάστημά τι γένηται τῷ καρπῷ, ἔλαττον ἔτι τὸ ἄτοπον C. V 2, 2.

Zusatz: C. VI 4, 2, das nach Wimmers Lesart εἰ δ' εἰς τὸ πλείονα εἴδη εἶναι, ἐκεῖνοι γε ebenfalls zu dieser Gruppe gehörte, las Prof. Keil folgendermaßen: εἰ δ' εἰς τὸ πλείονα (sc. τάττειν τὴν φύσιν aus dem Vorhergehenden) ἴδιον αὐτῆς (d. h. der φύσις) und interpretiert: 'wenn man nicht in dem Besten, sondern in einer Mehrzahl die Ursprünglichkeit suchen soll'. Diese Konjektur bestätigen nach Bretzls Mitteilung die codd., die nicht, wie Wimmer angibt, ἰδεῖν αὐτῆς, sondern ἴδιον αὐτῆς bieten. Wenn nach τὸ πλείονα die Auslassung von εἶναι zu hart wäre, so ließe sich dies durch die Änderung in τὰ πλείονα beseitigen.

b) Hiate vor Relativsätzen.

ὀζωδέστερα ἐν οἷς I 9, 3; κερωνία ἣν 11, 2; πικραὶ ὧν 7, 2; εἶναι ὃ 7, 3; γένος ἐν Κύπρῳ ὃ II 6, 8; πλείω δὴ[1]) ἃ καλοῦσι III 5, 5; τὸ δὲ θῆλυ ἣν καλοῦσι III 12, 1; τῇ ὄψει ἣ III 13, 6; ἡ ποικίλη ἣν δὴ καλοῦσι 18, 8; ὅμοιον τερμίνθῳ ὃ IV 4, 7; ἔνια ἃ 5, 1; ἐν τῷ παραδείσῳ αἵ εἰσι 5, 6; ῥυὰς δὲ γίγνεται ὃ καλοῦσι IV 14, 6; κερμηστὶ ὃ ἐστιν ἐν κοτίνῳ V 2, 4; μήτρα ἣν V 13, 1; γένη πλείω ἃ δεῖ διαιρεῖν VI 1, 2; αἱ δὲ μέλαιναι καὶ ἐπιπορφυρίζουσαι αἵπερ καὶ πολυάλφιτοι VIII 4, 2; ἀφαυαίνεται ὃ καλοῦσι 10, 3; ἐκεῖνό γε φανερόν, ὅτι ὧν αὐτόματος ἡ πῆξις τούτων πλείων ἡ ἐπιρροή IX 1, 5 (beachte jedoch ὅτι; ähnlich sind die Wortfolgen ἐπεὶ ἐάν usw. s. S. 11 f.); βέλτιστον εἶναι, ὃ τέμνεται IX 5, 1; σκωλήκια γίγνεσθαι ἃ IX 5, 3; τὸ ἔχειν ἐν ἑαυτῷ ὃ ἔδει C. III 21, 4; ἄλυπα ταῦτ' εἶναι ἃ χαλεπώτατα C. IV 9, 1 (W); τοῦ θερμοῦ ὃ συνεξάγει C. IV 12, 12;

[1]) Vielleicht ist ἃ δὴ umzustellen.

ἐπιρροὴ — ἀποςβέννυται, ᾧ φαίνεται C. V 17, 7; ebenso natürlich vor einem mit Präposition verbundenen Relativ und vor relativem Adverb: παίῃ ἄχρι οὗ II 5, 4; τὸ ἄνω ἐν ᾧπερ II 6, 2; αὐλῶνι ἐν ᾧ II 6, 5; πτελέα ἐν οἷς III 15, 4; κότινον τὸν ἐν Ὀλυμπίᾳ ἀφ' οὗ IV 13, 2; ἡ μήτρα ἐν ᾗ V 13, 1; μονόκαυλα δ' ἄμφω καὶ γονατώδη ἀφ' ὧν VI 2, 7; διαρρίπτεςθαι ἐξ οὗ φύεςθαι 3, 4; γίγνεται ἐν ᾧ VII 3, 5; ἐν τῷ ὄρει τῷ Μηρῷ καλουμένῳ ὅθεν IV 4, 1; ἀπὸ δὲ τοῦ λεπτοῦ ὅθεν ὁ ἀθήρ C. IV 7, 4; ὁ καρπὸς ἀνίεται ὅθεν C. V 1, 5.

c) Vor Konjunktionalsätzen.

Vor ἐάν: τὰ δὲ φυτευτήρια, ἐάν II 5, 3; ἡ παλαιοτάτη κρατίςτη, ἐάν V 7, 4; τὸ τοῦ ςικύου, ἐὰν — ςπείρωςιν VII 3, 5; φθείρεται, ἐάν VIII 8, 1; δῆλον γίγνεται, ἐάν τις C. VI 10, 6;

vor εἰ: γίγνεται ἐν τῷ ςυκαμίνῳ, εἰ μὴ ὁ ῥοῦς ἐξέφερεν IV 8, 7; οὐχ ἥκιςτα δ' οἰκεῖαι, εἴ τις λαμβάνοι τὰς τοιαύτας VIII 4, 3; οὐδ' ἅμα κυΐςκεται εἰ μή C. I 11, 2; τελειοῦςθαι εἴπερ C. IV 8, 4; αὐτὸς αὑτὸν ἐκτρέφει, εἰ μὴ καὶ ἡ ἅλμη ςυμβάλλεται 8, 4; παρεγγύς πως τούτῳ, εἰ C. VI 17, 9;

vor ὅταν: γίγνονται ὅταν I 9, 4; μελαντέρᾳ δὲ πίττῃ καὶ εὐωδεςτέρᾳ, ὅταν ᾖ ὠμή III 9, 2; διὰ γὰρ τὸ ἀποςβέννυςθαι, ὅταν παύςηται φυςώμενος III 8, 7; ἡ δ' ἀφ' αὑτοῦ, ὅταν ἀφελῶςι II 6, 2; γίγνεται, ὅταν IV 14, 5; ὃ καλοῦςί τινες ψίνεςθαι, ὅταν 14, 6; τοῦ μὲν ςκορόδου, ὅταν VII 4, 12; ἐν μὲν τῇ πεύκῃ, ὅταν IX 2, 1; ἐν δὲ τῇ πιτύϊ, ὅταν IX 2, 1; ἀπόλλυται καὶ πυρὸς καὶ κριθή, ὅταν VIII 10, 3; ἢ ὅταν C. II 7, 5;

vor ὅτι: βελτίων δὲ τοῦ φελλοῦ, ὅτι γλιςχρός V 3, 6; οἱ δὲ τῆς ςυκῆς ὀψιαίτεροι, ὅτι C. I 17, 3; ὡς δ' ἐγγυτέρω (sc. εἰπεῖν), ὅτι πάντα τὰ τοιαῦτα εὐβλαςτότερα C. I 12, 1; πλὴν εἴ τις λέγοι, ὅτι C. IV 6, 7; ὃ δὲ λέγουςιν οἱ πολλοί, ὅτι C. IV 12, 13;

vor ὅπως: πηλῷ τετριχωμένῳ, ὅπως C. I 6, 7;

vor ὡς: δι' εὐτροφίαν τοῦ δένδρου, ὡς ἄν τις εἰκάςειεν III 9, 5;

vor ὥςπερ: εἰς τὸ προιέναι, ὥςπερ καὶ ἐπὶ τῆς πρώτης φύςεως ἐλέχθη C. I 10, 3;

vor ὥςτε: ἀναβλαςτάνει, ὥςτε IV 14, 13; ςυνίςταςθαι ὥςτε IV 12, 4; οὕτω πλατύκαυλα γίγνονται, ὥςτε VI 4, 5; τὰ δ' ἐκ τῶν δυcχειμερινῶν ἐν τοῖc πρωΐοιc ὀψὲ ἀποχεῖται, ὥcτ' ἀπ' αὐχμοῦ φθείρεται VIII 8, 1 τὸ φύλλον μεταβάλλει, ὥcτε C. IV 4, 13 μαναὶ αἱ ῥίζαι ὥcτε C. V 12, 8, τοῦ μετρίου ὥcτε C. VI 1, 4.

d) Hiate vor adverbialen Partizipien [1].

α) Participia coniuncta: οἴονται δέ τινες — χνοώδεις εἶναι οὐ καλῶc λέγοντεc I 10, 3; καταβάλλουcιν ἐν πηλῷ ἀχυρώcαντεc εὖ μάλα IV 8, 8; ὥcτε μηδ' ἐπίδηλον εἶναι τὸν cταχὺν τῇ ὄψει ὄντα κενόν VIII 10, 3; εἰc ὀργῶcαν τὴν γῆν ἐμβληθῆναι εὐλαβούμενον ὅπωc C. III 23, 1; ἡ χύτρα κωλύει ἀποcτέγουcα τὴν ἐπιρροήν C. V 4, 5; λεαίνῃ ἐπαλεῖφον τὰ τραχυνθέντα C. VI 1, 5. Gen. absol. κωλύεται δὲ ὑπὸ τῷ δέρματι εἶναι, ὕδατοc ἐπ' ἀρκτούρῳ γενομένου IV 14, 10; ἐνδεέcτεραι γίγνονται, ἀcθενεcτέρου ὄντοc τοῦ θερμοῦ C. I 13, 2; ἀφθόνου τῆc τροφῆc οὔcηc καὶ τοῦ ἀέροc εὐτρόφου, εὐλόγωc ἡ εὐβλαcτία C. II 1, 5 (leicht wäre zu ändern εὐτραφοῦc, das auch sonst mit ἀήρ verbunden wird, vgl. C. III 2, 6 usw.); ἀπορεῖται δὲ καὶ διὰ τί — ἀδροῦ ὄντοc τοῦ cίτου καὶ cχεδὸν ὥcπερ ξηροῦ —, ἐφυcθεὶc χείρων γίγνεται C. IV 13, 6 [2]); μᾶλλον εὔcτομον γίγνεται, εὐχυλοτέρων γιγνομένων C. VI 16, 7 nach Wimmer, doch ist die Stelle noch nicht geheilt. Vor ὡc mit Partizip haben wir Hiat cκληρότερα καὶ ταῦτα καὶ ὅλη ἡ φύcιc γίγνεται, ὡc ἐν τούτοιc μάλιcτα τῆc διαφορᾶc τῶν ἡμέρων καὶ ἀγρίων γιγνομένηc III 2, 3. Nicht anders denn als Gen. absol. wird für die Komposition der Genetiv mit ausgelassenem ὄντοc gefühlt μαλακοῦ καὶ ὑγροῦ τοῦ ἀέροc καὶ τὸ cύνολον εὐκράτου, ἀεὶ δυνατὸν βλαcτάνειν οὐ πάντα, ἀλλ' ἔνια τῶν δένδρων C. I 13, 1.

III. Sinneshiate innerhalb einzelner Sätze.

Innerhalb eines grammatischen Satzes ist Hiat erlaubt, wenn beim Sprechen ein Kolonende eintritt; ferner wenn das Folgende besonders hervorgehoben werden soll, also bei Ent-

---

[1]) Der Herausgeber wird danach interpungieren müssen.

[2]) Hier wird jedes Kolonende durch Hiat bezeichnet, es folgt (γίγνεται) ἐὰν δ' εἰc θωμοὺc cυντεθῇ, ἀδρότεροc (diese Hiate wurden bereits oben eingereiht).

gegensetzungen, und bei logischer Gegenüberstellung zweier Glieder.

Kolonende ist anzunehmen[1]): περὶ δέ τὴν Περςίδα τὴν κατὰ τὴν Καρμανίαν, καθ' ὃ ἡ πλημμυρὶς γίγνεται, δένδρα ἐςτὶν εὐμεγέθη | ὅμοια τῇ ἀνδράχλῃ καὶ τῇ μορφῇ καὶ τοῖς φύλλοις IV 7, 5; καὶ περὶ τὴν Ἀςίαν οὐ πόρρω Βάκτρων ἐν μέν τινι τόπῳ | οὕτως ἁδρὸν εἶναί φαςι VIII 4, 5.

Vor der Apposition haben wir Sinneshiat IV 14, 9 κάμπαι κατεςθίουςιν, αἱ μὲν τὰ φύλλα αἱ δὲ τὰ ἄνθη, ἕτεραι τῷ γένει, καὶ ψιλοῦςι τὰ δένδρα; genau dieselbe Stelle haben wir C. V 10, 3 κάμπαι γενόμεναι κατεςθίουςιν αἱ μὲν τὰ φύλλα, αἱ δὲ τὰ ἄνθη, ἕτεραι τῷ γένει. Hier hat Wimmer für ein zwischen ἕτεραι und τῷ γένει in der Überlieferung sich findendes πρὸς eingesetzt οὖςαι; sicherlich falsch, denn abgesehen von dem schweren Hiat spricht die genaue Parallele zu IV 14, 9 dagegen; πρὸς mag aus dem folgenden βοηθεῖ δὲ πρός durch Schreibfehler heraufgekommen sein. — Sicherlich ist Kolonende, obwohl man auch hiatlos lesen könnte, IX 6, 1 καρπὸν δὲ παρόμοιον τῇ τερμίνθῳ καὶ μεγέθει καὶ cχήματι καὶ χρώματι | εὐώδη cφόδρα καὶ τοῦτον καὶ μᾶλλον τοῦ δακρύου. Über I 9, 5 und I 12, 2 s. S. 20.

Hiate vor Entgegensetzungen: διαφέρουςι δὲ ἀλλήλων, καθ' ἃ ὁ μὲν ἄρρην ἄνθος φέρει II 6, 6; ἄλλα δ' ἐν αὐτῇ τῇ θαλάττῃ πεφυκέναι, ἀείφυλλα μέν IV 7, 5; τότε γὰρ μᾶλλον ἡ ἁλμυρὶς ἐργάζεται καὶ κρατεῖ αὐτὴ μὲν οὖςα πλείων C. VI. 10, 9.

Hiate bei logischen Gegenüberstellungen: ὁ δὲ τῆς ἀμπέλου (sc. φλοιὸς) ἐξ ὑγροῦ καὶ ἰνός· ὁ δὲ τοῦ φελλοῦ — ἐκ cαρκὸς καὶ ὑγροῦ I 2, 7; so wird man auch an Stellen wie τὰ μὲν πυκνὰ | ἄνοζα καὶ ὀρθά, τὰ δὲ μανὰ | ὀζωδέςτερα καὶ cκωλιότερα I 8, 2 keine Elision annehmen; ἐξ ἐλάας κότινον καὶ ἐξ κοτίνου; ἐλάαν II 3, 1; τούτων ὀρθότερα — ἡ ἰδαία, ἡ δ' ἑτέρα | οὔ III 9, 1; ἔςτι δὲ ἡ μὲν ἐν τοῖς ὄρεςι φυομένη | εὔχρους καὶ λεία καὶ cτερεὰ καὶ γλίςχρα, ἡ δ' ἐν πεδίῳ | ἄχρους usw. III 11, 5; τοὺς ὄζους δὲ cυμβαίνει τοὺς μὲν κάτω | ἀεὶ ἀπόλλυςθαι, τοὺς δ' ἄνω | αὔξειν III 13, 2; κάτωθεν ἀπὸ τῆς ῥίζης μεγάλα, τὰ δὲ ἄνω | ἀεὶ ἐλάττω προιοῦςιν IV 9, 1;

[1]) Damit entschuldigt auch Kaibel (a. a. O. S. 12) Hiate.

τὴν μὲν πρὸς τῇ ῥίζῃ | ἀριστερὰν εἶναι, τὴν δὲ IV 11, 7; εἰσὶ γὰρ οἱ μὲν σκληροὶ | ἠρινοί, οἱ δὲ μαλακοὶ χειμέριοι VIII 4, 5; ὅταν ἡ φυτεία πυκνή, εὐαυξοὶ μὲν τὰ δένδρα, ἐν δὲ τοῖς ψυχροῖς καὶ τῇ φυτείᾳ μανῇ | ἀναυξέστερα C. I 8, 3; ὁ μὲν γὰρ τῆς συκῆς τὰ γάλα πήγνυσιν, ὁ δὲ τοῦ ἐρινεοῦ | οὐ πήγνυσι C. I 16, 7; θᾶττον γὰρ παραγίγνεσθαι διὰ τὸ νεοργοτάτην εἶναι τὴν γῆν καὶ ἄκαρπον, τὰ δ' ἐν τῇ γῇ γεωργουμένῃ | ὀψιαίτερον C. III 13, 3; τὸ μὲν ποσὸν διάφορον ἂν ἦν, τῷ δ' εἴδει | ἀδιάφορον C. VI 2, 4 [1]).

Pause durch Auslassung der Kopula. Ganz am Platze finde ich den Hiat, wenn in der Beschreibung Subjekt und Prädikat unmittelbar einander folgen. Ähnlich ließen sich die S. 20 angeführten Stellen IX 2, 3 und C. V 11, 2 auffassen. Wir haben vor Artikel: μοχθηρὰ ἡ ἀχράς II 2, 5; εὐθεῖαι αἱ ἐκφύσεις IV 6, 10; ἐναντίαι αἱ ῥίζαι V 1, 1; πασῶν δ' ὀξυτάτη ἡ ἐκ τῶν ὑλημάτων V 9, 3; ἄβρωτος δὲ καὶ πικρὰ ἡ ἀπάπη VII 11, 4; μαναὶ αἱ ῥίζαι C. V 2, 8 [2]). Es schließen sich an: ἐκφανεστάτη δ' ἤδη ἥ τε τοῦ ἄρου I 6, 8; ἀπὸ γὰρ ἑνὸς σημείου οἱ μίσχοι III 18, 12. — Andere Fälle, d. h. nicht vor Artikel, ὥσπερ ἡ Ἀλεξανδρεία δάφνη ἐπιφυλλόκαρπος I 10, 8 [3]); τὸ δὲ θῆλυ εὐμηκέστερον III 9, 2, 3 (hier dazu wie im folgenden Beispiel logische Gegenüberstellung); ἡ μὲν λευκὴ ἀσθενὴς IV 2, 8; οἱ ἀρτοὶ ἡδεῖς IV 4, 9; τὸ μὲν θῆλυ ἄκαρπον IV 10, 4; ἡ δὲ κεφαλὴ ὁμοία IV 12, 3; αἱ πικραὶ ἄβρωτοι VII 9, 4; καὶ γὰρ ἡ ζειὰ ἰσχυρόν C. IV 5, 1; καυλοὶ ἐδώδιμοι C. VI 12, 11; ferner: ἡ μὲν τῆς κέδρου εὐώδης III 12, 3 (hier auch Gegenüberstellung); τὸ μέλι οὐχ ἡδὺ ὄζον III 15, 5; ἡ φυτεία ἀπὸ ῥίζης VI 6, 11; ἐπεὶ καὶ τὰ ἐν τῇ γῇ ὑδαρῆ C. II 16, 1; τὰ πρὸς τῇ τρυγὶ ἧττον εὔοσμον C. VI 16, 6. Kolonende ist zugleich IV 6, 10 τὸ δὲ χρῶμα καὶ τούτων καὶ τῶν καυλῶν καὶ ὅλου τοῦ φυτοῦ | ἐξερυθρόν τε σφόδρα καὶ φοινικοῦν. Ändern wird man VIII 4, 4 τρίμηνοι δὲ πολλοὶ καὶ πανταχοῦ κοῦφοι οὗτοι καὶ ὀλιγόχοοι, indem man mit Stackhouse liest: τρίμηνοι δὲ πολλοὶ καὶ πανταχοῦ·

[1]) Auch in den Fragmenten finden sich solche Sinneshiate, z. B. V, 40, IV, 18 usw.

[2]) In den Fragmenten finden sich noch 11 solche Fälle.

[3]) Daß dies nicht etwa ein Terminus technicus ist, beweist III 17, 4: οἷον ἥ τε Ἀλεξανδρεία δάφνη καλουμένη· τῆς μὲν οὖν δάφνης ἐν τούτῳ τὸ ἴδιον, ὅτι ἐπιφυλλόκαρπός ἐστιν.

κοῦφοι δ' οὗτοι καὶ usw. — Auffälliger ist der Hiat an folgenden Stellen: ἑτέρα ἡ λευκὴ καὶ τρίτη ἡ ποικίλη III 18, 8; αἴτιον τοῦ ὑγροῦ ἡ ἀφαίρεσις C. II 19, 5; ἐκείνη ἰδιωτάτη διάστασις I 14, 3; ἔμπειροι ὀλίγοι I 14, 4; τῷ δὲ μεγέθει οὐ μεγάλη IV 6, 9; ἐν ἄλλῳ ἀσαπές V 4, 3; ἐκεῖ αἱ ὀσμαί VI 6, 5; κεχρωσμένον δὲ ἀνθικῷ οὐδέν VII 9, 2; ἡ γὰρ τοιαύτη ἀτέλειά τις τῶν σπερμάτων C. IV 13, 1. — C. I 2, 3 liest Wimmer εἰ ὑγρόταται αὗται; εἰ findet sich nur in U, MB haben εἰς; dann hat U nach Bretzl ὑγροτάταται αὗται, weicht also nicht wesentlich von M und B ab, die beide ὑγρόταται τοιαῦται (in M) bezw. τοιαῦτα (in B) bieten. Man lese also mit Schneider ὑγρόταται τοιαῦται, die Änderung von εἰ in εἴπερ scheint mir nicht unbedingt nötig. Kaum zu entschuldigen ist der Hiat, wo εἶναι als selbständiges Verbum zu ergänzen ist: διὰ τί ἡ βλάστησις C. I 11, 2; ἐν τούτῳ ἔγκλισις 19, 5.

Sind in allen angeführten Stellen die Formen des Indikativs zu ergänzen, so haben wir noch Hiat durch Auslassung des Infinitivs εἶναι II 2, 5 χείρων . . . ἡ ἀμυγδαλῆ καὶ τῷ χυλῷ καὶ τῷ σκληρὰ | ἐκ μαλακῆς und IV 2, 3 ἔοικε δέ τις παραπλησία ἡ φύσις.

Ich habe mich bemüht, möglichst viele Stellen in Gruppen zu bringen, da ich von der Ansicht aus ging, man müsse von einem sorgfältig komponierenden Schriftsteller wie Theophrast den Vorwurf der Nachlässigkeit tunlichst fernhalten. Mancher mag die eine oder die andere der obigen Stellen nicht entschuldigen wollen, dann erhöht sich eben die Zahl der unten angegebenen schweren Hiate entsprechend. Vor allem kam es mir darauf an, zu zeigen, wie verkehrt es ist, das bloße Buchstabenbild zum Maßstab zu nehmen. Ich habe mich darum auch nicht gescheut, gleich aussehende Fälle wie z. B. den verbalen Ausgang αι bald ohne, bald mit Hiat zu lesen, der eben dann nicht durch den Diphthongen, sondern durch den logischen Zusammenhang entsteht. Der Inhalt bestimmt auch die rhythmische Form. Schwere Hiate jedoch, die nicht durch den Sinn entschuldigt werden, sind Fehler der Komposition. Und ich bedaure, hier Wimmer den Vorwurf machen zu müssen, daß er, ohne auf dieses so wichtige

Formgesetz Rücksicht zu nehmen, den Text änderte und ihn so vielfach entstellt hat. Zunächst gilt es nun, diese Hiate wieder auszumerzen. Hierauf lasse ich eine Anzahl von Stellen folgen, wo ich zuerst auf Grund der gegebenen Untersuchung von unserer Überlieferung abweichen will. Die Hiate, die dann noch übrig bleiben, sollen am Schlusse zusammengestellt werden.

C. Hiat ist zu tilgen:

I. als durch falsche moderne Konjektur hineingebracht.

III 12, 3 ἔνιοι — ἄμφω καλοῦσι κέδρους πλὴν παρασημασίᾳ κέδρου ὀξύκεδρον; man lese mit der Überlieferung κέδρον: 'Sie nennen die Zeder mit einer Nebenbezeichnung Spitzzeder'.

III 12, 4 ἔφη δὲ Σάτυρος καὶ κομίσαι τοὺς ὀρεοτύπους αὐτῷ ἀνανθεῖς ἄμφω stelle man die, wenn auch harte, Wortstellung der codd. wieder her: ἔφη δὲ κομίσαι τοὺς ὀρεοτύπους αὐτῷ Σάτυρος ἀνανθεῖς ἄμφω.

IV 2, 10 μέγα μὲν τῷ μεγέθει καὶ τὴν φύσιν τοῦ καρποῦ ὅμοιον τοῖς μεσπίλοις; τοῦ καρποῦ fehlt in der Überlieferung. Da es nach dem Zusammenhang nicht zu entbehren ist, schiebe man es so ein, daß kein Hiat entsteht, also: τὴν τοῦ καρποῦ φύσιν oder τοῦ καρποῦ τὴν φύσιν.

V 8, 2 ὅπως ἀστραβὴ ᾖ W, ᾖ fehlt in der Überlieferung; so nach ὅπως auch C. III 14, 7 ὅπως ὁ καρπὸς πολύς. Wenn man die Kopula nicht entbehren will, könnte man auch an μένῃ statt ᾖ denken.

VII 9, 2 ἄοσμοι καὶ ἐνίων τὰ μὲν δένδρα τὴν ἄνθησιν ἀθρόαν ποιεῖται ist überliefert, dafür schreibt Wimmer ἄοσμοί εἰσιν· καὶ τὰ μὲν δένδρα. Ich schließe den ersten Satz nach ἄοσμοι, wobei die Kopula, wie meist bei Theophrast, zu ergänzen ist, und fahre fort καὶ τὰ μὲν δένδρα; ἐνίων ist aus dem folgenden τούτων δ' ἔνια heraufgekommen. Der von Bretzl herangezogene codd. B läßt hier die kritische Stelle weg und beginnt nach ἄοσμοι mit τούτων δ' ἔνια, wobei dann aber δ' völlig ohne Beziehung ist.

IX 6, 2 ἐντέμνειν ὑπὸ τὸ ἄστρον, ὅταν μάλιστα πνίγῃ ὦσι καὶ τὰ στελέχη καὶ τὰ ἄνω, so Wimmer mit B, der Aldina und den Herausgebern. Der Urbinas hat πνίγουσι (dabei ι in Rasur aus η), die Medicei πνίγουσι. Die Schwierigkeit liegt nicht nur im Hiat, sondern auch in dem, wenn auch nicht unmöglichen, so doch sehr auffälligen Gebrauch des Plurals beim Prädikat nach einem Neutr. Plur. Man lese darum πνῖγος ᾖ.

IX 6, 3 καὶ τὴν ἐργασίαν τὴν περὶ τὰ δένδρα σχεδὸν ἐν ταύτῃ αἰτίᾳ εἶναι καὶ τὴν βροχήν W; überliefert ist σχεδὸν ταύτην αἰτίαν εἶναι. Wimmers Konstruktion ist hart, man verlangt zudem ταύτῃ τῇ αἰτίᾳ. Ich lese mit Stephanus und Schneider: τῆς ἐργασίας τῆς περὶ τὰ δένδρα σχεδὸν ταύτην τὴν αἰτίαν εἶναι καὶ τῆς βροχῆς, nur daß ich τὴν streiche (αἰτίαν ist prädikativ, wie aus dem Folgenden hervorgeht: συναιτίαν δὲ δοκεῖ εἶναι τοῦ γίγνεσθαι καὶ τὴν τῶν ῥαβδίων τομήν) und αὐτήν lese statt ταύτην: 'die eigentliche Ursache an sich im Gegensatz zu der folgenden Nebenursache'.

C. I 1, 4 τὰ ἀπαράβλαστα καὶ μονοφυῆ ἀσυμμετρίᾳ τινὶ τοῦ θερμοῦ καὶ ὑγροῦ, δέχεται τὰς ἄλλας ἃ δύναται τηρεῖν τὴν ὑγρότητα W, τὰ δὲ ἀπαράβλαστα συμμετρίᾳ τινι τοῦ θερμοῦ καὶ ὑγροῦ καὶ μονοφυῆ δέχεται καὶ τὰς ἄλλας (τὰ ἄλλα B) δύναται τηρεῖν codd. Theophrast bespricht die Arten der γενέσεις: sie erfolgen durch Samen oder sonstwie. ὅσα ξηρὰ καὶ μονοφυῆ (§ 3 Anf.) καὶ ἀπαράβλαστα ταῦτ' οὐδεμίαν δέχεται φυτείαν οὔτε ἀπὸ παρασπάδος οὔτε ἀπ' ἀκρεμόνος. Nun die Begründung: τὴν μὲν ἀπὸ παρασπάδος τῷ μὴ ἔχειν τὰ μονοφυῆ, τὴν δὲ ἀπὸ ἀκρεμόνος διὰ τὴν ξηρότητα. So wird also den μονοφυῆ auch die ξηρότης zugeschrieben. Es sind also nicht drei verschiedene Gruppen: τὰ ξηρά, τὰ μονοφυῆ, τὰ ἀπαράβλαστα, wie Wimmer anscheinend glaubt, sondern nur eine, die durch diese drei Eigenschaften charakterisiert wird[1]). Der Gedankengang an

[1]) Vgl. I 5, 1 τὰ μὲν μονοστελέχη, τὰ δὲ πολυστελέχη, τοῦτο δὲ ταὐτὸ τρόπον τινὰ τῷ παραβλαστητικὰ ἢ ἀπαράβλαστα εἶναι; ebenso C I 2, 1 μόνος τῶν ξηρῶν καὶ μονοφυῶν καὶ ἀπαραβλάστων ὁ φοῖνιξ δέχεται καὶ ἑτέρας γενέσεις, also auch hier eine Gruppe, was schon das Fehlen des Artikels beweist.

unserer Stelle geht weiter: Zur Sprossung ist natürliche ὑγρότης nötig; die trockenen Pflanzen aber verdunsten, wenn man sie abreißt, weil sie dadurch die innere Wärme verlieren. Hier ist der Abschluß mit: καὶ ταῦτα μὲν διὰ τὰς εἰρημένας αἰτίας. Von den ἀπαράβλαστα und μονοφυῆ braucht nicht mehr die Rede zu sein, da sie mit den ξηρά ja eine Gruppe bilden. — Wimmers Gedankengang ist gesucht: δὲ setzt er nach δέχεται statt vor ἀπαράβλαστα, wo man es aber vermißt; καὶ wird gestrichen, für συμμετρίᾳ: ἀσυμμετρίᾳ, für δύνανται: δύναται geschrieben, vorher ἃ eingeschoben; dazu müßte man nach τοῦ θερμοῦ καὶ ὑγροῦ aus einem viel weiter oben stehenden Satz: οὐδεμίαν δέχεται φυτείαν ergänzen. Der Abschluß καὶ ταῦτα μὲν usw. paßt nicht, wenn gleich wieder von τὰ ἀπαράβλαστα gesprochen würde, wohl aber vermißte man ihn nach Theophrasteischem Sprachgebrauch vor der neuen Hauptgruppe δέχεται δὲ usw. Aus allen diesen Gründen ist Wimmers Textänderung abzulehnen und mit Moldenhauer und Schneider (IV S. 6) zu schreiben: καὶ ταῦτὰ μὲν διὰ τὰς εἰρημένας αἰτίας. — τὰ δὲ παραβλαστικὰ καὶ οὐ μονοφυῆ συμμετρίᾳ τινὶ τοῦ θερμοῦ καὶ ὑγροῦ δέχεται καὶ τὰς ἄλλας δυνάμενα (schon δύνανται statt δύναται weist auf Verderbnis hin) τηρεῖν τινὶ ὑγρότητα. So wird auch der Hiat μονοφυῆ ἀσυμμετρίᾳ beseitigt.

C. I 6, 5 ἔτι δεῖ ἅπαλα τὰ ἔρνη W, ἔτι δὲ codd.; für diese bisher nicht geheilte Stelle schlägt Prof. Keil folgende Lesung vor: ὅτι δὲ ἁπαλὰ — τέλους, καὶ — εἶναι < δεῖ > πᾶν τὸ θέρος.

C. I 19, 3 ἡ δὲ τῶν περικαρπίων παραμονὴ ὅρον τινὰ ἔχει πρὸς τὴν χρείαν W, statt παραμονὴ haben UM ὅμοια, B. und die Aldina ὁμοίως. Zum mindesten müßte man διαμονὴ schreiben, da dies ein geläufiges Wort bei Theophrast ist, besonders im 1. Buch der Causae, (eine genaue Parallele wäre C. IV 3, 4 διαμονὴ πρὸς τὰς χρείας). Indes dürfen wir statt der verderbten Überlieferung keinen neuen Hiat hereinbringen. Zu ἡ δὲ τῶν περικαρπίων ergänzt man ohne weiteres die unmittelbar vorhergehenden Worte σωτηρία καὶ φυλακή. Wimmer hat jedenfalls deshalb an ὁμοίως Anstoß genommen, weil es § 1 von den Früchten heißt: πρὸς τὴν χρῆσιν ὅρον τινὰ τῶν καρπῶν μὴ εἶναι, sondern bei ihnen gibt es nur φυλακὴ καὶ cωτηρία πρὸc τὴν γένεcιν. Indes man interpretiere nur richtig: 'Die Fruchthüllen (die Perikarpien) haben in ähnlicher Weise (wie die Früchte selbst) eine gewisse Grenze in ihrer Dauer, nämlich in bezug auf ihre Nutzanwendung'. So hält man also an ὁμοίωc fest und beseitigt den Hiat.

C. II 9, 5 cυμβαίνει δὲ τοῦτο καὶ ἐπὶ τῶν < μὴ > ἐρινaζομένων, ὅταν ἐπ' αὐτῶν τῶν cυκῶν ἐπιγένωνται codd.; dafür schreibt W: ὅταν πληcίων τῶν cυκῶν ἐρινεοὶ ὦcιν. Scaliger übersetzt: advenerint, was freilich ἐπιγίγνεcθαι nicht bedeuten kann. Er bezieht dabei ἐπιγένωνται auf ψῆνεc, und daran muß man festhalten: ψῆνεc ist hier überall logisches Subjekt entsprechend dem Thema, das eingeleitet wird mit: τοῦτο δὲ ποιοῦcιν, ὅπωc οἱ ψῆνεc οἱ ἐκ τῶν ἐρινῶν τῶν ἐπικρεμαννυμένων γιγνόμενοι διοίγωcι τὰ ἐπὶ τῆc cυκῆc; daher auch im Folgenden δι' ὃ καὶ παραφυτεύουcιν ἐρινεούc, ὅπωc κατ' ἄνεμον ἡ πτῆcιc οὐρία γίγνηται, und § 6: τὴν ὑγρότητα ἐπιβόcκονται, ohne daß ψῆνεc wiederholt würde. Darum ist Wimmers ἐρινεοί abzuweisen; es entspricht auch dem knappen Stil Theophrasts nicht, ein Wort so zweimal nacheinander zu setzen: ἐρινεοὶ ὦcιν, δι' ὃ καὶ παραφυτεύουcι ταῖc cυκαῖc ἐρινεούc. An der Überlieferung freilich kann man nicht festhalten, da ἐπιγίγνεcθαι nicht die vom Sinne geforderte Bedeutung 'in der Nähe entstehen' hat. Ich schlage vor: ὅταν αὐτῶν τῶν cυκῶν ἐγγὺc γένωνται (d. h. αἱ ψῆνεc). So ist der Zusammenhang trefflich: αὐτῶν τῶν cυκῶν ἐγγύc steht im Gegensatz zu τῶν δὲ cυκῶν οὐκ ἐν τούτοιc ἐcτὶ (sc. ἡ αἰτιὰ) μόνον, ἀλλὰ καὶ ἐν τῇ αὐτῶν διαcτάcει: 'wenn die Edel-Feigenbäume von den wilden entfernt stehen, müsse man sie ἐρινάζειν, d. h. künstlich die ἐρινά über die cῦκα hängen; dies ist nicht nötig, wenn die Tiere nahe bei den Bäumen selbst entstehen'. So schließt sich auch das folgende: 'δι' ὃ καὶ παραφυτεύουcι ταῖc cυκαῖc ἐρινεούc' gut an: 'deshalb, um sie in der Nähe entstehen zu lassen, pflanzt man neben die Edel-Feigenbäume wilde'.

C. III 8, 4 ἀφαιρέcει ἁμαρτάνει W, πλείω διαμαρτάνει codd. Die ganze Stelle, soweit sie in Betracht kommt, lautet: ἐκείνην τε γὰρ ἀφαιρεῖται τὴν ἰcχὺν καὶ τὴν τροφὴν καὶ ἑτέραν οὐ διδοὺc ἀμφοτέρων ἀφαιρέcει ἁμαρτάνει. Es ist klar, daß man von einer ἀφαίρεσις nur bei der natürlichen Nahrung der Pflanzen sprechen kann, nicht aber bei einer künstlichen (ἑτέρα), die man erst geben soll; so ist der Ausdruck ἀφαιρέσει ἀμφοτέρων logisch unrichtig. Schneider las ἀμφοτέρως πλεῖστον διαμαρτάνει. Prof. Keil schlägt vor διπλασίως ἁμαρτάνει, indem er das δι vor ἁμαρτάνει der Handschriften verwertet und die palaeographisch einfache Änderung ΛΑCΙω für πΛΕΙω vornimmt.

C. III 10, 2 ἐπὶ τοῦ κράνου δῆλον εἴπερ ὡς ἀληθὲς (nicht ἀληθῶς, wie Wimmer angibt) πλεῖον ἀναλαμβάνει τῆς συμμέτρου τροφῆς ὥσθ' ἧττον ποιεῖν εὔχυλον codd., ὡς vor ἀληθὲς hat die Aldina nicht, sie schreibt dafür ἀληθῶς, Wimmer liest ὡς ἀληθῶς und dann mit Hiat ὡς — ποιεῖ εὔχυλον. Ich halte am Ende die hiatfreie Überlieferung fest und muß dann nur vorher statt ὡς ἀληθές schreiben ἀληθὲς ὡς. Es kann das ὡς vor ἀληθὲς aus der varia lectio ἀληθῶς entstanden, und so das ὡς nach ἀληθὲς weggefallen sein. Ich lese also: εἴπερ ἀληθὲς ὡς ἀναλαμβάνει, ὥστε ἧττον ποιεῖν εὔχυλον.

C. IV 12, 8 ἔστι γὰρ σφόδρα ψυχρόν· καὶ ἀτεράμονές τι (τινες B) γίγνονται codd.; ἐκεῖ γὰρ σφόδρα ψυχροὶ ἄνεμοι γίγνονται W. Die ganze Stelle mit den folgenden Zeilen ist vollständig verderbt (s. Schneider IV, 350 f.). Eine Heilung scheint mir ausgeschlossen. Für den Anfang, der für die Hiatbehandlung in Betracht kommt, sei nur soviel bemerkt, daß Theophrast nie ἄνεμος, sondern stets πνεῦμα gebraucht. Damit erledigt sich Wimmers Konjektur. Ich beschränke mich auf ihre Abweisung, ohne selbst eine befriedigende Lesart gefunden zu haben. Wahrscheinlich sind auch Worte ausgefallen.

C. V 13, 6 ἡ μὲν γὰρ ἀβλαστοῦς, ἡ δὲ βεβλαστηκότος ἄρτι πίπτει ὅτε ἀσθενέστατον ἐνίοτε δὲ ἀνοιδοῦντος πρὸς τὴν βλάστησιν ὅτε οὐχ ἧττον ὡς εἰπεῖν ἐπίκηρον ἐπὶ πᾶσι διυγραινομένου ἤδη καὶ μανουμένου W, διυγραινόμενον — μανούμενον codd. Ich interpretiere: 'Der Schnee fällt, wenn die Pflanze noch gar nicht, der Reif, wenn sie gerade erst aufgesprossen ist, zu welchen Zeiten sie am schwächsten ist; zuweilen geschieht dies auch zur Zeit der Anschwellung; wo der Schoß sozusagen nichts weniger gefährdet ist, weil er schon in allen Teilen von

Feuchtigkeit erfüllt und so in seinen Geweben gelockert ist'. Es liegt kein Grund vor, von der Überlieferung abzuweichen. Mit ὅτε οὐχ ἧττον bricht die Konstruktion um, ἐπίκηρον geht auf τοῦ κλήματος zurück und erhält seine genauere Bestimmung in διυγραινόμενον und μανούμενον.

C. VI 17, 8 ἐπεὶ καὶ τὰ θυμιάματα ταῦτα πυρωθέντα ἀνίει εὐωδίας, μαλακῇ δὲ καὶ οὐ κατακαιούσῃ, so Wimmer in der Ausgabe 1854, statt πυρωθέντα schreibt er πυρώσει 1866. Überliefert ist θυμιάματα ταῦτα πυρώδεις ταύτας εὐωδίας, μαλακῇ usw. Schneider selbst schrieb (IV, 503): θυμιάματα ταῦτα παραδοθέντα τῇ φλογὶ εὐώδη, μαλακῇ δὲ usw. Wie man sieht, weichen beide Herausgeber stark von der Überlieferung ab. Ἀνίει für ἀνίησιν wäre als ionisches Präsens einzig bei Theophrast. Aber auch ταῦτα macht Schwierigkeiten, da θυμιάματα weder vorher erwähnt sind noch folgen. Ich glaube, daß das überlieferte ταύτας εὐωδίας nur Glosse oder Wiederholung aus dem nahen καὶ ἐν ἄλλοις ἡ πύρωσις ποιεῖ τινας εὐωδίας ist; πυρώδεις ist dann eine grobe Interpolation, auf εὐωδίας bezogen. Den Text glaube ich so heilen zu können: τὰ θυμιάματα ταῦτα (d. h. ποιεῖ, das fünfmal vorhergeht) πυρώσει, μαλακῇ δέ.

II. Stellen, wo die Überlieferung auf Grund des Hiatgesetzes zu ändern ist.

I 1, 3 τῇ ὥρᾳ ὄψει τό γε κάλλιστον. Für die richtige Behandlung dieser Stelle muß ich auf die Interpretation des 1. Kapitels überhaupt eingehen, da sie nicht ohne Schwierigkeiten ist[1]). Theophrast erörtert, was man unter Teilen (μέρη) verstehen soll (§ 1): τὸ μὲν οὖν μέρος ἀεὶ δοκεῖ διαμένειν, πλὴν εἴ τι διὰ νόσον — ἀποβάλλεται. Man beachte: δοκεῖ, nicht ἐστίν. So ist es bei den Tieren; bei den Pflanzen aber hat vieles, wie Blüte, Sproß, Blatt, Frucht, nur ein einjähriges Dasein. Wie soll man dies ansehen? Sind es Teile, dann ist ihre Zahl unendlich groß; sind sie es nicht, dann wäre das, wodurch die Pflanze ihre Vollkommenheit erlangt, kein

[1]) Darüber hat auch O. Kirchner gehandelt in seinem Aufsatz: Die botanischen Schriften des Theophrast von Eresos (Fleckeisens Jahrbücher VII. Suppl.-Bd. S. 451—539; unsere Stelle S. 456 f.).

Teil von ihr (§ 2). Nun wird die Schwierigkeit gelöst, τάχα δ' οὐχ ὁμοίως πάντα ζητητέον οὔτε ἐν τοῖς ἄλλοις οὔθ' ὅσα πρὸς τὴν γένεσιν: Wie auch sonst, so darf man auch das, was sich aus andern entwickelt, nicht über einen Kamm scheren. Für das Folgende gab mir Prof. Keil die Heilung an: οὐδὲ γὰρ τὰ ἔμβρυα muß die Begründung zu einem vorhergehenden negierten Glied sein. Man lese also statt αὐτά τε τὰ γεννιόμενα: ⟨οὔτ'⟩ αὐτά γε τὰ γεννώμενα μέρη θετέον οἷον τοὺς καρπούς. Der Sinn ist sehr glücklich: Die γεννώμενα als solche — im Gegensatz zu ὅσα πρὸς τὴν γένεσιν — wie beispielsweise die Früchte, darf man nicht als Teile fassen. Sind es doch auch die ἔμβρυα, d. h. das Werdende bei den Tieren, nicht. Nun wird der obige Einwurf: εἰ δ' αὖ μὴ μέρη, συμβήσεται, δι' ὧν τέλεια γίγνεται καὶ φαίνεται, ταῦτα μὴ εἶναι μέρη· βλαστάνοντα γὰρ καὶ καρπὸν ἔχοντα πάντα καλλίω καὶ δοκεῖ καὶ ἔστιν modifiziert. Die Schönheit allein freilich macht den Begriff eines Teils nicht aus, denn auch die Tiere sehen gerade, wenn sie trächtig sind, blühend aus: εἰ δὲ τῇ ὥρᾳ ὄψει τό γε κάλλιστον οὐδὲν σημεῖον, ἐπεὶ καὶ τῶν ζῴων εὐθενεῖ τὰ κύοντα. Mit τό γε beginnt offenbar der Nachsatz, das Verbum des Vordersatzes fand Prof. Keil in der Lesung σκήψει für ὄψει. 'Wenn man sich auf das schöne Äußere beruft, so ist das Schönsein noch kein Beweis dafür.' Ὄψει ist darum schon verdächtig, weil sonst immer Theophrast den Artikel beifügt, so II 2, 10; 6, 10; III 3, 2; 5, 3; 8, 6; 9, 6; 13, 6; IV 2, 1 usw.

Ich gebe noch eine Erklärung des Folgenden, da man anscheinend den Zusammenhang des 1. Kapitels bisher immer mißverstanden hat. So sagt Ernst Meyer, Geschichte der Botanik, Bd. I, S. 159: 'Daher das Schweben und Schwanken dieser ganzen am Ende eigentlich zu nichts führenden Untersuchung, als zu dem Geständnis, man müsse es mit dem Begriff der Teile bei den Pflanzen nicht zu genau nehmen'.

Theophrast greift auf seine Bemerkung: 'τὸ μέρος δοκεῖ διαμένειν' zurück und weist nach, daß auch Teile verloren werden (§ 3). Wie dies bei den Tieren vorkommt, so darf es auch bei den Pflanzen nicht wunder nehmen. Ich lese dann: ὥστ' οὐδὲν ἄτοπον ἄλλως τε καὶ ὅμοιον τὸ τοῦ φυλλοβολεῖν πάθος. Denn läßt man mit Wimmer ὅμοιον τῷ φυλλοβολεῖν, so könnte sich τὸ πάθος nur auf die Tiere beziehen. Das folgende 'ἐπεὶ καὶ ἐν τοῖς ζῴοις τὰ μὲν συνεκτίκτεται' usw. läßt aber keinen Zweifel zu, daß sich vorher τὸ πάθος nur auf die Pflanzen beziehen kann. Aus den gleichen Gründen ist auch Kirchners ὥστ' οὐδὲν ἄτοπον ἀλλ' ὥστε καὶ ὅμοιον τῷ φ. abzulehnen, wo zudem das doppelte ὥστε stört. — Der andere Vorschlag, den Kirchner macht, statt πολλὰ δὲ καὶ τὰ μέρη κατ' ἐνιαυτὸν ἀποβάλλει zu lesen μέρη ἄττα, bedarf wegen seines schweren Hiats keiner weiteren Abweisung.

Nachdem so Theophrast in mehreren Punkten Vergleiche zwischen Tieren und Pflanzen gesucht hat, hält er sich selbst gleichsam entgegen: ὅλως δέ, καθάπερ εἴπομεν, οὐδὲ πάντα ὁμοίως καὶ ἐπὶ τῶν ζῴων ληπτέον (Ende von § 3). Dem widerspricht nicht, wenn es § 5 heißt: οὐ δεῖ δὲ οὐδὲ τοῦτο λανθάνειν εἴ τι κατ' ἀναλογίαν θεωρητέον, ὥσπερ ἐπὶ τῶν ζῴων, τὴν ἀναφορὰν ποιουμένους δῆλον ὅτι πρὸς τὰ ἐμφερέστατα καὶ τελειότατα ὡς ἂν τις τῷ γ' ἀνάλογον ἀφομοιοῖ. καὶ ἁπλῶς δ' ὅσα τῶν ἐν φυτοῖς ἀφομοιωτέον τῷ ἐν τοῖς ζῴοις. Hier ist der Sinn doch offenbar anders: § 3 heißt es, man darf nicht alle Teile der Pflanzen gleich, d. h. morphologisch gleich auffassen wie bei den Tieren; jetzt dagegen will Theophrast sagen: wenn man etwas in ähnlicher Weise betrachten muß, d. h. wenn man Analogieen heranzieht, wie man es in der Zoologie tut, so muß man sich immer auf das Ähnlichste und Vollkommenste beziehen, um das Ähnliche gleichsetzen zu können. Und überhaupt soll man bei der Methode der Pflanzenbeschreibung es überall ähnlich machen wie bei der Zoologie. Im § 3 handelt es sich also um Vergleiche zwischen Pflanzen und Tieren, hier aber um die analoge Betrachtungsweise innerhalb eines Gebiets, und für deren methodisch richtige Durchführung wird auf die Zoologie als auf die ältere Wissenschaft hingewiesen. Nur diese genaue Interpretation beseitigt den scheinbar krassen Widerspruch, den auch Kirchner nicht fortzuschaffen vermochte.

II 5, 3 τὰ δὲ μὴ ἔχοντα (κελεύουσιν) ὑποβάλλειν τοῦ φυτευτηρίου ὅσον σπιθαμήν. Man ändere in τῶν φυτευτηρίων, da sowohl vorher stets von τὰ φυτευτήρια geredet wird als auch fortgefahren: ἔνιοι δὲ κελεύουϲι καὶ τῶν ὑπορρίζων ὑποβάλλειν.

III 9, 2 ὅταν ᾖ ὡμή streiche man ᾖ, vgl. C. IV 4, 1 ὅταν ἡ χώρα τοιάδε und C. IV 14, 1 ὅταν μὴ αἴθριοϲ ὁ ἀήρ.

III 13, 2 πέφυκε καὶ τὸ ξύλον ὅμοιον ταῖϲ ἰϲὶ τῷ φλοιῷ ϲτρεπτῷ ἑλιττομένῳ codd., U ϲτρεπτω ohne ι; Stephanus schrieb ϲτρεπτῷ ἑλιττόμενον, Schneider ϲτρεπτὸν καὶ ἑλιττόμενον. Am nächsten der Überlieferung kommt wohl ϲτρεπτῶϲ ἑλιττόμενον. Vielleicht ist ἑλιττομένῳ auch Glosse zu ϲτρεπτῷ.

III 14, 4 φύλλον ἔχει ὅμοιον; dafür schreibe man φύλλον ὅμοιον ἔχει.

III 18, 5 ἔχει δὲ τὸ φαρμακῶδεϲ τοῦτο, ὃ καλεῖται ῥοῦϲ ἐν αὐτῷ ὀϲτῶδεϲ; zwischen αὐτῷ und ὀϲτῶδεϲ schiebe man τι ein, das auch vom Sinn gefordert wird. Schneider und Stachhouse setzen es nach ὀϲτῶδεϲ; es wird aber bei Theophrast oft vorangestellt, vgl. VI 3, 7; VII 2, 1; C. I 6, 4 usw.

IV 4, 1 καίτοι γε διεφιλοτιμήθη Ἅρπαλοϲ; καίτοι γε ohne Zwischenstellung eines Wortes ist in der κοινή üblich, nicht aber bei Theophrast, der es nur einmal in den Causae (I 16, 6) hat, sonst stets: καίτοι — γε, wie attisch. Man lese also hier καίτοι διεφιλοτιμήθη γ' Ἅρπαλοϲ (doch vgl. S. 44, 1).

IV 6, 10 ἐπεὶ τό γε δι' ὅλου ἥκειν τὸν μέϲον γε καυλὸν καὶ ἡ ἄλλη ὄψιϲ παραπληϲία. δι' ὅλου ἥκειν ist zweifellos verderbt. In dem folgenden τὸ δὲ χρῶμα καὶ τούτων καὶ τῶν καυλῶν καὶ ὅλου τοῦ φυτοῦ ἐξερυθρόν können mit τούτων nur die Blätter gemeint sein. In diesen besteht ja auch die Ähnlichkeit; vgl. aus der Mitte des Paragraphen: τῶν δὲ ῥάβδων ἢ τῶν ἀποφύϲεων τούτων ὁμοία τρόπον τινὰ ἡ φύϲιϲ τοῖϲ τῶν ἀκανθῶν φύλλοιϲ, πλὴν ὀρθαὶ — καὶ τὸ φύλλον ἔχουϲαι διαβεβρωμένον ὑπὸ τῆϲ ἅλμηϲ. Was für eine Pflanze gemeint ist, wissen wir nicht. Theophrast kämpft auch hier mit der Terminologie. Es handelt sich um blattartige Auswüchse, bei denen die Ähnlichkeit mit den ἀκανθώδη zutrifft. Zuerst nennt er sie ῥάβδοι (was aber eine falsche Vorstellung erweckt), dann ἀποφύϲειϲ, schließlich: ἔχουϲαι τὸ φύλλον διαβεβρωμένον. Auch in dem Satz δι' ὅλου ἥκειν muß von den Blättern die Rede sein. Ich schlage vor: ἐπεὶ τό γε δι' ὅλων φύλλων (oder bloß διὰ φύλλων) ἥκειν usw. — Interpretiert hat man übrigens δι' ὅλου immer: δι' ὅλου φύλλου.

IV 14, 3: ἡ ἐλάα φύει καὶ ἧλον· οἱ δὲ μύκητα καλοῦσιν, ἔνιοι δὲ λοπάδα· τοῦτο δ' ἐστὶν οἷον ἧλοι αὐτῶν, U hat ἡλοίαυτον. Die Stelle ist kaum mehr zu heilen. Scaliger schreibt nach Plinius ἡλίου καῦσις, der XVII, 223 die Übersetzung unserer Stelle gibt: Olea clavum etiam patitur, sive fungum placet dici vel patellum. Haec est solis exustio. Also hat Plinius ἡλίου gelesen. Sachlich hat Wimmer (Ausgabe 1842 S. 176) dies zurückgewiesen. Aber es ist damit nicht gesagt, daß Theophrast keine falsche Theorie vorgetragen haben kann. Mir scheint die Beseitigung des Hiats durch Scaligers Lesart annehmbarer als die nichtssagende Wiederholung von ἧλοι.

V 7, 4 schreibe man ἀσαπὴς ᾖ für ᾖ ἀσαπής.

VI 7, 4 stelle man ῥίζας ἔχει ὀρθάς um: ῥίζας ὀρθὰς ἔχει.

VII 3, 5 ἐν ᾧ ἂν τιθῇ ἀγγείῳ, so auch C. V 6, 7; an beiden Stellen würde die kleine Änderung τιθῇς den Hiat beseitigen. Die 2. Person im Sinne unseres 'man' findet sich noch II 5, 1; C 9, 2; Wimmer schreibt sie noch VIII 1, 6, ebenso Keil I 1, 3 (s. S. 40). Die Worte ἀγγείῳ καὶ διαφοράν fehlen übrigens in den codd.

C I 6, 6 stelle man um ὑγρὸν ᾖ für ᾖ ὑγρόν; μὴ ὑγρὸν ist ja hiatlos zu lesen.

C. I 11, 3 αἱ μὲν οὖν ἀπορίαι σχεδὸν αὗται καὶ τοιαῦται εἴρηνται περὶ τούτων. Diese abschließende Wendung erscheint von vornherein für die knappe Ausdrucksweise Theophrasts viel zu breit. Auch der Sinn ist nicht korrekt. Wohl kann der Abschluß lauten: 'diese Schwierigkeiten sind auseinandergesetzt', aber nicht: 'diese und derartige', wenn man nicht Tautologie annehmen will. Indes sind offenbar zwei Fassungen ineinander geflossen. Die eine hat etwa gelautet: αἱ μὲν οὖν ἀπορίαι σχεδὸν αὗται καὶ τοιαῦται, die andere: αἱ μὲν οὖν ἀπορίαι σχεδὸν εἴρηνται περὶ τούτων. Man vgl. ähnliche Abschlüsse αἱ μὲν οὖν ἀπορίαι σχεδόν εἰσιν αὗται I 1, 2; ὑπὲρ τῶν ἄλλων σχεδὸν εἴρηται IV 10, 7; καὶ αὗται μὲν ἐν ταῖς ῥίζαις αἱ διαφοραί I 1, 12; αἱ μὲν οὖν ἀπορίαι σχεδὸν αὗται καὶ τοιαῦται C. I 16, 13; αἱ μὲν οὖν ἀπορίαι σχεδὸν τοιαῦται C. IV 1, 2.

Dementsprechend heile man unsere Stelle und lese αἱ μὲν οὖν ἀπορίαι σχεδὸν αὗται καὶ τοιαῦται oder αἱ μὲν οὖν ἀπορίαι σχεδὸν εἴρηνται περὶ τούτων.

C. I 19, 3 ἐάν γε δὴ πλείω ποιῇ ὕδατα. Zwar halten alle Herausgeber diese Überlieferung; ich glaube indes nicht, daß der Text so gelassen werden kann. Man ergänzt ὁ Ζεύς zu ποιῇ. Diese Ellipse ist wohl üblich bei ὕει — so hat Xenophon ὕοντος πολλῷ (Hell. 1, 1, 16), auch Theophrast ὕσαντος C. III 22, 2, C. IV 14, 3 —, bei ποιεῖ aber wäre sie einzig an unserer Stelle anzunehmen; denn auch Aristoph. Vesp. 261, welche Stelle zum Vergleich herangezogen wird (Schn. IV, 91), heißt es: ὁ θεὸς ὕδωρ ποιεῖ. Vielmehr ist ὕδατα zu streichen; πλείω geht auf das vorhergehende σαρκὸς αὔξησις: 'wenn die Frucht noch mehr Fleisch bekommt, so wird das Öl schlechter, weil es mehr Satz bekommt'.

C. III 20, 8 θέρει ἀροῦσι; entsprechend dem vorhergehenden τοῦ ἦρος schreibe man θέρους.

C. IV 14, 1 ἡ δ' αὐτὴ αἰτία; dafür lies ἡ αὐτὴ δ' αἰτία (so auch fr. III 15).

C. V, 4, 2 εἴ τι πάθος εἴη ἕτερον streiche man das durchaus überflüssige εἴη.

D. Schwere Hiate,

die nicht aus einer offenkundigen Verderbnis des Textes herrühren und sich nicht ohne gewaltsame Änderungen entfernen lassen:

vor α: ἅμα τῷ χελιδονίᾳ ἀνθεῖ VII 15, 1 (vielleicht ἀνθεῖ interpoliert, denn es geht auch voraus ἅμα γὰρ ταῖς τρόπαις καὶ οὗτος); δοκεῖ ἀσφαλέστατος C. I 6, 6 (ob umzustellen?); ἐν τῇ Ἀρίᾳ χώρᾳ καλουμένῃ ἄκανθά ἐστιν IV 4, 12; ἡ ἀναγομένη ἀτμίς C. IV 13, 6; σίτου ἄλλο λαμβάνοντες οὐδέν IV 8, 13 (ob umzustellen?); πόρρω ἀεί I 6, 8; εὐκράτῳ ἀέρι VIII 1, 6;

vor αι: καθαροὶ αἶρων VIII 4, 6;

vor ε: ἐν σφυρᾷ ἐλαύνουσι C. I 6, 8; σταφυλῇ ἐρυθραίνεται III 18, 5; ἐξαλλαγὴ ἔοικεν C. VI 15, 2; ἵπποι ἐσθίοντες IV 4, 9[1]);

[1]) Dieses Kapitel scheint nicht überarbeitet zu sein. Es ist inhaltlich in sich abgeschlossen: die spezifischen Bäume und Gewächse Mediens

vor ει: πᾶσαι εἴρηνται I 10, 8 αἱ τοιαῦταί εἰσιν V 3, 1;

vor ευ: κάτω εὐθύς VI 5, 4;

vor ι: ἄλλῃ ἰδιότης C. I 5, 1; ἑρπύλλου ἴδιον VI 7, 2; ἑκάστου ἴδιον C. VI 12, 5;

vor ο: σικύα ὁμοιοσχήμων VII 3, 5; ἄλλη ὄψις IV 6, 10 (vielleicht interpoliert); ἀπ' αὐτοῦ ὅμοια IV 8, 12;

vor ου: πυρῆνα δ' ἔχει οὐ συνεσθιόμενον IV 3, 3;

vor ω: ἀνθρωπίνῃ ὠμῇ VII 5, 1.

Gewiß eine sehr kleine Zahl für 518 Seiten Text in der Teubnerschen Ausgabe! Und mag man noch einige zweifelhafte Stellen hinzurechnen wollen, das ändert nichts an dem Ergebnis unserer Untersuchung, daß Theophrast das rhetorische Kunstgesetz des Hiats durchaus beachtete, nicht in pedantischer Ängstlichkeit, sondern als ein Meister der lebendigen Sprache.

---

und Indiens werden darin vorgeführt. Die Vermutung liegt nahe, daß dieser Abschnitt auf spätere Nachrichten von Gewährsmännern hin (oder schriftlichen Quellen) in die bereits fertige Schrift eingeschoben wurde. So erklärte sich auch die etwas nachlässige Komposition. Mögen sich auch einzelne der Hiate und Verschmelzungen entschuldigen lassen, ihr Zusammentreffen, namentlich von solchen, die sich sonst nur zerstreut finden, beweist, daß die letzte Feile fehlte. Außer den zwei erwähnten groben Hiaten haben wir hier διεφιλοτιμήθη Ἅρπαλος, das sich freilich leicht heilen ließ (o. S. 42), αὕτη ἡ χώρα § 11 ἐπιλάμψῃ ὁ ἥλιος, ὅπου ἵπποι § 12 und eine große Anzahl leichterer Fälle.

II. Untersuchungen zur Syntax.[1]

A. Nomina.

In weitestem Maße bedient sich Theophrast der Substantivierung von Adjektiven und Partizipien, so z. B. im 1. Buch τὸ ὕπτιον, τὸ πρανές, τὸ θερμόν, τὸ μονοστέλεχες, τὸ πολύκλαδον usw., sehr oft im Plural, wo eigentlich meist φυτά zu ergänzen ist, so τὰ φρυγανώδη, τὰ λαχανώδη I 3, 4; τὰ φρυγανικά I 3, 6; τὰ θαμνώδη I 6, 2; τὰ ποιώδη, τὰ βολβώδη I 10, 2; τὰ πρόσβορρα II 5, 3 usw.; Beispiele von Partizipien: τὸ πεφυκός I 1, 9; τὸ χωριστόν I 2, 6; τὸ γεννῶν I 7, 1; τὸ ἀντιστατοῦν I 7, 1; τὸ περιέχον I 11, 1; τὰ γεννώμενα I 1, 3; τὰ γεωργούμενα I 3, 6; τὰ ἐμπεριέχοντα I 11, 1; τὰ παραβλαστάνοντα II 2, 3 usw.

Eine besondere Eigentümlichkeit Theophrasts ist der Gebrauch des Neutrums beim Prädikat nach vorausgehendem Maskulinum oder Femininum, besonders bei Pflanzennamen. Auch hier liegt logisch ein Begriff wie φυτόν oder auch γένος zugrunde. Bei reinen Definitionen ist diese Art von Kongruenz ja üblich, dann wird aber gern der Artikel hinzugefügt; so haben wir I 3, 1 θάμνος δὲ (ἐστι) τὸ ἀπὸ ῥίζης πολύκλαδον, πόα δὲ τὸ ἀπὸ ῥίζης φυλλόφορον u. a. Anders dagegen sind: μονοστέλεχες δόξαιεν ἡ μηλέα I 3, 3; εὔκαμπτον ἡ φίλυρα I 5, 5; ὁ δὲ βάτος καὶ παλίουρος ἀκανθώδη

[1]) Zur Formenlehre ist nichts weiter zu sagen. Besondere κοινή-Formen finden sich nicht. Ein Herausgeber hat natürlich die Ergebnisse von Meisterhans und Schweizer (Grammatik der attischen bezw. magnetischen Inschriften) zu berücksichtigen, so schreibe man πρῳψα II 1, 3 (M[3] 66), ἀποθνῄσκειν, εἰτέα (M 50), ἐρίκη I 14, 2 (M 53), τετραίνω V 4, 5 (M 18), τρεισκαιδεκαόργυιος V 8, 1 (M 53 u. 160). — Über Adjektivformen s. S. 57 f.

5, 3; ἡ συκῆ μακρορριζότατον εἶναι δόξειε 7, 1; ὀζῶδες ἐλάα (sc. ἐστίν) 8, 1; ἰσχυρὸν ἡ ἐλάτη 8, 3; ἔνιοι δέ φασι καὶ τὴν ὄην ἄκαρπον γίγνεσθαι, φύσει γὰρ ψυχρόν II 2, 10; ἡ κυπάριττος, ἥπερ οὐ φιλόκοπρον, οὐδὲ φίλυδρον II 7, 1; βαθυρριζότατον δοκεῖ τῶν ἀγρίων εἶναι ἡ πρῖνος III 6, 4; ἐπιπολαιότατον δὲ θραύπαλος III 6, 4; ἡ δρῦς πλειστοφόρον ἐστίν III 7, 6; ἡ δ' αἰγίλωψ ὀρθοφυέστατον III 8, 4; ἡ πλατύφυλλος δεύτερον, πρὸς δὲ τὴν χρείαν χείριστον III 8, 5; ὀρθότερον δὲ καὶ παχύτερον ἡ ἰδαία III 9, 2; ὀξύη ἐστὶ μονογενές, ὀρθοφυὲς δὲ καὶ λεῖον καὶ ἄνοζον III 9, 2; μεῖζον δὲ καὶ μανότερον ἡ βουμέλιος δι' ὃ καὶ ἧττον οὖλον III 11, 5 u. a.; in allen Büchern sehr häufig. Manchmal tritt auch Wechsel ein, so βαθυρριζότερον ἐλάτη δρυὸς, ἀλλ' ἐλάττους ἔχειν καὶ εὐθυρριζοτέραν εἶναι III 6, 5; μονογενὴς δὲ καὶ ἡ μίλος, ὀρθοφυὴς δὲ καὶ εὐαυξὴς καὶ ὁμοία τῇ ἐλάτῃ, πλὴν οὐχ ὑψηλὸν οὕτω, πολυμάσχαλον δὲ μᾶλλον (hier der Wechsel offenbar, um den Hiat zu vermeiden) III 10, 2; ἡ ὄστρυς μονοειδής, ὁμοφυὲς τῇ ὀξύᾳ III 10, 3.

Auffällig ist C. IV 13, 4 ὁ δὲ (πυρὸς) καὶ ἐν χιτῶσι πυκνότερον καὶ ἰσχυρότερον, wo von vorübergehenden Zuständen gesprochen ist. Ähnlich sind noch folgende Fälle von Genuswechsel, wo ein sich zurückbeziehendes Pronomen ins Neutrum gesetzt ist: ἔχουσι γὰρ ὥσπερ ἶνας· ὅ ἐστι I 2, 5; ἔστι δὲ ῥίζα μὲν δι' οὗ 1, 9; τοῦ δὲ φλεὼ (καρπὸν εἶναι) τὴν καλουμένην ἀνθήλην, ᾧ χρῶνται πρὸς τὰς κονίας· τοῦτο δ' ἐστίν IV 10, 4; καθ' ὃ ἡ Προβατία καλουμένη καταφέρεται· τοῦτο δ' ἐστὶ ποταμός; ebenso ὁ μὲν ἐλαίαγνος τοιοῦτον IV 10, 2.

Das Neutrum kann natürlich nur dann stehen, wenn von angeborenen Eigenschaften gesprochen wird. Darum wird man μετὰ μὲν τοῦ ὕδατος ὠφέλιμον ἡ κόπρος, ἄνευ δὲ τούτου βλαβερά II 6, 3 entsprechend βλαβερά auch ὠφέλιμος verbessern.

Genuswechsel ist aus dem Sinn zu erklären, indem Wörter ähnlicher Bedeutung zu ergänzen sind: III 8, 2 οἷον

---

[1]) Aristoteles hat diese Ausdrucksweise nur in sehr beschränktem Maße; während Theophrast den bloßen Namen in generellem Sinne setzt, wendet Aristoteles dafür meistens die Umschreibung mit γένος an, wie τὸ τῶν λεόντων γένος u. a.

τὴν τὰς γλυκείας. φέρουςαν und § 3 οὐχ ἅπαςαι δὲ γλυκεῖαι (sc. βάλανοι aus vorhergehendem καρπός).

IX 5, 2 τρία μέρη διακληροῦνται πρὸς τὸν ἥλιον καὶ ἣν ἂν λάχῃ ὁ ἥλιος, καταλείπουςιν ἀπιόντες ὁρᾶν φαςι καιομένην ταύτην; hier ist aus μέρη zu ἣν und καιομένην ταύτην herauszuhören μοῖραν.

C. I. 13, 8 ὕδατα θερινὰ κατά γε τὰς πλείςτας, d. h. χώρας, vorausgeht aber τόποι.

C. I 21, 7 διὰ θερμότητα ταῦτα διατηρεῖν, τὰ δὲ ἐνδείᾳ τούτου φυλλοβολεῖν; an Stelle von θερμότης ist der Begriff τὸ θερμόν getreten[1]).

C. II 3, 8 δι' ὃ καὶ τοῖς μεγέθεςι γίγνεται μακρά, nämlich cῦκα, vorausgeht aber αἱ cυκαῖ.

So stimmt auch Wimmers Konjektur VII 5, 4 zu Theophrasts Spezialgebrauch: τὸ θηρίον ἀναδύεται καὶ ἐνδῦςα (d. h. ἡ πραςοκουρίς, wovon die Rede ist) κοιμᾶται.

C. VI 18, 7 ἡ ῥόα φίλυδρον καὶ μεταβάλλειν φαςὶν ἐξ ὀξέος εἰς γλυκύν, ἐὰν usw. Hier hätten wir also drei Genera nacheinander: ῥόα, φίλυδρον, γλυκύν. Das ist unmöglich zu halten. Das Maskulinum wäre unerklärbar, weil καρπόν sich nicht ergänzen läßt. Denn ῥόα ist der Baum, auf den als ganzen, wie oft bei Theophrast, die Eigenschaften der Früchte übertragen werden, vgl. z. B. vorher: τὴν μυρρίνην μικρόκαρπον εἶναι μήτε λευκὴν μήτε μέλαιναν. Also ist zu ändern γλυκύ; der Hiat vor ἐάν fällt mit einer Sinnespause zusammen.

Numeruswechsel: I 11, 1 ἔςχατον ἐν ἅπαςι τὸ ςπέρμα· τοῦτο δ' ἔχον ἐν ἑαυτῷ ςύμφυτον ὑγρὸν καὶ θερμόν, ὧν ἐκλιπόντων ἄγονα καθάπερ τὰ ᾠά. Hier richtet sich der Numerus nach dem verglichenen Glied[2]). Ebenso II 4, 3 οἷον τὸ ςέλινον ἀναφύεςθαί φαςιν οὖλον· μεταβάλλει δὲ καὶ τὴν χώραν ἐξαλλάττοντα καθάπερ καὶ τἆλλα; C. V 15, 3 εἰςὶ γὰρ αἱ 〈κόπροι〉[3]) πρὸς τὰς φυτείας ἁρμόττουςαι, καὶ οὐχ ὥςπερ τὸ ὕδωρ πᾶςι κοινόν. Anders C. III 5, 5 τῶν δὲ τῆς ἐλάας (sc. φυτῶν)

---

[1]) Auch im Vorhergehenden wird abwechselnd θερμότης und τὸ θερμόν gesetzt.

[2]) S. Kühner-Gerth I S. 55.

[3]) Diese Ergänzung nötig, weil αἱ sonst keine Beziehung hätte.

πάντων ἀποστέγουσι τὰς τομάς· κίνδυνος γὰρ νοσῆσαι ῥαγέν; III 15, 4 φύλλον (ἔχει) περὶ ἕνα μίσχον πλείονα δαφνοειδῆ, wo dann im kollektiven Singular τὸ — περιττὸν usw. fortgefahren wird.

Numeruswechsel beim Neutr. Plur.: C. II 1, 5 ἅπαντα εὐθενεῖ, ἀλλ' ὅταν ὦσι — διυγραίνονται καὶ ἀσθενέστερα γίγνονται, βορειῶν δ' οὐσῶν ἰσχυρά τε καὶ ἐκπέττει.

Hieran schließe ich die Fälle, wo bei einem Neutr. Plur. als Subjekt auch das Prädikat im Plural steht (vgl. Kühner-Gerth I S. 65): III 12, 7 φύλλα δ' ἀμφοῖν κατὰ μίσχον μικρὸν ἰνώδη πεφύκασι στοιχηδὸν ἐκ τῶν πλαγίων ὡς ἑνὸς ὄντος τοῦ ὅλου, λοβοὺς δ' ἔχοντος ἐσχισμένους ἕως τῆς ἰνός, πλὴν διαστᾶσιν ἀπ' αὐτῶν ὑπόσυχνον τὸ κατὰ μέρος, wohl mit Absicht, um den Begriff der einzelnen Fiederblättchen deutlich hervortreten zu lassen; C. II 15, 1 ἐνίοτε καὶ μεταβάλλουσιν εἰς τὸ χεῖρον κολούμενα — τὰ φυτά; C. VI 11, 15 ὡς ἂν ἔχωσιν ἑκάτερα τῆς φύσεως.

Bekannt ist die Assimilation in ἐν τῷ κοιλοτάτῳ τούτου (i. e. αὐλῶνος) II 6, 5 (Kühner-Gerth I S. 278 f.).

σχῆμα καθ' ὅλον καὶ μέρος hätten wir VI 3, 1 ναρθηκώδη γὰρ καὶ ταῦτά ἐστιν, ὑπὲρ ὧν τοῦ μὲν παπύρου πρότερον εἴπομεν, ὑπὲρ θατέρου δὲ νῦν λεκτέον. Allein das widerspricht ganz dem Stile Theophrasts, wie Wimmer richtig bemerkt. Eher könnte man ertragen ὧν ὑπὲρ τοῦ usw., doch empfehlenswerter ist Schneiders: ὑπὲρ οὖν. — II 6, 9 φασὶ δὲ καὶ τοὺς ἐν Κρήτῃ πλείους εἶναι τοὺς διφυεῖς; doch auch hier zu ändern: τοὺς ἐν Κρήτῃ τοὺς πλείους εἶναι διφυεῖς (= die Mehrzahl), dann entspricht auch das folgende ἐνίους δὲ καὶ τριφυεῖς besser.

Zugaben: II 6, 4 ἀναδοῦσι τὴν κόμην ὅπως ὀρθοφυῆ τ' ᾖ; es ist aber immer von ὁ φοῖνιξ die Rede, und so wird auch fortgefahren: ὁπόταν ἁδρὸς ἤδη γένηται καὶ πάχος ἔχῃ. Man müßte also ὀρθοφυὴς ᾖ verbessern, wenn man nicht mit den codd.[1]) ὀρθοφυῆται schreiben will. ὀρθοφυεῖν kommt nun zwar sonst bei Theophrast nicht vor, doch entspräche diese Bildung ganz seiner Neigung, als termini technici neue Worte zu prägen (s. den Wortschatz). Vgl. auch die freilich nicht ganz entsprechenden Bildungen ῥιζοφυεῖν und σπερμοφυεῖν.

[1]) In U ὀρθοφυῆτ mit Zirkumflex und beigefügtem αι.

I 13, 5 γίγνεται δὲ καὶ τό γε τῆς ῥόας ἄνθος πολὺ καὶ πυκνὸν καὶ ὅλως ὁ ὄγκος πλατὺς ὥσπερ ὁ ῥόδων, κάτωθεν δ' ἕτεροι δι' ὧν ὡς μικρὸν ὥσπερ ἐκτετραμμένος κύτινος ἔχον τὰ χείλη μυχώδη. Hier haben ἕτεροι und δι' ὧν keine Beziehung. Die Heilung ergibt sich aus einer sachlichen Betrachtung. Bei der Granatblüte fällt am meisten auf der dicke, fleischige Kelch, etwas dunkler rot als der breite Blumenblätterwulst. Da Theophrast den morphologischen Begriff 'Kelch' nicht kennt, so muß er sich anders behelfen: κύτινος (von κύτος, also = Höhlung) sagt er nur vom Granatbaum (II 6, 12; C. I 14 4; II 9, 3, 9), bei den Rosen nennt er den Kelch κάλυξ (IV 10, 3), womit er aber auch die Scheiden der Gräser bezeichnet. An unserer Stelle, wo κύτινος zuerst gebraucht wird, gibt er eine genaue Definition an; so ergibt sich der Text von selbst: ὁ ὄγκος πλατὺς —, κάτωθεν δ' ἕτερος (oder ἑτεροῖος mit Prof. Keil) διεστὼς μικρόν (πλατὺς und διεστὼς μικρόν sind Gegensätze). Ganz gut wird κύτινος zunächst mit dem ganz allgemeinen ὄγκος bezeichnet. Die weitere Interpretation des Textes bietet dann keine besonderen Schwierigkeiten mehr: ἐκτετραμμένος sehr treffend, denn bei geöffneter Blüte stehen die Kelchzipfel etwas nach rückwärts gebogen ab. μυχώδη interpretiere ich seiner Ableitung von μυχός entsprechend: 'im Innern versteckt'. Auch dies sehr richtig beobachtet. Die zahlreichen Blumenblätter der gefüllten Blüte sitzen auf der oberen Seite der Kelchzipfel, sodaß man von diesen nur die leicht nach unten gebogenen Enden sieht, nicht aber den eigentlichen Rand des Kelches.

IV 8, 7—9. Hier stoßen wir auf einen wahren Rattenkönig von Verderbnissen. In Betracht kommen: § 7 παραφύεται δὲ φύλλα μεγάλα παρ' ἕκαστον τῶν κυάμων, ὧν ἴσα τὰ μεγέθη πίλῳ Θετταλικῇ τὸν αὐτὸν ἔχοντα καυλὸν τῷ τῶν κυάμων, συντρίψαντι δ' ἕκαστον τῶν κυάμων φανερόν ἐστι τὸ πικρὸν συνεστραμμένον, ἐξ οὗ γίγνεται ὁ πῖλος. τὰ μὲν οὖν περὶ τὸν καρπὸν τοιαῦτα. — § 9 τούτου (i. e. τοῦ λώτου) δὲ ἡ μὲν τοῦ καυλοῦ φύσις ὁμοία τῇ τοῦ κυάμου καὶ οἱ πέτασοι δὲ ὡσαύτως πλὴν ἐλάττους καὶ λεπτότεροι. Da die Herausgeber im großen und ganzen die Stelle so hinnehmen, seien alle sprachlichen und sachlichen Schwierigkeiten vorgeführt:

1. πῖλος ist zuerst feminin, dann maskulin gebraucht[1]).

2. Nach § 7 Anfang ist der Stengel der ägyptischen Bohne bis vier Ellen lang; einer solch gewaltigen Größe müssen auch die grundständigen Blätter entsprechen, die durch den Vergleich mit einem Filzhut viel zu klein bezeichnet wären; sind ja die Blätter unserer gewöhnlichen Seerosen oft größer; und § 9 heißt es, die Blätter der Lotosblume seien kleiner als die der ägyptischen Bohne.

3. Bei einem Vergleich mit einem Hut denkt man in erster Linie an die Form, nicht an die Größe.

4. Das Blatt wird im folgenden ohne weiteres ὁ πῖλος genannt, während es sich vorher nur um einen Vergleich handelte.

5. Es wäre eine ganz verkehrte Anschauung, wenn gesagt wäre, aus dem συνεστραμμένον entstände das Blatt; es muß heißen der junge Sproß, etwa βλαστός (dies wünschte auch Schneider).

6. Der Abschluß τὰ μὲν οὖν περὶ τὸν καρπὸν τοιαῦτα wäre sehr merkwürdig, wenn unmittelbar vorher die Betrachtung wieder zu den Blättern zurückgekehrt wäre. Es müßte dann heißen: περὶ τὸ φύλλον (so auch Bode.).

7. Ganz ungewöhnlich wäre die Ausdrucksweise, wenn § 9 die Blätter einfach οἱ πέτασοι genannt wären. Anders ist es, wenn nach Athen. IX, 370 C Phanias die Doldenblütler πετασώδη nennt. Hier stimmt die Bezeichnung wirklich; wir sprechen noch heute von 'Schirmblütlern'. Übrigens ist durch die Endung -ώδης deutlich ausgedrückt, daß es sich um einen Vergleich und zwar hinsichtlich der Form handelt.

Schneider hat auch § 7 an erster Stelle πετάσῳ statt πίλῳ eingesetzt; er glaubte dann Θετταλικῇ halten zu können, weil nach Eratosthenes bei Athenäus XI, 499 C πέτασος feminin gebraucht werden könne. Dafür hat er § 9 αἱ und λεπτότεραι geändert. Die Schwierigkeiten des Textes lassen sich aber nicht so einfach beseitigen. Soweit hat Schneider recht, daß

[1]) Aus diesem Grunde sei die Stelle hier besprochen.

zwischen πῖλος in § 7 und πέτασος in § 9 ein Zusammenhang besteht, da beide ähnliche Bedeutung haben. Die Vergleichung der Blätter mit einem πῖλος, bei dem man doch auch an den Begriff 'Filz' denkt, ist umso unwahrscheinlicher, als sie unbehaart sind. Treffend ist dagegen die Bezeichnung πῖλος III 7, 4 φύει (ἡ δρῦς) τὸν ὑπ' ἐνίων καλούμενον πῖλον. τοῦτο δ' ἐστὶ σφαίριον ἐριῶδες μαλακόν. Hier stimmen alle Vergleichspunkte; man beachte auch den bei Theophrast üblichen Zusatz καλούμενον, der an unseren Stellen keineswegs fehlen dürfte.

Nun zur Heilung, die umso dringender nötig ist, als nur auf Grund unseres Textes die Lexica (Stephanus, Passow usw.) für πῖλος zwei, für πέτασος eine besondere Bedeutung angeben, und obendrein πῖλος als Heterogen aufführen. Ich gehe aus von einer Darlegung dessen, was inhaltlich gefordert wird.

Zu Θετταλικῇ verlangt man ein Femininum, das zum Vergleich der Größe dient, d. h. statt πέτασος den Begriff 'Blatt'. Vgl. Plinius über den ägyptischen Lotus: 'provenit similis fabae caule foliisque densa congerie stipatis, brevioribus tantum gracilioribusque'. (XIII, 107 [1]). Schwieriger ist die zweite Stelle in § 7. Das Auffällige in der Frucht ist der kleine bittere Embryo, der eine grüne Farbe hat, also in der Samenschale Bildung von Chlorophyll ohne direkte Einwirkung des Lichtes. Vgl. Dioskurides II, 128 τὸ δὲ ἐν μέσῳ χλωρὸν αὐτῶν, πικρὸν δὲ κατὰ γεῦσιν. Rumph (Herbar. VI, 168): 'quivis nucleus in bina segmenta divisibilis est, inque eorum centro reperitur viride et complicatum foliolum saporis amaricantis'. Das Bittere des Keims bezeugt neben Galen (Comp. fec. loc. III, 191) auch Plinius XVIII, 122: folia ampla, fructus ipse amarus.

---

[1]) Plinius hat sich hier übrigens seinen mangelhaften botanischen Kenntnissen entsprechend die gröbsten Verwechslungen zuschulden kommen lassen. 'Brevioribus tantum gracilioribusque' ist eine wörtliche Wiedergabe von πλὴν ἐλάττους καὶ λεπτότεροι. 'Densa congerie stipatis' macht er aus 'τὸ ἄνθος αὐτοῦ λευκὸν ἐμφερὲς τῇ στενότητι τῶν φύλλων τοῖς τοῦ κρίνου, πολλὰ δὲ καὶ πυκνὰ ἐπ' ἀλλήλοις φύεται'. Er hat also nicht gesehen, daß es sich das eine Mal um die großen Wurzel-, das andere Mal um die Blumenblätter handelt.

Die Verderbnis ist wahrscheinlich ausgegangen von πέταcοc in § 9, das auch Dioskurides a. a. O. hat: φύλλα μέγα ὡc πέταcον. Die ähnliche Bedeutung von πῖλοc und πέταcοc mag die Korruptelen in § 7 hervorgerufen haben. Ich schlage folgende Verbesserungen vor: statt πίλῳ § 7 Anfang: πέλτῃ Θετταλικῇ. So stimmt das Beiwort, und das tertium comparationis ist wirklich die Größe dazu vgl. IV 4, 4 τὸ φυλλὸν οὐκ ἔλαττον ἔχει (der indische Feigenbaum, ficus bengalensis, s. auch Bretzl S. 338) πέλτηc. — Weiter: φανερόν ἐcτι, μικρόν τι cυνεcτραμμένον (so auch Rob. Constantin., τὸ μικρόν Scaliger.), ἐξ οὗ γίγνεται τὸ πικρόν. Vielleicht aber ist πικρὸν vor cυνεcτραμμένον nur aus Versehen heraufgekommen und hat χλωρόν verdrängt (vgl. die Stelle bei Dioskurides). Gut schließt dann an: τὰ μὲν οὖν περὶ τὸν καρπὸν τοιαῦτα. Endlich glaube ich, daß § 9 πέταλα für πέταcοι zu schreiben ist, natürlich dann auch τὰ — ἐλάττω καὶ λεπτότερα; πέταλον findet sich auch sonst in Prosa, z. B. bei Xenophon. Will man aber annehmen, daß Dioskurides die Stelle noch heil gelesen hat, so müssen Worte ausgefallen sein. Dann wäre der Text etwa so zu ändern: ἡ μὲν τοῦ καυλοῦ φύcιc ὁμοία τῇ τοῦ κυάμου τὰ δὲ φύλλα ὡcαύτωc πλὴν ἐλάττω καὶ λεπτότερα ὡc πέταcοι.

Zur Komparation.

In ausgedehntem Maße bedient sich Theophrast der Umschreibungen mit μᾶλλον zur Bildung des Komparativs, und zwar sowohl bei der rein adversativen, als bei der steigernden Komparation[1]). Eine strenge Unterscheidung läßt sich nicht durchführen. Eher adversativ sind z. B.: μᾶλλον ἐν τοῖc ζῴοιc αἱ τοιαῦται μεταβολαὶ φυcικαὶ καὶ πλείουc II 4, 4; φλοιὸν δὲ τραχύτερον τῆc λεύκηc καὶ μᾶλλον ὑπόλεπρον III 14, 2 (hier wegen der Präposition ὑπο- vielleicht, obwohl sonst Theophrast derartige Komparative ohne Bedenken zuläßt); ἀπὸ τῶν ἡμέρων, ἐπεὶ γνώριμα μᾶλλον τυγχάνει τῶν ἀγρίων VII 1, 1 (hier durch den folgenden Genetiv sehr deutlich der adversative Charakter);

[1]) Diese Unterscheidung nach O. Schwab, Histor. Syntax der griech. Komparation in der klassischen Literatur. (Untersuchungen zur griech. Syntax, herausgegeben von Schanz IV.)

ἀλλ' ἅμα τῷ πάχει ξηρὸς οὐκ ἄλογον, εἰ μᾶλλον ἐκπηκτικός C. V 14, 7. Den Übergang zeigen: ἔνδηλοι δὲ μᾶλλον ἐν τοῖς ἡμέροις III 5, 4; ἔχουσι δὲ καὶ κυπάριττον οἱ ἀλεεινοὶ μᾶλλον IV 5, 2. — Den komparativen Charakter tragen deutlich z.B.: τὰ μὲν σχίζεται τὰ δὲ εὔθραυστα μᾶλλον I 5, 4; τῶν μὲν παχεῖαι μᾶλλον, τῶν δὲ ἀνωμαλεῖς I 6, 3; αἱ μὲν ἰνώδεις αἱ δὲ σαρκώδεις μᾶλλον I 6, 4; τὰ μὲν ὀρεινά, τὰ δὲ πεδεινὰ μᾶλλον III 2, 4; IV 1, 4 usw. — Die Umschreibung unterbleibt auch bei adversativer Komparation, so VI 6, 3 πλὴν εἰ τὰ μὲν ἄγρια, τὰ δὲ ἥμερα καὶ τὰ μὲν εὔοσμα, τὰ δὲ ἀοσμότερά ἐστιν. Nebeneinander haben wir C. I 13, 8 εὐβλαστότερα καὶ εὐαυξῆ μᾶλλον.

Den Superlativ gebraucht Theophrast nur in eigentlichem Sinne, nie als Elativ; dafür tritt regelmäßig die Umschreibung mit σφόδρα, μάλα, λίαν, usw. ein z. B.: σφόδρα γλυκύς II 6, 7; ξανθὸν σφόδρα III 10, 2; λείους σφόδρα 17, 4; σφόδρα πικρός 18, 10; ὀξείας σφόδρα IV 4, 2; γλυκέα μάλα VII 4, 7; σκληρὸς δ' ὁ πυρὴν εὖ μάλα III 18, 12; τὰ λίαν χλωρά, τὰ λίαν ξηρά V 6, 3; δαψιλὴς λίαν C. II 4, 3; ἐν ταῖς πιείραις λίαν C. III 10, 2.

Für die Interpretation ziehe man daraus den Gewinn, Superlativformen nie als Elative zu deuten, wenn etwa der Zusammenhang keine Sicherheit gewährt, so III 8, 4 τὸ δὲ ξύλον ἰσχυρὸν μὲν ἀσθενέστερον δὲ τῆς φηγοῦ· τοῦτο γὰρ ἰσχυρότατον καὶ ἀσαπέστατον. οὐκ ὀρθοφυὴς δ' οὐδ' αὐτή, ἀλλ' ἧττον ἔτι τῆς ἡμερίδος, τὸ δὲ στέλεχος παχύτατον ὥστε καὶ τὴν ὅλην μορφὴν βραχεῖαν εἶναι . . . ἡ δ' αἰγίλωψ ὀρθοφυέστατον καὶ ὑψηλότατον καὶ λειότατον καὶ τὸ ξύλον εἰς μῆκος ἰσχυρότατον . . . ἡ δὲ πλατύφυλλος . . . πρὸς δὲ τὴν χρείαν χείριστον μετὰ τὴν ἀλίφλοιον . . . καὶ θριπηδέστατον μετ' ἐκείνην; erst die beiden letzten Superlative sind durch den Zusatz mit μετά deutlich als solche gekennzeichnet. — Umschreibungen des eigentlichen Superlativs finden sich weit weniger, so ἡ ἐλάτη μάλιστα ἰσχυρόν V 6, 2; μάλιστα γόνιμος C. I 13, 4; μάλιστα ἔνυγρα C. I 21, 6.

Sehr weit geht Theophrast in der Bildung von Komparationsformen; Aristoteles hat damit den Anfang gemacht durch Formen wie ἀβλαβέστερος, εὐχερέστερος, εὐφυλακτότερος usw. usw. Theophrast erlaubt sich, jedes zusammengesetzte Adjektiv zu steigern, auch wenn eigentlich nur der erste Teil der Zusammensetzung dem Sinne nach es zuließ[1]). So finden sich u. a. an Komparativen und Superlativen:

1. Zusammensetzungen mit ἀ- und δυс-: ἀπευκότερος III 9, 3; ἀδιαρθρότερος I 10, 5; ἀχρούστερος 11, 5; ἀνοζότερον 13, 3; ἀκαπνότατος V 9, 5; ἀοσμότερος VI 6, 3; ἀγωνότερος VIII 1, 3; ἀφορώτερος C. III 14, 6; ἀσηπτότατος C. IV 16, 2; ἀπνευστότατος C. V 12, 7; ἀκινητότερος C. V 14, 3; δυσξηραντότερος VI 3, 3; δυσκατεργαστότατος C. I 14, 4.

2. Zusammensetzungen mit Adverbien: εὐθεωρητότεραι I 1, 1; εὐωδέστερος III 9, 2; εὐκτεανώτερος 9, 3; εὐπληθεστερος IV 11, 4; εὐσαρκότερος IV 11, 4; εὐπελεκητότερος, εὐτορνότερος V 6, 4; εὐξοώτερος V 6, 4; εὐχυλότερος VII 6, 4; C. VI 10, 8; εὐβλαστότερα C. I 14, 4; εὐκαρπότερος C. III 14, 7; εὐζῳότερος C. IV 4, 10; εὐθερμαντότερος, εὐκατεργαστότερος C. IV 7, 3; εὐπνούστερος C. IV 13, 2; εὐτροφώτερος C. V 7, 2; εὐπαθέστερος C. V 14, 1, 7 u. a. O.; εὐψυχότερος 14, 1; εὐπηκτότερος 14, 3; εὐκινητότερος 14, 4; εὐαυξέστατος C. VI 7, 5; ὀψικαρπότερος V 1, 3; C. I 17, 9; ὀψικαρπότατος C. I 22, 4; πρωϊσπορώτερος VIII 1, 3; πρωϊβλαστότερος C. II 11, 7; πρωϊκαρπότερος C. II 11, 7; V 9, 2.

3. Zusammensetzungen mit Adjektiven: βαθυρριζότερος I 6, 2; βαθυρριζότατος VII 2, 7; βραχυβιώτατος C. II 11, 7; ἐπιπολαιορριζότερος II 5, 1; εὐθυρριζότερος III 5, 5; καλλικαρπότερος C. I 17, 10; λειοφλοιότερος C. V 7, 2; λεπτοφυλλότερος III 9, 5; VI 2, 6; λεπτοχυλότερος C. VI 16, 5; λευκοκαυλό-

[1]) Man muß dabei aber immer bedenken, daß der Grieche solche Wörter als einen Begriff betrachtete, weil sie auch grammatisch ein Wort bildeten; bei Formen wie μικρόκαρπος lassen sich die Bestandteile nicht einfach im Satzgefüge auseinandernehmen. Mit dieser Bemerkung will ich vorbeugen dem, daß man die Theophrasteischen Bildungen auf gleiche Stufe stellt mit solchen, wie sie unser heutiges Zeitungsdeutsch oft aufweist (man denke an 'engbegrenzterer, schöngelegenster, feinschmeckenderer' usw.). Auch in unserer Sprache erträgt man solche Steigerungen nur, wenn eben die Zusammensetzung als ein grammatisches Wort empfunden wird, d. h. wenn sie allgemein übliches Sprachgut geworden ist. Wie sich dabei allerdings leicht die Grenzen verwischen, zeigt Goethes 'die reingewölbteste Stirne', Dichtung und Wahrheit II. 6. B.

τερος VII 4, 6; μακροβιώτερος C. II 11, 1; μακρορριζότατος I 6, 2; μεγαλοφυλλότερος VII 4, 4; μικροσπερμότερος VIII 3, 5; μικροπυρηνότερος C. I 16, 2; μικροκαρπότερος C. III 10, 2; μονοκαυλότερος IV 6, 8; μονορριζότατος VII 2, 7; ξηροκαρπότερος C. II 8, 1; ὀλιγοσπερμότερος VII 4, 4; ὀλιγοτροφώτερος C. VI 16, 5; ὀλιγοϋδρότατος VI 7, 6; παχυκαυλότερος VI 2, 6; παχυκαλαμώτερος VIII 9, 3; πλατυφυλλότερος C. II 16, 7; V 7, 2; VI 18, 4; πολυκλωνότερος VI 2, 6; πολυκαρπότερος VII 4, 6; πολυκαυλότερος 2, 9; πολυχούστερος VIII 3, 4; πολυκαλαμώτερος VIII 9, 3; πολυρριζότερος VIII 9, 3; πολυκαρπότατος VII 3, 3; 4, 10 usw.; πυκνοφυλλότερος III 18, 8; πυκνοφθαλμότερος V 4, 1; σκληροφυλλότερος III 9, 2; ταχυβλαστότερος[1]) C. IV 1, 3; φιλυδρότερος VII 5, 1.

4. Zusammensetzung mit Verbalstämmen: ταξιφυλλότερος III 18, 8.

Komparativ ohne ἤ bei folgender Vergleichung wäre II 5, 2 πεύκην δέ τις ἔφη μείζω τὴν ῥίζαν ἔχειν ὀκτάπηχυν anzunehmen. Doch da dieser Gebrauch nicht hinreichend belegt ist, wird man ἤ einsetzen, das nach Bretzl auch B hat (in der Stelle bei Plat. Apol. 17 D ἔτη γεγονὼς πλείω ἑβδομήκοντα, die analog wäre, wird jetzt nach dem Clarkianus und den Hermogenesscholien das πλείω von den Herausgebern gestrichen).

Superlativ statt des Komparativs: III 5, 2 τρίτον ἐπιβάλλεται (τὰ δένδρα) βλαστοὺς ἐλαχίστας ἡμέρας τῶν πρότερον. Wimmer sagt dazu: 'Vitium subesse videtur'. Jedenfalls nahm er an dem Superlativ Anstoß, doch finden sich auch sonst

[1]) C. IV 1, 3 hat Wimmer aus der Handschrift U die Worte eingefügt: δι' ὃ καὶ τὰ εὐπαθέστερα ἐπέτει ταχυβλαστότερα καὶ ἅμα τὸ κοινὸν αὐτοῖς ὥσπερ ἕτερον εἰς τὸ παθεῖν. Die anderen Handschriften haben nur εὐπαθέστερον εἰς τὸ παθεῖν. Wimmer hat auf eine Heilung verzichtet. Daß die Stelle verdorben ist, beweist die Lücke in den anderen Handschriften. Vorausgeht φανερὸν ὡς οὐκ ἰσχύος ἀλλ' ἀσθενείας μᾶλλον ἡ ταχυβλαστία. Ich möchte dann, indem ich C. I 10, 2 ἔνια δὲ δι' ἀσθένειαν εὐβλαστῆ ὥσπερ τὰ ποιώδη καὶ ἐπέτεια vergleiche, so fortfahren: δι' ὃ καὶ τὰ ἐπέτεια εὐπαθέστερα ὄντα | ταχυβλαστότερα καὶ ἅμα κοινὸν αὐτοῖς ὥσπερ ἑτερόν τι εἰς τὸ παθεῖν (ἕτερον nämlich als der Bäume, vgl. § 3 τὸ σπέρμα μὴ μόνον ἔχειν δύναμιν τοῦ ποιεῖν, ἀλλὰ καὶ τοῦ πάσχειν).

solche Fälle (vgl. Kühner-Gerth I S. 23), so der bekannte Thuk. I, 10 τὴν στρατείαν ἐκείνην μεγίστην γενέσθαι τῶν πρὸ αὐτῆς.

Zugaben: Zur Formenlehre.

Adjektive zweier Endungen sind bei Theophrast, wie üblich, alle zusammengesetzten wie εὐδίοδος I 7, 1; II 5, 2; ἔνδηλος III 5, 4; ἀπαράβλαστος I 6, 5; (dagegen παραβλαστητικαὶ Kühner-Blass I S. 538 c. a); παραπλάγιος IV 12, 2 usw.; ναυπηγήσιμος IV 5, 5; ungewöhnlicher sind βόρειος C. II, 1, 2; δοχός C. II 4, 11; ἀρόσιμος C. III 2, 2[1]); βίαιος C. V 16, 1, so auch bei Plat. und Aristot., sonst auch dreier; ebenso χρόνιος bei Theophr. nur zweier, z. B. C. IV 1, 9, so auch bei Aristot.[2]).

Zweier und dreier Endungen werden gebraucht: χρήσιμος meist dreier wie VI 2 6; dagegen V 7, 5 εἰς ποῖα χρήσιμος ἡ ὕλη ἐστίν, offenbar wegen des Hiats; αὐτόματος dreier II 1, 1, 2; zweier III 1, 4 usw.; ἀθρόος dreier z. B. VIII 3, 3, so immer bei Aristot. zweier III 5, 2[2]); ἀργός dreier z. B. C. III 15, 3; zweier C. V. 14, 5; πλάγιος[2]) zweier C. III 6, 4, wo in beiden Wimmerschen Ausgaben falsch steht: αἵ τε γὰρ πλάγιοι τάφροι διεχόμενοι, bei Aristot. stets dreier Endungen; πρώιος dreier z. B. C. III 15, 1; zweier III 4, 3; C. I, 17, 3; an letzter Stelle auch ὄψιος[2]) zweier Endungen, anders z. B. C. I 17, 3; ἴδιος[2]) einmal zweier Endungen II 6, 1 ἴδιος ἡ φυτεία (wohl des Hiats wegen, doch wäre er durch die zu ergänzende Kopula zu entschuldigen gewesen)[3]). Endlich füge ich hinzu von der 3. Deklination σύνοξυς (ἡ ῥίζα σύνοξυς I 6, 8), das den Adjektiven bei Kühner-Blass I S. 549 anzureihen ist.

Komparativ: C. V 6, 5 bietet U γίγνονται σίκυοι καὶ

[1]) So auch bei Soph. Antig. 569, wo indes eine der besten Handschriften ἀρώσιμαι hat; vielleicht so zu schreiben, da die Form ἀρωσίμη sich auch in den Oxyrynchos-Papyri findet; vgl. Croenert Memoria Graeca Herculanensis, p. 182.

[2]) Vgl. Fr. Reisch, De Adiect. Graec. in -ιος motionis etc. (Diss. Bonn 1907) p. 47. 40. 37. 29.

[3]) So auch fr. III 2, 12 wegen der Hiatvermeidung ἀθρόος ἡ δύναμις.

[4]) Dieser Gebrauch findet sich auf attischen und magnetischen Inschriften nach Meisterhans und Schweizer nicht, dagegen auf pergamenischen (Nachmanson, Gramm. der perg. Inschr. § 65). Von den älteren Prosaikern hat ihn nicht nur Plat. Protag. 349 C, wie Kühner-Blass I, S. 537 und danach Crönert a. a. O. S. 185 angibt, sondern auch Aristot. öfter, besonders in der Rhetorik, s. den Index von Bonitz.

πρωίτεροι, was Wimmer annimmt, doch ist diese Form ungebräuchlich; entweder schreibe man πρωιαίτεροι (so C. I 10, 5) oder besser πρωίτερον (als Komparativ von πρωί, so bei Hippokr. und Thuk.).

Von Adverbien des Komparativs auf -ωc habe ich bemerkt: cφοδροτέρωc C. V 9, 13; 10, 1; μαλακοτέρωc C. III 20, 9; οἰκειοτέρωc C. VI 16, 1 (vgl. Dittenberger Hermes 1897 XXXII S. 36 f.).

Zur Kasuslehre.

Akkusativ. An Stelle des Adverbs: üblich bei μεγάλα, so μεγάλα cυμβάλλεται II 5, 1 usw.; ferner ὀλίγα μεταβολὴν λαμβάνειν II 2, 7; ὁ πυρὴν ἑκάcτῳ προcπέφυκεν οὐκ ἄδηλα I 11, 6.

Sehr häufig sind adverbiale Akkusative wie οὐδέν II 2, 12 usw., τὸ ὅλον usw.; ὁ καρπὸc ἔχων πυρῆναc τὸ μὲν ἐπὶ πᾶν δύο III 18, 12.

Akk. der Beziehung, fast immer so bei allgemeinen Begriffen wie τὴν φύcιν, τὴν ὄψιν, τὴν μορφήν, τὸ μέγεθοc, τὴν χρόαν, wie ἃ καὶ μάλιcτ' ἄν τιc ἄγρια τὴν φύcιν εἴποι III 2, 1; τὴν δὲ χρόαν χλοερόν III 17, 3; ἐμφερὴc τὴν μορφήν 18, 13; τὴν εὐωδίαν οὐκ ἐγγὺc πρὸc ἐκείνην C. VI 18, 4; üblich auch bei ὅμοιοc, so ὅμοιον τὴν πυκνότητα καὶ τὴν ἰcχύν III 12, 1; τὴν χρόαν καὶ τὸ πάχοc ὅμοιον 13, 1 usw.; beim Passiv z. B. περικοπεὶc τὴν θαλίαν II 2, 12; κατακοπτόμενον τὰc ῥάβδουc III 15, 1. Zur Bezeichnung eines Teils vom Ganzen auch in Stellen wie δοκεῖ δ' ἡ ἀνδράχλη τὰ μὲν ἄνω φυλλοβολεῖν I 9, 3; ὁ δὲ καυλὸc τὰ κάτω λεπτότεροc IV 9, 2; δικαίουc εἶναι τὰ πρὸc ἀλλήλουc IX 4, 5; χρήcιμοc δ' οὗτοc τὸ ξύλον IX 5, 1.

Figura etymologica: αὐτοῦ δὲ τούτου τάχ' ἄν τιc ἀπορήcειε κοινήν τινα ἀπορίαν C. I 16, 10; πεπαίνεcθαι τὴν πέπανcιν C. II 8, 2.

Akk. nach Verben: παρεκβαίνειν τὸ ῥεῖθρον III 1, 5, sonst meist der Gen.; der Akk. Aesch. Choeph. 645 und neben dem Gen. ein paarmal bei Aristot.

ὑπεραίρειν rein lokal: τὸ ὑπεραῖρον τὸ ὕδωρ IV 8, 10, ähnlich C. V 14, 9 φθείρει γὰρ καὶ τὸ cτάcιμον (ὕδωρ), ἐὰν ὑπεραίρῃ τὸ μέγεθοc τοῦ δένδρου; diese Verbindung auch Aristot. Polit. 1266 b 11.

ἐφικνεῖcθαι τὴν δ' ὀcμὴν (εἶναι) πολλήν, ὥcτ' ἀπὸ μικροῦ πολὺν ἐφικνεῖcθαι τόπον IX 6, 2, so auch bei Pind. und Hdt., sonst bei Theophr. mit Genetiv, wie C. I, 16, 6 usw.; der Akk. dient hier mehr zur Bezeichnung des sich Erstreckens über, während der Gen. das bloße Erreichen ausdrückt.

Zugabe: Verderbt ist C. V 3, 7 οὐδ' ὁμοίωc θαυμαcτὸν διά τε τὸ πολλάκιc γίγνεcθαι καὶ διὰ τὸ τὴν αἰτίαν οἴεcθαι. Zwar kann bei οἴεcθαι manchmal der Inf. auch fehlen, wo er sich von selbst ergänzen läßt; hier vermißt man aber ein Wort wie εἰδέναι (so schreibt die Heinsiana). Aber die beiden Infinitive nebeneinander wären hart, daher wird man Wimmers Vermutung φαίνεcθαι in den Text aufnehmen.

Genetiv Eine besondere Vorliebe hat Theophrast für den Gen. partit., der immer nach Superlativen, Pronomina usw. steht, z. B. ἔνια τῶν δοκούντων II 3, 3; πρὸc ἄλλα τῶν ἔργων V 7, 5; καὶ ἕτερα τῶν θηρίων IV 3, 5; πρὸc τὰ πολυτελῆ τῶν ἔργων IV 1, 2 usw.; oft auch bei kollektivem Sing. wie ἡ θήλεια τῆc πεύκηc III 9, 3; τῆc δὲ τερμίνθου τὸ μὲν 15, 3 (so immer bei den einzelnen εἴδη der Pflanzen); τοῦ φύκουc τὸ μὲν IV 6, 2; cίτου ἄλλο οὐδὲν 8, 13; τῆc ὕληc ἑκάcτη V 7, 1.

Gen. partit. ohne vorhergehendes Adjektiv oder Pronomen (Kühner-Gerth I S. 355): ἐὰν φάγῃ τῶν φύλλων III 10, 2; dies üblich, anders ἔνιοι δὲ κελεύουcι τῶν ὑπορρίζων ὑποβάλλειν II 5, 3; τῶν ἁλῶν cυμπαραβάλλουcι II 6, 3 (vgl. Il. A 214: πάccε δ' ἁλόc); ἐπιβάλλουcι τῆc γῆc IX 3, 2.

Genetiv bei Zeitbestimmungen wie τοῦ μετοπώρου I 9, 6 usw.; so auch C. I 13, 11 aufzufassen: μαλακοῦ καὶ ὑγροῦ τοῦ ἀέροc καὶ εὐκράτου (denn an dieser Stelle handelt es sich um die klimatische Verschiedenheit der einzelnen Jahreszeiten, nicht etwa der einzelnen Gegenden).

Gen. possessivus, C. VI 7, 2—3 ἀλλὰ τούτου (i. e. Δημοκρίτου) μὲν ὑπὲρ πλειόνων ἴcωc ὁ λόγοc, τῶν δ' ἄλλων ἡ ὑπὸ τοῦ θερμοῦ πέψιc γιγνομένη ἐκκρίνει (Gen. des geistigen Eigentums).

Ähnlich wie ἐν Θήβαιc τῆc 'Ελλάδοc ist IV 7, 1 anzusehen: τῆc δ' Ἐρυθρᾶc καλουμένηc ἐν τῇ Ἀραβίᾳ.

Gen. bei Verben: ἀπολαμβάνειν (seltener bei den Attikern): ὅπωc ἀπολάβῃ τιc τῆc θερμότητοc C IV 7, 3, hier wegen des folgenden τῆς θερμότητος τῆς ἀπὸ τοῦ ἀέρος, um das doppelte ἀπό zu vermeiden. — χορτάζειν mit Gen., auch bei Späteren: χορτασθέντα πυρῶν C. IV 9, 1.

Dativ: Dativ bei Zeitbestimmung ist zu beachten VII 1, 3 πᾶσι δὲ σπείρεται τοῖς ἀρότοις τὰ ἐπίσπορα.

Dat. causae: fast wie Dat. loci IV 7, 3 δενδρύφι' ἄττα τὸ μὲν χρῶμα ἔχοντα ὅμοιον κέρατι βοός, τοῖς δὲ ὄζοῖς τραχέα. — Als Dat. causae ist aufzufassen III 9, 2 ὀρθότερον ἡ Ἰδαία (πεύκη) καὶ πρὸς τούτοις πιττωδέστερον ὅλως τὸ δένδρον, μελαντέρᾳ δὲ πίττῃ καὶ γλυκυτέρᾳ καὶ λεπτοτέρᾳ καὶ εὐωδεστέρᾳ, ὅταν ᾖ ὠμή.

Dat. des Standpunkts üblich bei φανερόν ἐστι wie IV 8, 7 συντρίψαντι φανερόν ἐστι τὸ συνεστραμμένον; sonst finden wir noch: a) rein örtlich, bez. konkret κάλαμος γίγνεται ὑπερβάλλοντι τὸν Λίβανον μεταξὺ τοῦ τε Λιβάνου IX 7, 1; ἔνια ἐξ ἀποστάσεως ἢ πλησίον ἐλθοῦσιν εὐοσμότερα C. VI 17, 1; αὕτη δ' ἔστι γλυκεῖα γενομένοις IV 4, 10; b) vom geistigen Standpunkt aus: ἐπεὶ καθ' ἕκαστον λαμβάνοντι τῶν σπερμάτων ἢ τῶν περιεχόντων ἰδίαν ἀρχὴν ἔχει I 11, 5; τοῦτο γὰρ εἴη τῶν μὲν οἷον πέρας, τῶν δ' ἀρχὴ μεταβαίνουσιν ἐκ τῶν αὐτοφυῶν εἰς τὰ διὰ τέχνης C. III 1, 1; ἐν τούτοις οὔθ' αἱ αὐταὶ δυνάμεις οὔτ' ἴσαι πάντων εὐθὺς ἀπὸ τῶν ῥιζῶν ἀρχομένοις C. VI 13, 1.

Dat. statt ὑπό mit Gen.: ταῦτα ἐσθίεται τῷ τερηδόνι V 4, 4; ἐπεὶ καὶ Ἐμπεδοκλεῖ πρὸς τοῖς ἄλλοις καὶ τοῦτ' ἄτοπον ὅπερ καὶ ἐν ἑτέροις εἴρηται C. I 22, 2.

Dat. bei Verben. Bemerkenswert bei διαιρεῖν statt εἴς τι; es ist dies zu verstehen 'mit Hilfe eines Begriffes teilen', vgl. III 9, 2; ἐοίκασι δ' ἅπερ οὗτοι διαιροῦσιν ὀνόμασιν ἰδίοις, οἱ ἄλλοι διαιρεῖν τῷ ἄρρενι καὶ θήλει; aus dem entsprechenden ὀνόμασιν erhellt deutlich die grammatische Auffassung dieses Dativs. So noch τὰ πλεῖστα διαιροῦσιν ἄρρηνι καὶ θήλει III 9, 1; IV 11, 13; διαιρετέον ἡμέροις καὶ ἀγρίοις C. I 16, 13. Auch beim Substantiv διαίρεσις: μεγίστη διαίρεσις τοῖς ἡμέροις καὶ ἀγρίοις C. II 3, 6 (Aristot. hat immer εἰς).

Auffällig ist der doppelte Dativ nach χρῆσθαι IV 8, 4 χρῶνται ταῖς ῥίζαις οὐ μόνον τῷ κάειν (statt εἰς τὸ κάειν), ἀλλὰ καὶ τῷ σκεύη [ἄλλα] ποιεῖν; gleich darauf § 6: χρῶνται πρὸς τὰ γυναικεῖα αὐτοῖς. Vielleicht als Dat. modi zu fassen, oder mit Prof. Keil μόνον <ἐν> τῷ zu schreiben.

Zugabe: C. IV 3, 7 ἀλλὰ γὰρ ταῦτα μὲν ὁμοιότητά τινα ἔχει. τὰ δ' ἴδια καθ' ἕκαστον γένος αὐτὰ καθ' ἑαυτὰ λέγουσιν, ἐπὶ πλέον ῥητέον δὲ τοῖς τῶν δένδρων καὶ πρὸς αὐτὰ καὶ πρὸς τὰ ἄλλα θεωροῦσιν. Der Dativ τοῖς hat keine Beziehung. Schneider änderte: πρὸς τοῖς τῶν δένδρων καρποῖς und interpretierte: 'Haec quidem ostendunt similitudinem aliquam in universum esse horum seminum oleraceorum, si praeter arborum fructus et inter se et cum ceteris comparantur'. Doch ist diese Interpretation sehr schwierig; denn der Satz ῥητέον — θεωροῦσιν müßte sich unmittelbar an ὁμοιότητα ἔχει anschließen. Im Auctuarium lect. var. will Schneider schreiben: ἐπὶ πλέον ῥητέον· ἐν δὲ τοῖς τῶν δένδρων θεωροῦσι 'Tum vero subiungo superiora ita scripta: τοὺς δὲ χρόνους δῆλον ὅτι καὶ τὰς ἀκμὰς ληπτέον'. Auch diese Konstruktion ist gesucht; der Satz τοὺς — ληπτέον ist noch weiter entfernt. Ich möchte lesen: ῥητέον δὲ τοῖς τὰ τῶν δένδρων — θεωροῦσι. 'Exponendum est eis, qui arborem per se considerant et cum ceteris comparant'. Außerdem will Prof. Keil noch ändern: ἃ (für τὰ) δ' — λέγουσιν, ἐπὶ πλέον ῥητέον [δὲ] τοῖς usw.

Artikel und Pronomen.

Ungemein häufig ist der substantivierende Gebrauch des Artikels, wie τὸ κατὰ γῆς I 6, 9; τὰ πρὸς τὴν καρποτοκίαν I 2, 1; ἐν τοῖς περὶ τὰς ῥίζας I 1, 2; τὸ τῆς καλουμένης κάχρυος III 5, 5; τὸ πρὸς τῷ πάχει I 8, 3. In diesen beiden letzten Fällen dient der Artikel nur dazu, eine Erscheinung als solche zu kennzeichnen; ebenso τὸ τῶν ῥιζῶν, τὸ τῶν θερμῶν I 7, 3; κατὰ τὸ πρὸς τῷ μίσχῳ III 10, 5; τὸ τῶν τριχωδῶν, τὸ τῆς παραβλαστήσεως IV 9, 3 usw. — Sehr oft ist aber ein Substantiv zu ergänzen wie τὰ τῆς συκῆς (sc. φύλλα) I 10, 5; τὰ ἐν μέσῳ τῶν ἄρων (sc. ἄνθη) I 10, 10 usw. Auffällig ist der Artikel IV 10, 1 ὃ γὰρ προσαγορεύουσι λέμνα, τοῦτο πλείω τὸ καθ' ὕδατός ἐστι. Schneider ändert: τὸ πλέον καθ' ὕδατος. Wimmer hält die πλείω, gestützt auf UM, fest. Doch wird die Konstruktion zu gekünstelt: einmal ist der Artikel vor καθ' ὕδατος auffällig, und der Plural πλείω ist fast unerträglich. Da nach Bretzl auch B πλεῖον bietet, so wird man dies in den Text aufnehmen[1]).

Artikel beim Prädikat: C. III 3, 2 ταῦτα μὲν ἴσως ἀφορίζοιτ' ὁ φάσκων τὴν μετοπωρινὴν εἶναι τὴν βελτίω τοῖς δεχομένοις λέγων. Hier laufen aber zwei Konstruktionen ineinander, denn streng logisch müßte es heißen: ὁ φάσκων τὴν μετοπωρινὴν εἶναι βελτίω, τὴν βελτίω τοῖς δεχομένοις λέγων. Sehr ausgedehnt ist die prädikative Stellung von Adjektiven: immer bei ἔχειν, φέρειν, so ἔχουσι δὲ καὶ τῶν μὴ μονορρίζων ἔνια τὴν ἐκ τοῦ μέσου μεγίστην καὶ κατὰ βάθους I 6, 3; ἡ δ' ἐλάα καὶ ὁ κότινος καὶ τὰς κοιλότητας ἰδίας ἔχουσι τὰς ἐν τοῖς στελέχεσι I 8, 6; διὰ τὸ φανερὰς ἔχειν τὰς αἰτίας II 3, 3; τὴν δὲ γλυκύτητα ἰδίαν ἔχει II 6, 7; τὸν δὲ καρπὸν ἄβρωτον ἔχει III 4, 6 usw. usw.; so auch bei Zahlen οὐχὶ ἓν τὸ στέλεχος ἔχοντες II 6, 10; φέρει — ἀπύρηνον τὸν καρπόν II 6, 4; τὸν καρπὸν οἴσει πλείω II 7, 2; τὸν κῶνον ἐλάττω φέρειν III 9, 5; φέρει τὸν καρπὸν μείζω III 12, 5 usw. usw. — Füge hinzu: τὰ δὲ φυτὰ λαμβάνειν κελεύουσι ὡς κάλλιστα II 5, 1; τρίτον τὸν νέον ὑποφαίνει III 12, 4; ἐπισπᾶται πλείω τὸν ὀπόν C. II 9, 12; ταχεῖαν ἀποδίδωσι τὴν τελείωσιν C. IV 1, 1 usw.

Als Substantiva ohne Artikel finden sich allgemeine Teile der Pflanzen wie καρπός, ῥίζα, φύλλα, φλέβες, ἶνες, ξύλον, σάρξ, μήτρα, φλοιός usw.; wie üblich, Kollektiva wie ζῷα I 6, 5; τετράποδα I 1, 3; usw., Jahreszeiten wie χειμών IX 2, 4; τροπαί I 10, 1, auch einzelne Pflanzennamen sehr oft: φύεται δὲ κάλαμος II 2, 1 usw. usw. Ausgelassen pflegt auch der Artikel zu werden bei Begriffen wie μέγεθος, ὕψος, μικρότης, ἰσχύς, φθίσις, θάνατος, αὔανσις, γῆρας, θησαυρισμός (εἰς θησαυρισμόν VIII 11, 3; πρὸς θησαυρισμόν C. IV 15, 3). Wechsel haben wir z. B. VIII 11, 1 τῶν σπερμάτων οὐχ ἡ αὐτὴ δύναμις εἰς τὴν βλάστησιν καὶ εἰς θησαυρισμόν.

Auch bei Ländernamen kann der Artikel nach Präpositionen fehlen (s. Schmidt Attic. IV, 64), so ἐν Αἰγύπτῳ

---

[1]) Nachgestellt scheint der Artikel: ἁπάντων δ' οἰνώδεις καὶ τοὺς ἐν τούτῳ τῷ γένει θετέον I 12, 1. Schneider stellt um: ἁπάντων δὲ καὶ τοὺς οἰνώδεις; doch ist die Stelle verderbt.

I 6, 11; ἐν Ἐρήτῃ II 2, 2; ἐν Φοινίκῃ 6, 2; ἐν Κυρήνῃ III 1, 6; περὶ Κιλικίαν καὶ Συρίαν III 2, 6; ἐξ Ἀρκαδίας 9, 2; ἐκ Μακεδονίας 9, 6; περὶ Λακεδαίμονα, περὶ Ἠλείαν 16, 3; ἐν Ἰωνίᾳ IV 2 4; daneben ebenso häufig der Artikel, so ἐν τῇ Λιβύῃ IV 3, 2; ἐν τῇ Κυρηναίᾳ 3, 3; ἐκ τῆς Ἑλλάδος 4, 1; ἄνω τῆς Συρίας 4, 1 usw.

Pronomina. οὗτος wird epanaleptisch gebraucht: τὰ μὲν γὰρ περὶ ἕκαστον ἔχει τὸν πυρῆνα (ἕκαστον prädikativ s. Kühner-Gerth I S. 634) τὸ σαρκῶδες τοῦτο τὸ ὑγρόν I 11, 6; τὸ μὴ προσδεχόμενον ἡμέρωσιν τοῦτο ἄγριον τῇ φύσει III 2, 2; ἡ πτελέα (sc. φέρει) τόν τε βότρυν καὶ τὸ θυλακῶδες τοῦτο III 7, 3; ebenso φύεται τὰ ἀπολιθούμενα ταῦτα οἷον θῦμα IV 7, 1.

Pleonastisch wird οὗτος manchmal bei ὁ αὐτός hinzugefügt, so ταὐτὸν δὲ τοῦτο καὶ ἐπὶ τῆς ἀπίου τινὲς ποιοῦσι II 7, 7; ἡ δ' ἐπομβρία τοῦτο ποιεῖ ταὐτό III 1, 5; ἐν ταὐτῷ τούτῳ περὶ τὴν ἐλάτην III 7, 2; ferner ταῦτα γὰρ τὰ τοιαῦτα τυγχάνει πεδεινὰ μᾶλλον III 2, 5. Hier und da bezieht sich οὗτος auch auf das Folgende (Kühner-Gerth I S. 658f.), so διαφέρειν δὲ δοκεῖ τρία ταῦτα ὅ τε πάπυρος IV 8, 2; διαφέρει δὲ κριθὴ καὶ τούτῳ τῶν πυρῶν· ἡ μὲν γὰρ στοιχειώδης, ὁ δὲ πυρὸς ἄστοιχος VIII 4, 2.

τις wird oft überflüssigerweise hinzugesetzt, um den Aussagen eine subjektive Einschränkung zu geben, so ὁ μέν τις ἐκ πάντων (ἐστίν) I 2, 7; ἡ μὲν αὐτόματος (γένεσις) πρώτη τις δόξαιεν II 1, 1; παραπλήσιον ἢ καὶ ταὐτό τι VIII 8, 6; δεῖ καὶ εὔχυλόν τινα εἶναι C. I 4, 1; μανή τις οὖσα C. II 4, 3. Dieser Gebrauch wird mit Vorliebe von den Attizisten gepflegt (s. Schmidt a. a. O. I, 136 f.). — τις fehlt, wo es dem Sinne nach zu stehen hätte, so wie in alter und in Gesetzessprache C. III 8, 4 ἐὰν μὴ συνεχῶς ἀποδιδῷ βρέχειν ἀρξάμενος; VIII 1, 6 ὅταν καὶ χώρα καὶ ἀὴρ διαφέρῃ καὶ πρωϊαίτερον ἢ ὀψιαίτερον ἀρόσῃ καὶ τὰ ἐπιγιγνόμενα ἀνόμοια τυγχάνῃ, wo Wimmer ἀρόσῃς schreiben will.

ποῖος mit Artikel (s. Kühner-Gerth I S. 626): z. B. τὰ ποῖα μέρη I 1, 1; τοῖς ποίοις ληπτέον C. I 10, 7; προσέτι τὸ ποῖον τὸ αἴτιον (hier beim Prädikatsnomen) C. I 16, 8.

Attraktion beim Relativpronomen: ἐν τοῖς μὲν δένδροις οὐκ ἔστιν οὐδὲν ὧν ἴσμεν I 10, 6 usw., besonders beliebt bei ἡλίκος: ἡ ἡρακλεωτικὴ φύει τὸ βοτρυῶδες ἡλίκον σκώληξ εὐμεγέθης III 5, 5; τὸ δὲ μέγεθος ἡλίκον κύαμος III 13, 3; τὸ δένδρον . . . ἡλίκον ῥόα III 18, 13; τὸ μέγεθος ἡλίκον ἄπιος IV 2, 5; πάχος τῆς ῥίζης ἡλίκον καρπός IV 6, 3; δένδρα πεφυκέναι μεγάλα ἡλίκα πλάτανοι καὶ αἴγειροι IV 7, 4; völlige Assimilation τὸν δὲ καρπὸν φέρει ἐν λοβοῖς ἡλίκον φακόν III 17, 2. Doch unterbleibt sie auch manchmal, so ὁ ὄγκος ἡλίκον μῆλον IV 10, 3; ῥᾶγές εἰσιν ἐκ πλαγίων μέλαιναι τὸ μέγεθος ἡλίκος κύαμος III 17, 6 usw.

Allgemein üblich ist sie bei ὅσον, z. B. τὸ ῥέον συλλέγειν ὅσον κόγχην IX 6, 2.

Fehlendes Demonstrativum vor Relativum beachte II 5, 1 τὰ δὲ φυτὰ λαμβάνειν κελεύουσιν ὡς κάλλιστα καὶ ἐξ ὁμοίας γῆς εἰς ἣν μέλλεις φυτεύειν.

B. Verba.

I. Indikativ.

Den sog. gnomischen Aorist haben wir: αὕτη γὰρ γυμνὸν ἔχει τὸν καρπόν, ὥσθ' ὅσον ὁ ἥλιος ἐπέλθῃ, ταχὺ προηλλοίωσε C. I 17, 1 (es wäre wohl denkbar, daß Theophrast sich hier auf ein von ihm angestelltes Experiment bezöge); πολλάκις ὑπερκαρπήσαντα τὰ δένδρα ἀφαυάνθη καὶ μάλιστα τοῦθ' αἱ ἄμπελοι πάσχουσιν (man beachte hier, daß πολλάκις dabeisteht)[1]) C. II 11, 2; πάλιν ὅταν μέλλωσι σπείρειν, ὑπήροσαν C. III 20, 8; ἡ δὲ τοῦ πνεύματος φορά, καθ' ὃν ἂν γένηται τόπον, ἐπέκλυσεν οἷον ποταμός τις ῥυείς, ὥσπερ ἐν τοῖς λοιμοῖς, ἐνίοτε δ' οὕτως εἰς ἀκριβὲς διῆλθεν, ὥστε τῶν ἐπὶ τοῦ αὐτοῦ κλήματος ὀφθαλμῶν οἱ μὲν ὑγιεῖς, οἱ δὲ πεπηγότες εἰσίν· πολλάκις δὲ — ἐὰν λάβῃ γυμνὰ τὰ ἄκρα κλήματα, ταῦτα ἀπέκαυσε καὶ ἀπὸ τούτων διαδίδωσι πρὸς τὰς ῥίζας C. V 12, 10. Man beachte hier auch den Wechsel.

Das Perfekt wird stets seinem eigentlichen Charakter entsprechend, nie aoristisch gebraucht; so sehr verbreitet ὠνόμασται I 2, 5, wo andere Attiker meist das Präsens setzen

---

[1]) Prof. Reitzenstein weist darauf hin, daß in diesem Falle Seneca gern sein gnomisches Perfekt gebraucht, sonst aber sehr selten. Mit dem Tempus der Vergangenheit wird hier die Behauptung gewissermaßen als durch die Erfahrung bewiesen hingestellt.

(Aristot. doch z. B. de part. anim. 669 b, 10 ἀνώνυμον τὸ κοινὸν ἐπ' αὐτῶν καὶ οὐχ ὥσπερ ὁ ὄρνις ὠνόμασται ἐπί τινος γένους); τετρύπηται III 16, 4 usw. usw. So, um dies hier gleich zu erwähnen, auch Partizipia wie ἐμπεπηγότες I 8, 3; ἐπῳδηκυῖα III 5, 5; συμπεπιλημένον 7, 5 usw.

Eine der κοινή eigentümliche Erscheinung findet sich in ausgedehntem Maße bei Theophrast, die sog. Conjugatio periphrastica, die Umschreibung mit εἶναι und Partizipium (s. Schmidt a. a. O. I 117 f., III 112 f., IV 157 usw.; über den Gebrauch bei älteren Attikern s. Krüger, Griechische Sprachlehre 56, 3, 3). Bei Theophrast lernen wir auch die Entwicklung dieser Konstruktion kennen. In weit überwiegender Zahl steht sie nämlich dann, wenn das Partizipium als Bezeichnung einer Eigenschaft einem Adjektiv parallel gestellt wird. Erst aus diesem beschränkten Gebrauch heraus scheint sich der andere entwickelt zu haben. Thumbs Vermutung (Geschichte der griechischen Sprache im Zeitalter des Hellenismus S. 152), die Conj. periphr. sei schwerlich Latinismus, wird durch die Beobachtungen bei Theophrast zur sicheren Gewißheit. Einige Beispiele: πανταχῆ γὰρ βλαστητικὸν ἅτε καὶ πανταχῆ ζῶν I 1, 4; ἔνια δὲ ὡσπερεὶ κάθυγρα καὶ ἕλεια, τὰ δὲ οὐκ ἐν ὕδατι δυνάμενα ζῆν I 4, 2; ἔστι δὲ τὰ μὲν δίοζα, τὰ δὲ τρίοζα, τὰ δὲ πλείους ἔχοντα 8, 3; αἱ δὲ σκολιαὶ καὶ παραλλάττουσαι 8, 4; καρπιμώτεροι τῶν ἄλλων καὶ καρποφοροῦντες II 6, 7; ἄλλαι δὲ ὁμολογούμεναι καὶ ἐμφανεῖς (sc. εἰσιν) III 1, 5; πάντα ἀνθοῦντα ἢ ἀνανθῆ 2, 1; ὀρθότερα καὶ μακρότερα καὶ φύλλον ἔχουσα παχύτερον ἡ Ἰδαία, τῶν στροβίλων ὁ μὲν στρόγγυλός τε καὶ διαχάσκων, ὁ δὲ χλωρὸς καὶ ἧττον χάσκων III 9, 1; τὰ ξύλα περίμητρα καὶ ἐν ταῖς ἐργασίαις στρεφόμενα 9, 2; καὶ τὰ μὲν πολυειδῆ, τὰ δὲ μίαν ἰδέαν ἔχοντα IV 6, 2; τὸ τριχόφυλλον οὐ ποιῶδες, ἀλλ' ἔξωχρον οὐδὲ ἔχον καυλὸν ἀλλ' ὀρθόν πως ἐν αὐτῷ 6, 3; ἅπαντα ἐδώδιμα καὶ χυλοὺς ἔχοντα γλυκεῖς IV 8, 2; τὰ δὲ σχιστὰ καὶ ἀσκαλώνια καὶ ταῖς θεραπείαις διαφέροντα VII 4, 7; solche Beispiele finden sich in den Historien noch I 2, 6; 9, 4; 10, 6, 7; 11, 3, 4; II 8, 4; III 2, 1; 9, 2, 3, 6; 10, 1, 3, 5; 11, 1, 3; 12, 1, 3—5; 13, 4, 5, 7; 14, 2; 17, 1, 3; 18, 4—6, 8; 18, 12; 15, 5, 6; IV 2, 1, 4; 3, 1; 4, 5; 5, 2; 6, 7, 10; 7, 6; 8, 5, 8; 11, 11; V 2, 1;

VI 2, 1, 5, 6; 4, 2, 5, 1; 6, 2, 4; VII 4, 4; 12, 1; VIII 2, 9; 4, 2, 3; IX 2, 2; 4, 2; 5, 1; 6, 2 usw., ebenso in den Causae häufig, z. B. C. VI 16, 8 ποῖος ἑκάτερος καὶ πῶς ἔχων. — Verderbt ist II 6, 9 τὸ δ' ἀνάστημα τοῦ στελέχους, ἀφ' οὗ ἡ σχίσις καὶ πεντάπηχυ· πρὸς ἄλληλα δέ πως ἰσάζοντα (s. Wimmer 1842, S. 66). Denn καὶ vor πεντάπηχυ gibt keinen Sinn, auch ist ἄλληλα ohne Beziehung. Es ist daher eine Lücke anzunehmen. — Ich führe nun die wenigen Stellen vor, wo ohne koordiniertes Adjektiv die Umschreibung mit Partizip angewendet ist — davon gehen natürlich Fälle wie καὶ ταῦτα γ' ἐστι τὰ ὀρίζοντα IX 2, 4 ab, wo ja logisch τὰ ὀρίζοντα eigentlich Subjekt ist, daher immer bei solchen Partizipien der Artikel steht (vgl. noch II 8, 4; C. I 12, 5; V 15, 3) —: τοῦτο δ' ἔχον ἐν ἑαυτῷ σύμφυτον ὑγρὸν καὶ θερμόν I 11, 1 (ob nicht ἔχον durch die folgenden Neutren entstanden ist?, ἔχει ἐν wäre kein Hiat, s. oben S. 14 f.), allerdings ähnlich bei ἔχειν C. II 7, 2: καὶ ἐνίοτε τὰ μὲν ἔχοντα, τὰ δ' οὐκ ἔχοντα; aber auch hier gehen im Satz vorher Konstruktionen mit εἶναι und Adjektiv voraus, sodaß diese noch nachwirken könnten. — τοῦτο ἥκιστα γιγνόμενον καὶ ἥκιστα πίστιν ἔχον ἐστίν C. V 3, 4. — ὁ δὲ τρίβολος αὐτὸς ἐν τῷ ὕδατι νεύων εἰς βυθόν IV 9, 1, vielleicht in Anlehnung an das vorhergehende Partizip ὑπερέχει δὲ οὐθὲν αὐτοῦ πλὴν αὐτὰ τὰ φύλλα ὥσπερ ἐπινέοντα καὶ κρύπτοντα τὸν τρίβολον. ἐὰν ὑπερβάλλοντες ὦσι II 14, 1; ὑπερβάλλων wird aber fast wie ein Adjektiv = ὑπερμεγέθης betrachtet, vgl. C. V 8, 2 χειμῶνες ὑπερβάλλοντες, so auch bei Hypereides und Isokrates. — τὰ πυρεῖα ἄριστα ἐκπυροῦται, τὰ ἐκ τῶν ἐνύδρων τάχιστα ἐκπυρούμενα, wohl des Wechsels halber, C. I 21, 7. — καὶ γένει τινὶ δένδρων ἔνιαι κατὰ φύσιν αὐτομάτως γιγνόμεναι (sc. φοραί εἰσιν) C. V 11, 3. — Nicht dazu gehört καὶ ταῦτα πρότερ' ἄν τις τιθεῖτο τῶν ζῴων ἅμα δὲ καὶ ἡμῖν ἡ σκέψις ὑπὲρ τούτων οἷον συνεχὴς οὖσα τοῖς πρότερον C. VI 3, 3, da hier das Partizip attributiv zu σκέψις steht. — Man sieht, es sind nur Ausnahmefälle, wenn ohne koordiniertes Adjektiv die Umschreibung verwendet wird, während sie mit einem solchen eine ganz gewöhnliche Konstruktion für Theophrast ist.

Irrealis ohne ἄν haben wir außer in den bekannten

Fällen, wie bei δύνασθαι, εἶναι mit Adjektiv usw. usw., wo, besser gesagt, der Grieche wie der Latiner nicht irreal denkt, auch bei λόγος ἐστί und λόγον ἔχει: εἰ γὰρ ἦν ἐκ διαφορᾶς τινος τῶν ἐν τοῖς δένδροις ἡ γένεσις ὥσπερεὶ τοῖς ζῴοις ἐγγίγνεται τοιαῦτα ζῷα, λόγον τινὰ εἶχεν C. II 17, 5; ἐπὶ δὲ τῶν εὐόσμων ὅλως ἥκισθ' ὡς εἰπεῖν εὔοσμα τὰ ἄνθη· καίτοι κατὰ λόγον ἦν ὃ καὶ τοῖς ἄλλοις εὐοσμότατον ἀόσμοις οὖσι, τοῦτο καὶ ἐν τοῖς εὐόσμοις εὐωδέστατον εἶναι C. VI 11, 3—4.

II. Konjunktiv.

Elliptisch nach μή allein: ὃ δὲ λέγουσιν οἱ πολλοὶ ὅτι τὸ κεράσβολον ἀτέραμον γίγνεται, μή ποτ' ἄγαν εὐηθὲς ᾖ C IV 12, 13. — Nach μὴ οὐ ἀλλὰ μή ποτ' οὐκ ᾖ τοῦτ' ἀληθές C I 5, 3; ἀλλὰ μή ποτε οὐ τοῦτο ᾖ τὸ αἴτιον C. II 11, 10[1]).

Der abhängige Konjunktiv mit μή ist auffallend in ὁ κροκόδειλος φεύγει μὴ προσκόψῃ IV 8, 8 statt ἵνα μή; die Konstruktion ist analog der von δέδοικα μή.

Über die Modi nach ὅπως und πρίν s. Müller (s. u. Anm. 1), S. 53. 59. ὅπως findet sich nur zweimal mit Futur, πρίν gar nicht mit Indikativ und Optativ, zweimal mit Konjunktiv nach einer Negation im Hauptsatz, sonst durchweg mit Infinitiv.

III. Optativ.

Beim potentialen Optativ fehlt ἄν I 3, 2 ἴσως ἐπαλλάττειν δόξειε, wie bei Späteren häufiger (s. Schmidt a. a. O. I 244, IV 89f.). Umsoweniger braucht man Anstoß zu nehmen, als ἴσως dabeisteht, das schon eine Einschränkung des Gedankens enthält[2]). Wohl mit Recht hat dagegen Wimmer ἄν eingeschoben C. II 17, 3 τῇ μὲν ἔλαττον < ἂν > εἴη, τῇ δὲ πλεῖον τὸ θαυμαστόν.

Optativ im konditionalen Nebensatz, auch wenn Indikativ vorhergeht, ist besonders beliebt bei Späteren (s. Schmidt a. a. O. I, 98f.), bei Theophrast ist diese Modusfolge noch sehr

[1]) Die Verbindung οὐ μή findet sich bei Theophrast nicht, bei Aristot. nur zweimal in der Topik.; vgl. Müller, de Theophrasti dicendi ratione, S. 54, und Eucken, De Aristotelis dicendi ratione, S. 56.

[2]) Unter den zwölf Beispielen, die Kühner-Gerth I S. 226 aus klassischer Zeit anführt, zeigen drei ἴσως.

eingeschränkt und weicht von der sonst im Attischen üblichen kaum ab, so haben wir oft πλὴν εἴ τις λέγοι II 2, 12; C. IV 5, 7; C. IV 6, 7 usw.; weiter noch διαφέρουσι, εἰ μή τις θείη I 11, 4; ὅπου τὰ κάρπιμα ἄκαρπα γίγνεται, καθάπερ ὁ φοῖνιξ καὶ εἰ δή τις κομίσειε II 2, 10; τοῦτο δ' εἴ τις φάγοι, ἐναποθνήσκει IV 4, 12; ἀποτυφλοῖ τἆλλα ζῷα πάντα καὶ πρὸς τοὺς ἀνθρώπους εἴ τις προσραίνειεν IV 4, 13; οὐδ' ἀφιᾶσι φύλλον οὐδ' εἴ τις ἀφέλοι VII 2, 5; οὐχ ἥκιστα οἰκεῖα εἴ τις λαμβάνοι VIII 4, 3; οὐχ ἅμα κυΐσκεται εἰ μὴ — καταλάβοι C. I 11, 2; εἰ δὲ μὴ τοῦτό τις θείη, ἀλλ' ἐκεῖνό γε φανερόν C. VI 11, 5. Bei Futurum im Hauptsatz: εἴ γέ τις ἀνάπαλιν τὸ ἄγριον εἰς τὸ ἥμερον ἐμβάλλοι, διαφορὰν μέν τινα ποιήσει C. I 6, 10.

IV. Infinitiv.

Den substantivierten Infinitiv wendet Theophrast in allen Verhältnissen an, in die auch ein Substantiv treten kann. Er tritt damit in die Fußstapfen von Thukydides und Demosthenes, auch von Isokrates[1]). Doch nirgends ist der Gebrauch so ausgedehnt wie bei Theophrast. So findet sich in den ersten drei Büchern der Historien: 16 mal τό mit Inf. (Nom. oder Akk.), τοῦ 1 mal (ἀπέχειν τοῦ ζῷα εἶναι III 1, 4) τῷ 26 mal (besonders modal, kausal, nach διαφέρειν usw. z. B. τῷ λεπτοφυλλότερα εἶναι διαφέρειν III 9, 5; ἴδια δὲ πρὸς τὰ ἥμερα τῶν ἀγρίων ὀψικαρπία τε καὶ ἰσχὺς καὶ πολυκαρπία τῷ προφαίνειν III 2, 1), διά mit Akk. 17 mal (z. B. διὰ τὸ μὴ πειρᾶσθαι μηδένα III 1, 1), εἰς 3 mal (κατά γε τὴν διαίρεσιν εἰς τὸ πλείω καὶ ἐλάττω φέρειν II 4, 3 usw.), μέχρι 2 mal, πρό 5 mal, πρός 4 mal mit Dat. und Akk. (τῶν δὲ συκῶν πρὸς τῷ περιτέμνειν καὶ τέφραν περιπάττουσι II 7, 6; τοῦτο μὲν οὖν ἂν εἴη πρός τε τὸ φέρειν ἅμα καὶ πρὸς τὸ εὐκαρπεῖν II 7, 7 usw.). Nebensätze sind dafür umso spärlicher verwendet. Wie weit der Gebrauch geht, zeigt z. B. C. V 7, 3 οὐκ ἄγαν τὸ συμβαῖνον θαυμαστὸν τῷ τε εἰς τὸ σύνεγγυς μεταβάλλειν καὶ ἔτι (W für ἐπί) τῷ ὁρᾶν καὶ ἐπί γε τῶν ζῴων τοιαύτας μεταβολὰς γιγνομένας (Inf. statt ὅτι μεταβάλλει καὶ ὁρῶμεν). Den bloßen Genetiv

[1]) Das Material für die älteren Klassiker hat zusammengestellt Fr. Birklein in den Unters. zur gr. Synt. von Schanz III.

zur Bezeichnung des Zweckes (zuerst bei Thukydides s. Birklein III 1, S. 55), haben wir C. VI 11, 16 πρὸς ἔνια δὲ καὶ παρεμβάλλουσι τι τοῦ πῆξαι καὶ συλλέγειν, ohne daß jedoch, wie im Attischen, der Inf. negiert ist. Manchmal steht der substantivierte Infinitiv, wo man den einfachen erwartete, so VIII 8, 1: εὐλαβητέον φασὶ τὸ μίσγειν usw.[1]).

ἔστι mit pass. Infin.: ἐσθίεσθαι ἡδύ I 7, 3; III 12, 4; ὡραία τέμνεσθαι V 1, 1. Gebräuchlicher ist sonst der aktive Inf. — ἔστι = es ist möglich mit folgendem Inf. (s. Kühner-Gerth II S. 9 f.): so δένδρεσιν ἔστιν οὕτως διαλαβεῖν I 2, 2; ἔστιν ἀφωρισμένην οὕτω λαβεῖν I 6, 2; σημεῖον δὲ τὸ μηδὲν εἶναι (vgl. κοινὸν λαβεῖν I 1, 10).

Zu beachten ist der Inf. bei εὐθετεῖν, das so konstruiert wird wie ῥᾴδιός εἰμι, also mit dem aktiven Inf. in passiver Bedeutung: εὐθετεῖ γὰρ ὡς εἰπεῖν πᾶσι χρῆσθαι V 7, 4. Sonst ist dieser Gebrauch bei einfachen Verben nicht belegt (s. Kühner-Gerth II S. 15, Anm. 13). — Selten wird auch ἄτοπόν ἐστι, das so ziemlich dasselbe besagt wie θαυμαστόν ἐστι, mit Inf. verbunden; wie κατὰ τὰς χώρας διαφέρειν τὰς ἐργασίας οὐκ ἄτοπον II 6, 5, meist steht der substantivierte Inf. oder εἰ; der bloße Inf. auch bei Aristot. categ. 11a 34.

Nach πέφυκε ist der Inf. üblich, so I 4, 3, 4; II 3, 2; IV 4, 11 usw. Einmal steht er nach ἀποδιδόναι: ὅσα δ' ἐν τῇ ἀμπώτει δένδρα μέγεθος ἔχοντα καὶ καρπὸν τυγχάνει, περὶ τούτων οὐκ ἄν τις ἴσως ἀποδοίη τῇ θαλάττῃ τὴν τροφὴν ἀλλ' ἐνδέχεσθαι πότιμον ἕλκειν ἐν τῇ γῇ τὰς ῥίζας usw. C. II 5, 2; so öfter bei den Attikern (Thuk., Lys., Demost., auch Xenoph.). Daher mit pleonastischem ὥστε: ἀποδίδωσι τοὺς καυλοὺς ἀπ' ἰσχυρῶν ἰσχυροὺς... ὥσθ'.... τὸν καρπὸν εἶναι πολύν C. II 12, 3, wie auch das Simplex διδόναι: τούτους δι' ὅλου δέδωκεν ἡ φύσις ὥστε βλαστοφυεῖν C. I 11, 7[2]).

Persönliche Konstruktion (s. Kühner-Gerth II S. 35): χαλεπὸς (ὁ κιττὸς) παραφύεσθαι πᾶσι τοῖς δένδροις III 18, 9.

---

[1]) Subst. Inf. ist mit Schneider auch C. V 9, 1 herzustellen: καθάπερ ἡ ψώρα καὶ ὁ σφακελισμὸς καὶ <τὸ> ἀστρόβλητα καὶ σκωληκόβρωτα γίγνεσθαι.

[2]) Nichts weiter als einfache Verstärkung des bloßen Infinitivs ist auch οὐδὲ γὰρ οὐδὲ ταύτῃ κίνδυνος ὥστε σαπῆναι C. II 17, 7.

Wie üblich, wird beim Inf. ein allgemeiner Akk. wie τινα, ἡμᾶς, τοὺς ἀνθρώπους oft weggelassen, z. B. C. II 17, 3: ποιεῖ τὸ πλῆθος — θαυμάζειν.

Wechsel der Konstruktion nach einem Ausdruck sentiendi haben wir C. I 16, 7 ἔστι δέ τις καὶ οὗτος λόγος ὡς τῶν ἀγρίων οὐ δυναμένων πέττειν, τοὺς δὲ πυρῆνας ἐκ τῆς ξυλώδους γίγνεσθαι τροφῆς.

Den sogen. freien oder formelhaften Infinitiv finden wir außer in den bekannten Wendungen wie ἁπλῶς εἰπεῖν in ὡς καθ' ἕκαστον γένος λαβεῖν III 8, 1; ὡς μὲν τὰ προφανέστερα καὶ μέγιστα λαβεῖν III 18, 8; ὡς ἐν γένει λαβεῖν C. IV 3, 3; ὡς τῷ γένει λαβεῖν C. VI 6, 2 (s. u.); ὡς τύπῳ λαβεῖν, εἰπεῖν I 1, 6; ὡς τύπῳ καὶ ἁπλῶς εἰπεῖν III 2, 4; ὡς τύπῳ περιλαβεῖν III 6, 12 (so auch Aristot., dafür sagt Theophr. auch ὡς τύπῳ λέγοντες I 2, 2). Besonders beachte: ὥστε τύπῳ εἰπεῖν C. I 17, 9 und ὥστε καθόλου καὶ κοινῶς εἰπεῖν C. VI 5, 6[1]), hierher gehört auch ὥστε δ' ὅλαις χώραις χωρίζειν C. I 12, 5. Vielleicht hat man darnach C. VI 6, 2 statt ὡς τῷ γένει zu lesen ὥστε γένει (U hat ὡς τω aus ὡς το).

Gebrauch von ὡς: Finale: C. III 13, 1 τὰς δὲ τομὰς βραχείας (sc. ποιοῦνται) ὡς ἂν ῥιζωθῶσι. — Konsekutiv mit Inf.: τὰ δὲ καὶ ὡς περιπίπτειν ῥηξίφλοια I 5, 2; ἔχει τινὰ οἰκειότητα ὡς τὰ μὲν εὔοσμα εἶναι usw. I 12, 3 (s. Kühner-Gerth II S. 501 Anm.); in der Attizistenzeit so oft (Schmidt a. a. O. IV 87).

Zugaben. Interpretation von C. I 13, 1: Ζητήσειε δ' ἄν τις ἐκ τῶν μικρῷ πρότερον εἰρημένων πότερον τὰ δένδρα κατὰ χειμῶνα κύει πρὸς καρπογονίαν, τοῦ δ' ἦρος ἀποτίκτει καὶ τοῦδ' οἷον περίοδός ἐστι χρόνοις ὡρισμένοις καθάπερ τοῖς ζῴοις ἢ διὰ τὴν ἔνδειαν τῆς τροφῆς συμβαίνει καὶ διὰ τὴν ψυχρότητα τοῦ ἀέρος· εἰ γὰρ ἐν τοῖς εὐδιεινοῖς καὶ μαλακοῖς ἀεὶ βλαστάνουσιν, οὐκ ἂν εἴη τεταγμένη τοῖς χρόνοις ἡ κύησις, εἰ δὲ μὴ οὔτι γε ταύταις ταῖς ὥραις ὡς ὅλον ἅμα βλαστάνειν πάλιν καὶ εἴ τι τὸ ὀργῶν ἀποτίκτει. Theophrast stellt zu Anfang die

[1]) Vgl. Kühner-Gerth II S. 509 mit je einem Beispiel aus Hdt. und Plat., wo die Herausgeber ὥς γε ändern; das gleiche tut Schneider an unserer ersten Stelle. Durch Theophrast wird die Überlieferung bei Herodot und Plato bestätigt.

Frage, ob das Ruhen und Sprossen der Bäume nur ein einfacher Zeitwechsel ist, oder ob sie durch Nahrung und Klima hervorgerufen werden. 'Wenn die Pflanzen in besonders milden Gegenden immer sprossen, dann liegt kein regelrechter Zeitwechsel vor; sprossen sie nicht immer, dann ist der Wechsel doch nicht nach den bestehenden Jahreszeiten geordnet, nämlich so, daß sie immer sprossen', d. h. in sich und dann zur rechten Zeit ἀποτίκτειν (ὡς also konsekutiv), vgl. dazu C. I 12, 8 δι' ὃ καὶ οὐκ ἄλογον ἐν αὐτοῖς ὥσπερ κύοντα κατέχειν ἢ συναθροίζοντα καὶ λαμβάνοντα πρὸς τὴν κύησιν, εἶθ' ἅμα ταῖς ὥραις ἀποτίκτουσιν. Denn bei dem günstigen Klima müßten sie, wenn sie immer sproßten (βλαστάνειν, κύειν), auch fortwährend ἀποτίκτειν (ἐκβλαστάνειν). Doch ist diese Frage nicht zu entscheiden (da man auch von der ἀειβλάστησις nichts Sicheres weiß, vgl. C. I 11, 6 usw.), daher: § 2 τοῦτο μὲν οὖν ὡς καθ' ὑπόθεσιν θεωρείσθω. Und so begnügt sich Theophrast mit einer Wiedergabe der empirisch möglichen Beobachtungen: ἐν δὲ τῇ νῦν περιόδῳ τῶν ὡρῶν ἔοικε τὰ δένδρα usw. (§ 3).

C. I 17, 9 ὡς δ' ὁ βλαστὸς ἀμφοτέρων μετέχει τῶν ὡρῶν ἐπὶ πολὺν χρόνον παρεκτείνων. Wimmer übersetzt ὡς überhaupt nicht, läßt aber den Text unverändert. Schneider schreibt: ὧν δ' ἡ βλάστησις — παρεκτείνει. — Es wird an dieser Stelle dargelegt, warum einige Bäume ὀψίκαρπα sind: τὰ μέν, ὅτι ψυχρὰ τῇ φύσει, ὀψίκαρπα καὶ ὀψιβλαστῆ, ὅσα δὲ γυμνὰ καὶ ἀκέλυφα οὐχ ἱκανὰ περιλαμβανόμενα τῇ ὥρᾳ, τὰ δ', ὅτι ξηρὰ τῇ φύσει. Schneider muß nun καρπός zu παρεκτείνει ergänzen, was nach βλάστησις sehr hart wäre. Außerdem wäre der Ausdruck παρεκτείνειν nicht glücklich gewählt. Ich schlage vor: τῶν δ' ὁ βλαστὸς — παρεκτείνων; die Änderung ist ganz leicht, aber sachlich bedeutsam. Mit τῶν δέ wird nun den ψυχρά und ξηρὰ τῇ φύσει eine dritte Gruppe gegenübergestellt, nämlich diejenigen, deren Wachstum sich länger hinzieht und so auch eine spätere Fruchtzeit zur Folge hat.

Gebrauch von ὥστε. Meist folgt der Infinitiv, sodaß Theophrast auch hier die Eigentümlichkeiten der κοινή aufweist (Schmidt a. a. O. III 85 f.). Mit dem Ind. (zum Ind. rechne ich dabei auch alle Fälle, wo die Kopula fehlt) und Optat. potent. findet sich ὥcτε etwa 50 mal in den Causae, mit Inf. mehr als doppelt so oft. In den Historien ist der Unterschied noch größer, beispielsweise findet sich im 1. Buch ὥcτε mit Inf. 9 mal, mit anderen Modi überhaupt nicht. — Da Müller (S. 51) nur Andeutungen gegeben hat, so seien die Fälle von ὥcτε mit Inf. ausführlich behandelt. Überall steht der Inf., wo die Folge 'aus dem Wesen des Hauptsatzes fließt, als eine Folge einer Qualität oder Quantität' (Kühner-Gerth II S. 501).

1. Üblich ist der Infinitivus in obliquer Rede, z. B. φύεcθαι ἔνια τούτων καὶ ἐπὶ τῶν πλοάδων (sc. φαcίν), ὥcτε πάντα τὰ μέρη ταῦτα κατέχειν IV 10, 6; φέρειν πολλοὺc καὶ καλούc, ὥcτε μηδὲν διαφέρειν 13, 6; τὴν δ' ὀcμὴν διαφέρουcιν καὶ πολλήν (sc. εἶναί φαcιν), ὥcτε ἀπὸ μικροῦ πολὺν ἐφικνεῖcθαι τόπον IX 6, 2; ebenso ἄνοζα δὲ λέγω οὐχ ὥcτε μὴ ἔχειν I 8, 1. Geläufig ist er auch nach einem Infinitiv, wie cυμβαίνει καὶ τὸ μετόπωρον καλὸν γίγνεcθαι . . ., ὥcτε καὶ τὴν μαλακότητα cυμβάλλεcθαι τοῦ ἀέροc III 5, 4; cυμβαίνει δ' εὐθὺc ἐν τῷ τρίτῳ γόνατι τὸν cτάχυν ἔχειν, ὥcτε cχεδὸν ἅμα τῷ καλαμοῦcθαι cυνίcταcθαι VIII 2, 4; cυμβαίνει χωριcμόν τινα γίγνεcθαι, ὥcτε διὰ πάντων εἶναι τὴν εὐωδίαν C. VI 16, 6 usw.

2. Final: φάκοc ὥcτε ἁδροὺc γίγνεcθαι φυτεύουcι ἐν βολίτῳ II 4, 2; μάντειc θύουcιν ὥcτε μὴ ἐκβῆναι (τὴν ὁμίχλην) C. II 7, 5 usw. — Einmal auch der Indikat. final: δι' ὃ καὶ ὑπὸ τὰ φύλλα κρύπτουcιν, ὥcτε ἐπιβολὴν ἔχοντεc ἐπιτραφεῖc γίγνονται C. III 16, 4.

3. Zur Bezeichnung der Möglichkeit: oft ist sie deutlich ausgedrückt durch Wörter wie δύναcθαι, so οὐ μὴν ἀλλὰ τάχ' ἂν εἴη καὶ τούτων ἐπί τινων ὥcτε δύναcθαι τὴν χώραν φέρειν IV 5, 7; ἔcτι δὲ καὶ τῶν ἐναντίων δῆλον ὅτι cυμμετριά τιc πρὸc ἄλληλα ὥcτε τὰ μὲν δύναcθαι βλαcτάνειν C. II 2, 4; ἀδύνατον: οὐδὲ θάτερον ἀδύνατον ὥcτε ἐν τῇ χλόῃ μεταβάλλειν C. IV 4, 12 (hier im Hauptsatz). Aus dem Zusammenhange ist der Begriff zu entnehmen: πλείουc δ' ἔχει καρχαρίαc ὥcτε μὴ εἶναι κολυμβῆcαι IV 7, 2. πάχοc δ' (ἐcτὶν) ὥcτε μὴ ῥαδίωc ἂν περιλαβεῖν IV 6, 2; κοινότερα πάντα δ' ἔχοντα διαφορὰν ὥcτε καιρὸν ζητεῖν καὶ τρόπον C. III 14, 1;

ἐντεριώνην ἔχον (ἐστὶ) μαλακὴν ὥστε δι' ὅλου καὶ κοιλαίνεσθαι τὰς ῥαβδούς III 13, 4; τὰ δὲ καὶ πελέκησιν ὑπομένει καὶ ὀρθὰ καὶ πεσόντα ὑπὸ πνεύματος ὥστε πάλιν συνίστασθαι καὶ ζῆν καὶ βλαστάνειν IV 16, 2.

4. Nach Ausdrücken der Beschaffenheit.

a) bei vorausgehendem Demonstrativ. Nach οὗτος: αὕτη γὰρ ἡ διαφορὰ ὥστε τὰς μὲν εὐθὺς σχίζεσθαι 6; 6 ἀλλὰ διαφορά τις αὕτη τῶν ῥιζῶν ὥστε τὴν μέν τινα τοσαύτην εἶναι 6, 10; σπάνιον δὲ τοῦτο καὶ ἐν ὀλίγοις ἐστὶν, ὥστε παλαιούμενον μεταβάλλειν III 18, 7; καὶ τοῦτο ἐν ὀλίγοις ὥστ' εἰς ἄλλο γε μεταλλάττεσθαι φυτόν C. II 13, 3; ὅλως ἐν πολλοῖς τοῦτ' ἔστιν ὥστε βρωτὰ γίγνεσθαι C. V 12, 9; ὅλως ἐν πολλοῖς τοῦτ' ἔστιν ὥστε χλωρὰ μὲν ὄντα βρωτὰ γίγνεσθαι C. VI 12, 9; nach ἐκεῖνος: ἐκεῖνο συμβαίνει περὶ τὰ δένδρα ὥστε μεταβλαστάνειν II 4, 4; ἐπεὶ ἐκεῖνο ὅμοιον ἔν τε τοῖς σπέρμασι καὶ ἐν τοῖς ζῴοις ὥστε . . . μεταβάλλειν C. II 13, 3; ἐκεῖνο δ' ὁμοίως ἐν ἀμφοῖν ἐστιν ὥστε τὴν φύσιν γίγνεσθαι C. IV 7, 7; ἐνίοτε δὲ κἀκεῖνο συμβαίνει ὥστε . . . ἐνεγκεῖν C. V 1, 11; ἐκεῖνα ἄν τις ἐπιζητήσειε παρὰ τοῦτον ὥστε καὶ τὸ ὑποκείμενον ἀποδιδόναι αὐτόν C. VI 2, 1; φαίνεται δὲ κἀκεῖνο συμφωνεῖν ὥστε (W, codd. ὥσπερ) ἐν τοῖς ἀτελέσι χυλοῖς μᾶλλον εἶναι τὴν εὐοσμίαν C. VI 16, 8; nach οὕτως stets, so ἡ γὰρ ἔκφυσις αὐτῶν οὕτως ὥστε εἶναι τὰ μὲν ἐκτὸς τὰ δ' ἐντός VI 6, 4 usw. Nur einmal steht nach οὕτως der Indikativ bei ὥστε: ἐνίοτε οὕτως εἰς ἀκριβὲς διῆλθεν, ὥστε τῶν ἐπὶ τοῦ αὐτοῦ κλήματος ὀφθαλμῶν οἱ μὲν ὑγιεῖς, οἱ δὲ πεπηγότες εἰσίν C. V 12, 10; hier soll der dauernde wirkliche Zustand hervorgehoben werden (die ganze Stelle bezieht sich wahrscheinlich wiederum auf ein Experiment). Anders ist VII 4, 5 οὕτως πλατύκαυλα γίγνονταί τινες ὥστ' ἐνίους, φασί, καὶ θύραις χρῆσθαι, wo φασί ganz ohne jeden Einfluß auf die Konstruktion eingeschoben ist (s. K.-G. II S. 353, 1).

b) οὗτος bez. οὕτως sind aus dem Zusammenhang herauszuhören:

α. bei εἶναι mit Prädikat: αἱ δὲ κατὰ τοὺς χυλοὺς φανεραὶ πᾶσιν ὥστε μὴ δεῖσθαι λόγου I 12, 1; ὅμοιος[1]) ταῖς

[1]) Müller hat mit Unrecht auf die einzelnen Adjektiva so viel Wert gelegt, wenn er sagt, ὥστε folge auf φανερός, ὅμοιος; darauf

ῥόαις ὥστε μὴ καταδέχεσθαι ἀλλὰ διαμασησαμένους ἐκβάλλειν II 6, 8; φύλλον σκληρὸν σφόδρα καὶ πλατύτερον ὥστε τῇ χροιᾷ πόρρωθεν φανερὸν εἶναι τὸν δένδρον III 13, 1; μέγα γὰρ τὸ φύλλον καὶ μαλακὸν καὶ πολυσχιδὲς ὥστε σχεδὸν εἶναι τριχῶδες VI 2, 8; ὁ ἀσφάραγος πολύρριζον πυκναῖς ταῖς ῥίζαις ὥστε τὸ ἄνω συνεχὲς εἶναι VI 4, 2; εἰσὶ δέ τινες καὶ μεγάλοι σφόδρα τῶν χόνδρων ὥστ' εἶναι χειροπληθιαίους IX 4, 10; πᾶν γὰρ ἔμπυρον τὸ πυκνόν, ὥστε βραδεῖαν εἶναι τὴν ἐπίδοσιν C. I 8, 2; πολλαὶ γὰρ διαφοραὶ... συκῶν ὥστε ἐνίων πόρρω πάνυ πεπαίνεσθαι C I 17, 4; τὰ δένδρα διάπλεα τῆς τροφῆς ὥστε τοῦ συνεργήσαντος δεῖσθαι C. II 1, 4; ὁ ἀὴρ μαλακός ἐστιν ὥστε ἐξ ἁπάντων εἶναι τὴν ἐκτροφήν C. III 2, 6; ὁ δὲ καὶ ἐν χιτῶσι καὶ πυκνότερον καὶ ἰσχυρότερον ὥστε τὴν μὲν ὀλίγης δεῖσθαι τροφῆς C. IV 13, 4; τῆς δὲ μαναὶ αἱ ῥίζαι ὥστε καὶ ἄνωθεν τὸ ψύχος διϊκνεῖσθαι C. V 12, 8 ἐπὶ τούτων ἔνδηλος τῶν χρωμάτων μεταβολὴ ὥστε δοκεῖν ἑτέρους εἶναι C. V 7, 3; ἔτι καὶ λεπτοτέρα (ἡ πάχνη) τῆς χίονος ὥστε δὶ ἄμφω σφοδροτέραν τὴν πῆξιν εἶναι 13, 6; σκληραὶ αἱ αἰθρίαι ὥστε τῇ αἰσθήσει δῆλον εἶναι 14, 2; ἰδία ἡ φύσις ὥστε καὶ ἐμφανὲς εἶναι 16 1; οὐ γὰρ ἡ γλυκύτης πόρρω ταύτης ὥστε μὴ δεῖσθαι πλειόνων C. VI 6, 6[1]); οὐδὲν γὰρ ἁλυκὸν ὥστε καὶ ἐν ἑαυτῷ τοιοῦτον ἔχειν τὸν χυλόν C. VI 6, 6; οὗτοι οἷον ἐξηθημένοι πως ὥστε πλείοσι καὶ μᾶλλον ἁρμόττειν C. VI 13, 1; auch κατ' ἄλληλα τὰ φύλλα ὥστε στοιχεῖν III 18, 5. — In manchen dieser Fälle drückt der Satz mit ὥστε gar nichts Neues aus, sondern gibt nur eine Bestimmung, die eigentlich schon in dem Vorhergehenden ausgedrückt ist, vgl. besonders C. II 1, 4 und C. V 13, 6. Ich möchte dies gewissermaßen als analytische Folge bezeichnen, die also kein neues Moment bringt, sondern bereits mit dem Hauptgedanken gesetzt ist. Ganz deutlich scheinen mir so: περίκομος γὰρ ἡ φυτεία καὶ ἐπεστραμμένη καὶ πολυμάσχαλος ὥστε[2]) ὀζώδη καὶ βραχεῖαν γίγνεσθαι III 8, 4; τὸ δὲ στέλεχος βραχύτατον ὥστε καὶ τὴν ὅλην μορφὴν βραχεῖαν

kommt es nicht an, sondern darauf, daß mit εἶναι ein Begriff der Beschaffenheit ausgedrückt ist.

[1]) Diese Stelle gehört nicht zu den Fällen nach Negationen, da die Folge selbst an der Nichtwirklichkeit nicht teilnimmt, s. K.-G. II S. 506 g.

[2]) In solchen Fällen wäre ὥστε etwa zu übersetzen mit 'sodaß also'.

εἶναι III 8, 4; πάντων ἐπ' ἄκρου τοῦ μίσχου φύλλον περιττὸν ὥστε καὶ πάντα εἶναι περιττά III 12, 7; ἡ μὲν γὰρ πεύκη σαρκωδεστέρα τε καὶ ὀλιγόϊνος, ἡ δ' ἐλάτη καὶ πολύϊνος καὶ ἄσαρκος ὥστε ἐναντίως ἑκάτερον ἔχειν τῶν μερῶν V 1, 5. **Auffällig** ist τό γε ἀνάπαλιν οὐδὲν θαυμαστὸν ὥστε τὰ μὲν φύλλα μὴ ἐσθίεσθαι, τοὺς δὲ καρπούς I 12, 4.

β. nach εἶναι als selbständigem Verbum: νόσημα δ' αὐτῶν ἐστιν ὥστε γηράσκοντα σκωληκόβρωτα γίγνεσθαι III 12, 6; πολλὰ γὰρ ἀπὸ τῆς αὐτῆς κορυνῆς ὥστ' εἶναι καθάπερ κηρίον 12, 8; πάχος δέ ὥστε καὶ δίπηχυν τὴν περίμετρον εἶναι 13, 1; ἕτερα δ' ἐστὶν ὥστε παραπλήσια ποιεῖν τὰ ἑψήματα IV 4, 9; τὰ δὲ (sc. ἐστιν) ὥστε μικρὸν ὑπερέχειν IV 8, 1; τὸ δὲ πάθος ἐστὶν ὥστε ἀπορρεῖν τὰς ῥᾶγας IV 14, 6; αἱ μεταβολαὶ τῶν δένδρων (εἰσὶν) ὥστε ἐξ ὀξέων καὶ πικρῶν γλυκέα γίγνεσθαι C. III 17, 6; ἀκμὴ δέ τις καὶ τούτων ὥστε ἀοσμότερα γίγνεσθαι C. VI 11, 13; ἡ ἀναπνοή τις μᾶλλον ἀπὸ τούτων ὥστε σύμμετρον εἶναι C. VI 16, 8.

γ. Nach anderen Ausdrücken der Beschaffenheit: ἔχει φύλλον στρογγυλότερον καὶ μεῖζον ὥσθ' ὅμοιον φαίνεσθαι τῷ τῆς πτελέας III 17, 3; κτηδόνα ἔχουσι μίαν ἐφ' ἑκάτερα τῆς ἐντεριώνης, ταύτης δὲ ἐναντίας ἀλλήλαις ὥστε καὶ τὴν πελέκησιν εἶναι διπλῆν V 1, 10; τὸ φύλλον ἔχει παραπεφυκὸς παρ' ὅλον τὸν καυλὸν ὥστε καθάπερ στεφάνου ὅλην εἶναι τὴν μορφήν IV 5, 3; ἔχει... κνηκῶδες ἢ ἀκανῶδες ἔχον, δέ τινα χοῦν ὥστ' ἐγγὺς εἶναι τῶν σπερμάτων VI 6, 6; ἔχουσι δέ τινων τὰς ζωτικὰς ἀρχὰς . . . καὶ ῥίζαι . . . καὶ καυλοὶ χωριζόμενοι τῶν φυτῶν ὥστε κινεῖσθαι C. I 7, 4; οὐχ ὑψηλόν, πάχος δ' ἔχον ὥστε καὶ πηχυιαῖον εἶναι τὴν περίμετρον III 17 5; τούτων ἕκαστον ἐκ μικρῶν σύγκειται μορίων φολιδοτῶν τῇ τάξει καθάπερ οἱ στρόβιλοι τῆς πεύκης ὥστε μὴ ἀνομοίαν εἶναι τὴν ὄψιν στροβίλῳ νέῳ III 5, 6; ἐν Αἰγύπτῳ μάλιστα μεγάλα σφόδρα συνίσταται ὥστε καὶ ὗς ἐν αὐταῖς ἐγγίγνεσθαι IV 12, 4; προυπάρχει γὰρ ἡ τοῦ δένδρου πρὸς ἄμφω φύσις ὑγρά τις οὖσα καὶ πρόβλαστος ὥστε ποιεῖν τὴν μεταβολήν C. V 1, 6; ἐν ἅπασι δ' ἐνυπάρχει τὸ κατὰ τὸν διωρισμὸν ὥστε τὸ ἔγχυλον ἀπομιγνύμενον ἐμφαίνειν C. VI 14, 7.

5. Nach Ausdrücken des Bewirkens: αὗται ποιοῦσιν ὥσπερ δρύφακτον περὶ τὸ δένδρον ὥστε γίγνεσθαι καθάπερ

cκηνήν IV 4, 4; εὔρουν καὶ εὐδίοδον ποιεῖ τὴν ῥοὴν ὥcτε ταχείας εἶναι τὰς αὐξήσεις C. III 5, 2; ἑκάστου ἰδία κρᾶσις οὖσα καὶ φύσις διαφορούς ποιεῖ καὶ τὰς δυνάμεις ὥστε τὰ μὲν συντήκειν C. VI 13, 2. — πεπαίνουσι (τὸν καρπὸν) δὲ ἐν τρισὶν ἔτεσιν ὥστ' ἀεὶ καρπὸν ἔχειν II 6, 10; τὰ δ' ἄνω ἀεὶ ἐλάττω προιοῦσιν ὥστε τὰ τελευταῖα μικρὰ πάμπαν εἶναι IV 9, 2; ἑκάτερον καθ' ἕκαστον τὴν τροφὴν διίησιν ὥστε ἀποδιδόναι τὸν καρπόν C. V 3, 2; τοὺς κορμοὺς συντιθέασιν ὥστε λαμβάνειν ὕψος IX. 3, 1; δέχεται τὰς ἄλλας ὥστε βλαστάνειν C. I 1, 3; λαμβάνουσιν αὔξησιν ὥστε συνταρροῦσθαι τὰ χωρία C. III 7, 7; παραλλάττει ὁ βορέας ὥστ' εἶναι παρεστραμμένην τὴν μήτραν V 1, 11; τὰ ἄγρια τὴν ὑγρότητα παραιρεῖται τῶν περικαρπίων ὥστε μείζω γίγνεσθαι C. I 16, 5; παραιρεῖται τὸ πλῆθος τῆς τροφῆς ὥστε ῥᾷον[1]) καταπέττειν τὴν λοιπήν C. II 11, 10; ὡσαύτως δὲ καὶ (sc. ἔστιν) ἐπὶ τῶν καταπατουμένων ὥστε μηδὲν εἶναι δῆλον C. IV 8, 5; παχύνουσι τὰς ῥίζας κατασάττοντες τὴν γῆν ὥστε καὶ τὸ ὕδωρ ἀποστέγειν C. V 6, 2; συνεξάγει τὸ ὑγρὸν ὥστε διαπνεῖσθαι 12, 4; ὅσα ῥύπτει πέρα τοῦ μετρίου ὥστε καὶ ἀποτήκειν τι τῆς φύσεως C. VI 1, 4. Hierher gehören auch: ἀλλ' ὥσπερ . . . οὕτω καὶ πρὸς τὰ φυτὰ διήκειν οὐδὲν κωλύει παρὰ τῶν ζῴων ὥστε ταύτην ἢ τοιαύτην αἰτίαν ληπτέον εἶναι C. II 17, 9; ἐκθρέψαι καὶ τελειῶσαι ῥᾷον τὸ ἀσθενέστερον ὥστε καὶ πολυκαρπεῖν C. IV 8, 2.

6. Nach intransitiven Ausdrücken des Geschehens und der Veränderung (K.-G. II S. 13) συμβαίνει τοῦτο ὥστε γέγνεσθαι I 3, 2; συμβαίνει γὰρ ὥστε . . . εἶναι I 8, 2; συμβαίνει ὥστε ἄγονον ἄνθος φύειν 13, 4; συμβαίνει δ' οὖν ὥστε ἐπὶ δύο ἔτη τὸν καρπὸν ἔχειν III 3, 8; συμβαίνει δὲ ὥστε καὶ ἀποφέρεσθαι IV 8, 7; συμβαίνει δὲ ἔν γέ τισι τῶν δένδρων ὥστε τὸ μὲν βλαστὸν . . . βλαστάνειν VIII 2, 2; συμβαίνει μὲν δὴ τοῦτο καὶ πολὺ προτερεῖ τῶν κριθῶν ὥστε κενὸν ἑστάναι τὸν κάλαμον C. IV 6, 7; τὸ γὰρ περὶ Μῆλον συμβαῖνον ὥστε τὸν ὕστατον σπείροντα θερίζειν ἅμα τοῖς πρώτοις C. IV 11, 8. — ἐν τούτῳ γὰρ ἐγγίγνεται τῷ παχεῖ τὸ ἄνθος ἐν ἑαυτῷ πεττόμενον καὶ σπερμογονοῦν ὥστε

[1]) So möchte ich statt des überlieferten ῥᾴδιον schreiben: 'In dem Maße wie die Kraft nimmt auch die Nahrungszunahme ab, sodaß die Verdauung leichter von statten geht.'

παρόμοιον εἶναι τὸ συμβαῖνον ὥσπερ ἐπὶ τῶν γαλεῶν VII 14, 3; αἱ βλαστήσεις ἀθρόαι καὶ μετὰ φορᾶς γίγνονται νεανικῆς ὥστε καὶ ψόφον ποιεῖν C. I 17, 2; καθαρὰ γίγνεται (ἡ γῆ) τῆς ὕλης ὥστε ῥᾳδίως ἐκτρέφειν C. III 20, 7; ταχεῖαι γίγνονται τελειώσεις ὥστε δοκεῖν 23, 5; γίγνεται ψεκὰς ὥστε συμμετρίαν εἶναι C. VI 17, 17. — βλαστάνει καὶ τάχιστα καὶ κάλλιστα ἀπὸ τῶν παρασπάδων ὥστε καὶ μεγάλας οὔσας ἄν τις μεταθῇ διαμένειν III 1, 1; τὰ δ' ἐκπαγέντα τάχιστα ἀναβλαστάνει ὥστε εὐθὺς τὴν ἄμπελον καρποφορεῖν IV 14, 13; βλαστάνει τῷ ὑστέρῳ ἔτει καὶ ἀπὸ τῶν καταπονούντων ὥστε μηδὲν εἶναι δῆλον VIII 7, 5; αἱ ῥίζαι συμπλέκονται ὥστε ἓν γίγνεσθαι τὸ στέλεχος II 6, 1; ἡ βλάστησις παραλλάττει ταῖς ὥραις ὥστε ἐν ταῖς ἐναντίαις ἐνίων εἶναι C. I 10, 1; ἐὰν ὅλον μεταστῇ τὸ δένδρον ὥστε ἐκ μέλανος γενέσθαι λευκόν C. II 13 2; ὅλως τὸ φύλλον μεταβάλλει ὥστε πᾶσιν εἶναι φανερόν C. IV 4, 13; δίεισιν εἰς βάθος τὸ ὕδωρ ὥστε τὸν σῖτον μὴ ἐφικνεῖσθαι II 4, 10; ταχὺ γηράσκουσιν ὥστε μὴ πολὺν χρόνον ἐνοχλεῖν C. III 10, 7; ῥιζοῦται κατεχόμενα τοῖς χειμῶσιν ὥστε πολλὰς ἀρχὰς λαμβάνειν C. IV 7, 1; ἡ τροφὴ φέρεται πρὸς τὸ ἐφελκόμενον ὥστε λαμβάνειν τὴν ὁμοιότητα τῷ περιέχοντι C. V 6, 7; διϊκνεῖται (τὸ ψύχος) καὶ πρὸς τὰς ῥίζας ὥστε ὅλως ἐξαυαίνειν τὸ δένδρον C. V 12, 5; οὐδὲν ἐκπίπτει τῆς τροφῆς ὥστε μὴ εἶναι βλαστήσεως ἀρχήν C. V 17, 4[1]); ξυμφράττονται οἱ πόροι διὰ τὴν πυκνότητα ὥστε μὴ διιέναι εἰς τέλος τὴν πνοήν C. VI 11, 7 (zugleich auch Ausdruck der Möglichkeit?).

7. Nach einer Negation, wobei der Inf. mit ὥστε selbst die Nichtwirklichkeit teilt: nur οὐδὲν γὰρ ἁλυκὸν ὥστε καὶ ἐν ἑαυτῷ τοιοῦτον ἔχειν τὸν χυλόν C. VI 10, 1. — Nicht zu bestimmen ist die Natur von ὥστε mit Inf. nach einer Lücke: ὁ δὲ σκώληξ γιγνόμενος ὅταν ἐξαναλώσῃ τὴν ἐν τῷ καλάμῳ τροφὴν αὐτὸς — ὥστε ὅλον ἐξαπολλύναι τὸν στάχυν (Heinse ergänzte: εἰς ἄκρον ἀνέρπει) C. IV 14, 5. Verderbt ist auch ἔοικε γὰρ ὥστε περ ὀχετεία τις εἶναι τῆς τροφῆς τῶν δένδρων C. III 7, 6; sicherlich ist für ὥστε περ zu schreiben ὥσπερ mit Schneider, denn nach ἔοικε kann ὥστε nicht folgen,

[1]) Auch diese Stelle gehört hierher, denn wir haben hier keine irreale, sondern eine wirkliche, allerdings negative Folge.

und andererseits erfordert ὀχετεία einen Zusatz wie ὥςπερ. Man könnte auch ὡςπερεὶ ὀχετεία ändern, nach εἰ entsteht ja kein Hiat (ὡςπερεί z. B. I 4, 2; C. II 17, 5).

V. Partizipium.

Part. absolutum: Wie beim Infinitiv werden auch hier die allgemeinen Wörter ἡμῶν, τινων usw. ausgelassen (K.-G. II S. 81 f.), z. B. οὐδὲν γὰρ ἐνοχλεῖ πολὺ προςενηνεγκαμένων IV 2, 5.

Oft steht der Gen. absol., wo auch das Part. coniunctum eintreten könnte, so: πολλάκις συμβαίνει καὶ τὰς ῥίζας ἑτέρας εἶναι καὶ μεταβάλλειν, τῶν μὲν σηπομένων, τῶν δ' ἐξ ἀρχῆς βλαστανουςῶν IV 13, 4; besonders auffällig sind: καλῶς ἀπανθήσαντος εὐμελιτεῖν (sc. αὐτόν φασι) VI 2, 3; τελεουμένης ἀκανθοῦται VII 6, 2 W (τελεούμενος U); ὅτι βορείοις ἀποβάλλουσι μᾶλλον ἢ νοτίοις ξηροτέρων ὄντων C. II 9, 7; τὸ γὰρ τοῦ δένδρου τοιαύτην τινὰ γίγνεσθαι σῆψιν ἢ ἀλλοίωσιν ἄλλως τε καὶ πολὺ διεστώσης (τῆς δάφνης) C. V 4, 5. Umgekehrt ist das attributive Partizip auffällig: αἰτιῶνται δὲ ὡς μακρόμυρτον διὰ τὸ μὴ γίγνεσθαι τὸ οὐράνιον ὕδωρ ὡς ἐπιζητοῦντα τὸν καρπόν C. VI 18, 5; hier erwartete man ὡς ἐπιζητοῦντος τοῦ καρποῦ, statt dessen wird das Ganze von αἰτιῶνται abhängig gemacht.

Part. coniunctum. Wie der Inf., so wird auch das Part. oft als Ersatz für Nebensätze verwendet, so deutlich I 3, 5 πᾶν γὰρ καὶ ἄγριον καὶ ἥμερόν φησιν Ἵππων γίγνεσθαι τυγχάνον ἢ μὴ τυγχάνον θεραπείας (statt eines Konditionalsatzes) usw. — Bei τυγχάνειν fehlt in der Regel das Part. ὤν, vgl. I 12, 2, 4; 14, 3; II 5, 6; 6, 2 usw., z. B. ἥπερ οἰκεία τυγχάνει τοῖς καρποῖς I 12, 2; τὰ μὲν βρωτὰ τὰ δ' ἄβρωτα τυγχάνει I 12, 4. — καὶ ταῦτα mit Part. = καίπερ (K.-G. II S. 85 f.) nur VI 5, 2 λέγεται δ' ὡς ἐν τοῖς ἐργασίμοις οὐ θέλει φύεσθαι καὶ ταῦτα περὶ τὰ ἄστη καὶ ἐν εὐγείοις τόποις φυομένη καὶ οὐχ ὥςπερ σίλφιον ἐν ὀρεινοῖς.

ὡς mit Part. Statt eines Satzes mit ὅτι haben wir ὡς mit Gen. des Partizips (s. K.-G. II S. 92): C. VI 19, 1 δυοῖν θάτερον αἰτιάσαιτ' ἄν τις ὡς τὸ κακῶδες ἀφαιρουμένων.

Bemerkenswert ist der Gebrauch von ὡς ἄν (ὡςάν) mit Part., wobei — ὤν stets mit Ausnahme von C. VI 13, 3 — ausgelassen wird, sodaß dann ὡς ἄν fast adverbial wird = ὥςπερ (Schmidt a. a. O. IV 247). Bei Attikern ist dieser Gebrauch sehr selten, bei Aristot. haben wir nur: Anal. post. 72 b 9 ὡς οὐκ ἂν ἐπιςταμένους (nach Bonitz), hier aber in irrealem Sinne, wie die meisten analogen Fälle bei den Attikern (K.-G. II S. 242). Bei Theophrast ist die Bedeutung stets potential. Mit Part. haben wir: πειρατέον δ' εἰπεῖν τὰς κατὰ μέρος διαφορὰς ὡς ἂν καθόλου λέγοντας πρῶτον καὶ κοινῶς I 5, 1; τὸ χρῶμα διάδηλον ὡς ἂν μή πω τελέως ἐξανθηκός IV 7, 2; οὐδὲν διαφέρει τὸ ἀτέραμον ὡς ἄν τι νενοςηκὸς ἢ πεπονηκός C. IV, 1; δεῖ δὲ τὰς μεταβολὰς τοιαύτας ὑπολαμβάνειν ὡς ἂν ὁμοιότητά τινα ἔχουςας C. V 7, 2; τοὺς καρποὺς γλυκεῖς ὄντας ὡς ἂν ἐξ ἀπέπτου τινὸς πεπεμμένους ὄντας C. VI 13, 3. Ohne Partizip: καὶ ὡς ἂν κατὰ λόγον ταῦτα βαθυρριζότερα τῶν δένδρων I 6, 6; κατάλοιπον δ' εἰπεῖν ὡς ἂν ἐκ τοῦ γένους τούτου περὶ ςχοίνου IV 12, 1; ὁ δὲ τῆς ἰδαίας ςτρόβιλος ἧττον χάςκων ὡς ἂν ἀγριώτερος III 9, 1; ἴςχει (τὸ δένδρον) τὴν καχρυώδη κορύνην ὡς ἂν ἤδη βλαςτικόν 12, 8; μέρος ἀφαιρεῖται ςχιζόμενον λεπτὸν ὡς ἂν φύλλον 13, 2; περὶ ἕνα μίςχον ὡς ἂν κλωνίον 13, 5; ῥίζας ἔχει παχείας ὡς ἂν ςυκῆς ἡμέρου 17, 5; οὐ κύκλωθεν αὗται, ἀλλ' ὡς ἂν ἐν πλάτει κατὰ μίαν ςυνεχεῖς IV 6, 10; ὥςτ' εἶναι τὴν ὄψιν ὡς ἂν ἐβένου ποικίλης V 3, 2; ςφάκος δὲ καὶ ἐλελίςφακος διαφέρουςιν ὡς ἂν τὸ μὲν ἥμερον τὸ δὲ ἄγριον VI 2, 5; καὶ ταῦτα προςδέχοιτ' ἂν ὡς ἂν οἰκεῖα C. I 16, 12; καὶ ὅλως ὅςα τῶν ἀψύχων ζῳογονεῖται διαφόρους ποιεῖ πάςας τὰς μορφὰς ὡς ἂν ἐξ ἑτέρας ὕλης C. IV 15, 4; ἔξω γὰρ ἀφίςταςθαι τὰ τοιαῦτα εὔλογον ὡς ἂν ἀλλότρια C. VI 10, 7; ταῦτα μόνον χρήςιμα, τὰ δ' ἄλλα ὡς ἂν ἐν φαρμάκου λόγῳ C. VI 12, 7 (W); τοῦτο μὲν οὖν ὡς ἂν καθ' ὑπόθεςιν εἰρήςθω 19, 1. — Hier sei angemerkt, daß sich die Verbindungen ὡςανεί und οἱονεί je einmal — rein adverbial — finden, die erstere (bei Aristot. Metaph. 1036 b, 10) II 6, 6 ςφαιροειδεῖς ἐνίους ὡςανεὶ μῆλα εἶναι, die zweite (zuerst bei Aristot. hist. anim. 405 b, 25 und polit. 1279 a, 15) C. II 15, 1 ἐνίοτε δὲ καὶ οἱονεὶ πηρώςει τινὶ μεταβάλλουςιν.

C. Präpositionen und Konjunktionen.

Über diesen Teil der Syntax gibt es schon zwei eingehende Untersuchungen von W. Müller, nämlich die Dissertation: De particularum usu und ein Programm über die Präpositionen (Arnstadt 1878). Ich verzichte darum auf eine erschöpfende Behandlung, zumal eine teilweise Nachprüfung der Müllerschen Arbeiten ihre Zuverlässigkeit erwies. Nur um der Vollständigkeit dieser syntaktischen Untersuchungen willen seien die beachtenswerten Erscheinungen hier wiederholt und zugleich einige Ergänzungen gegeben.

Präpositionen. Gar nicht kommen vor: ἀμφί, περί mit Dat., πρός mit Gen., ὡς. Selten sind ἀντί, ἕως (ἐσχισμένους ἕως τῆς ἰνός III 12, 7)[1]), σύν in richtig attischer Verwendung (IV 8, 14; C. II 17, 8; V 6, 6), παρά mit Gen., ὑπέρ mit Akk., ὑπό mit Dat. — μεταξύ in wechselnder Stellung: μεταξὺ δὲ γίγνεται ἰνὸς καὶ φλεβός I 2, 6; μεταξὺ πρίνου καὶ δάφνης III 16, 4; ἔστι δὲ θάμνου καὶ δένδρου μεταξύ 18, 4. In den Causae kommt es nicht vor[2]).

παρά: oft von der Zeit, wie παρὰ τρίτην ἢ τετάρτην ποτίζεται IV 3, 6. Sehr ausgedehnt ist der Gebrauch in dem Sinne = darüber hinaus, besonders nach ἄλλος, οὐδείς, ἕτερος usw., wie οὐ γὰρ ἔχουσι φύλλον οὐδὲν παρὰ τὴν ἄκανθαν VI 1, 3; ἕτερα παρὰ ταῦτα VI 2, 6; beliebt ist die Wendung ἴδιος παρά, wie ἴδιον δὲ παρὰ τἆλλα τὸ τῶν τριχωδῶν IV 1, 3. In anderen Fällen hat man solche Wörter aus dem Zusammenhang zu ergänzen, so οὐ ῥᾴδιον λαβεῖν παρά τε τὸν ἀσφάραγον καὶ τὸν σκορπίον VI 4, 1. Es dient so auch zur Anknüpfung eines neuen Teils: τρίτον δὲ παρ' αὐτά VIII 1, 1. Komparativ steht es dementsprechend: ὁ δὲ τοῦ κυπείρου καὶ βουτόμου καυλὸς ὁμαλότητά τινα ἔχει παρὰ τούτους I 5, 3. — Einigemal ist es kausal = gemäß, so ἔνια δ' οὐκ ὄντα τῇ φύσει παρὰ τὸν τόπον ἐστὶν

[1]) In der klassischen Zeit nur sehr selten örtlich; Aristoteles hat es Metaph. 1050b, 5 ἕως τῆς τοῦ ἀεὶ κινοῦντος (ἐνεργείας) und de part. anim. 643a, 22 ἕως τῶν ἀτόμων.

[2]) Über die anderen sog. uneigentlichen Präpositionen s. Müller: ἄνωθεν nachgestellt II 5, 4 εἶτ' αὐτῆς ἄμμον βαλὼν ἄνωθεν ἐπιχώσῃ (falls nicht αὐτὴν zu lesen, vgl. H. IX 3, 2: Keil).

ἀείφυλλα I 9, 5 (wie Isokr. Archid. § 52: παρὰ τοῦτον γίγνεται ἡ cωτηρία).

περί: beliebt ist περί mit Akk. bei Ländernamen zur Bezeichnung der geographischen Verbreitung von Pflanzen, so πλείcτην φαcὶ γίγνεcθαι περὶ Θετταλίαν καὶ Μακεδονίαν III 5, 4 usw.

ὑπό mit Akk.: an wenigen Stellen, um auszudrücken, daß etwas in ein Gebiet einer Sache fällt, so ὑπὸ γὰρ τὴν λεχθεῖcαν αἰτίαν ἅπαντα ταῦτ' ἐcτίν C. VI 18, 1.

Anastrophe findet sich bei περί 3 mal: φύλλου τε πέρι καὶ καυλοῦ VI 3, 7; ἀλλὰ τούτων μὲν πέρι λόγος ἕτερος C. II 5, 2 und VI 6, 10.

Wiederholung der Präposition unterbleibt beim Vergleich wie allgemein attisch: διατηρῇ τὸν καρπὸν ἄνευ τῶν οἰνάρων ὥcπερ ἡ cυκῆ τῶν θρίων C. V 4, 1; ebenso bei folgendem Relativ: ἐπὶ πάντων ὧν τοῦτο cυμβαίνει C. IV 13, 1 (s. Kühner-Gerth I 551 f.); cυμβαίνειν ἐπί ist ja üblich bei Theophr., vgl. z. B. ἐφ' ὧν cυμβαίνει C. V 3, 7; man braucht also hier nicht, wie Wimmer meint, οἷc zu ändern.

Fälle von Brachylogie, wie das bekannte οἱ ἐκ τῆc πόλεωc ἔφυγον: ὡc τὴν ἀπὸ τῶν ἄνω δύναμιν καὶ τροφὴν εἰc τὰ κάτω τρεπομένην C. I 12, 3 (fehlt bei Müller); τὸν παρ' ἡμῶν φοίνικα φυτεύοι ἐν Βαβυλῶνι II 2, 8; ὁ παρὰ τῶν ἄλλων ἐκεῖ cπειρόμενος ὀψὲ βλαcτάνει C. IV 11, 5. Ähnlich ist aufzufassen: ἐὰν δ' ἐν τῷ ἔcω τὸν πυρῆνα διαφάγωcιν C. V 10, 1 statt ἐὰν ἐν τῷ ἐντὸc ἔcω τὸν πυρῆνα διαφάγωcιν, ὠφελοῦcι 'wenn sie (die Würmer) im Innern sich von der Schale aus hineinfressend den Kern verzehren' (im Gegensatz zu ἐὰν ὑπὸ τὸ δέρμα γένωνται).

Partikeln. Es fehlen folgende einfache oder in Verbindung mit anderen stehende Partikeln, die wohl bei den Attikern, bei Aristot.[1]) aber gar nicht oder nur selten[2]) vorkommen: καὶ μήν* (oft bei Att.: Kühner-Gerth II, 137), γέ μην* (besonders bei Xenoph.), ἀτάρ* (wohl aber in Ps-Theophr. IX 20, 3, auch ein kleiner Beweis für die Unechtheit), ἦ* und ἦ μήν*,

[1]) Als Quelle wurde die Euckensche Arbeit benutzt.

[2]) Die bei Ari. gar nicht vorkommen, sind mit * bezeichnet.

δέ τοι (nicht oft bei Att.; ob bei Aristot.? weder bei Eucken noch bei Bonitz Angaben); οὔκουν, οὐκοῦν, οὐ μέντοι ἀλλά*, οὐ γὰρ ἀλλὰ*, τοιγαροῦν*, οὔτοι, auch ἔστε* (bei Xenoph. oft), selten sind: ἀλλὰ γάρ nur IV 14, 14; ἀλλὰ δή (bei den Att. häufiger); ἀλλὰ γὰρ δή* nur II 8, 3 (öfters bei den Att.); οὐδὲ δή siebenmal (s. Müller, S. 46f.); μηδὲ δή nur C. III 12, 1; ἀλλά τοι* nur III 7, 3; γάρ τοι nur I 1, 3; ἀλλ' οὖν δή C. VI 6, 10; καίτοι γε: über IV 4, 1 s. S. 42[1]); C. I 16, 7 ist überliefert nur καὶ το, sodaß καίτοι ohne γε gelesen werden muß; bleibt nur noch C. I 16, 6, wo sich vielleicht die Umstellung καίτοι τούτων γε empfiehlt.

Von Partikeln, die bei Att. und Aristot. öfter vorkommen, fehlt: τοίνυν; selten sind: μέντοι (nur in den Causae); ἄρα allein nur C. V 3, 7, häufiger in Verbindungen wie εἰ ἄρα, ἀλλ' ἤ (Kühner-Gerth II, 284), ἀλλὰ μήν, δέ γε.

Die zuerst bei Aristot. vorkommende Verbindung ἀλλ' ἄρα findet sich bei Theophr. nicht.

Ergänzungen: Merkwürdigerweise hat Müller über die Partikel γοῦν gar nichts gesagt. Theophrast bedient sich ihrer sehr oft, am liebsten zur Einführung einzelner Beispiele nach allgemeinen Sätzen, so καίτοι καὶ αὗται αἱ σαρκώδεις (ῥίζαι) ἐοίκασιν ἕλκειν. τὰς γοῦν τῶν ἄρων I 6, 10; ἀπὸ γοῦν τῆς ἐν Πύρρᾳ II 2, 6; ἐν Ἀρκαδίᾳ γοῦν IV 1, 2; vgl. noch IV 5, 6; 8, 2; V 8, 1; VII 2, 5; VIII 8, 2; VI 3, 5 und viele andere Stellen (Kühner-Gerth II, 156). Bei Aristot. ist der Gebrauch viel seltener, dagegen sehr häufig in der unechten Schrift Περὶ φυτῶν[2]), wo einigemal auch ἤγουν steht, das Aristoteles gar nicht hat. — Wie an obigen Stellen γοῦν mit den einzelnen Beispielen gleichsam eine Begründung einführt, so wird es auch sonst fast wie γάρ gebraucht, so II 4, 3 τοῦτο σκεπτέον· οὐδὲν γοῦν φανερόν; VII 3, 5 συμβάλλεται δέ τι καὶ ὁ τόπος πρὸς αὔξησιν· κελεύουσι γοῦν, ὅταν τις μεταφυτεύῃ

[1]) Eucken S. 36 weist darauf hin, daß oft aus Nachlässigkeit die Abschreiber γε an falsche Stelle gebracht haben.

[2]) Der Verfasser dieser Schrift scheint überhaupt in Stilistik und besonders im Wortschatz stark von Theophrast beeinflußt zu sein. Eine nähere Untersuchung dürfte zu einem greifbaren Resultate kommen.

τὰ cέλινα, πάτταλον κατακρούειν ἡλίκον ἂν βούληται ποιεῖν τὸ cέλινον; C. IV 1, 5 τὸ δὲ μὴ δύναcθαι τηρεῖν τὰ γένη ἐν ἀμφοῖν ἂν ἔχοι τὴν αἰτίαν καὶ τῷ πλείω χρόνον τὸ κατὰ γῆc μᾶλλον κατακρατεῖcθαι καὶ τῷ τοὺc cωματικοὺc ὄγκουc ἀντιcπᾶν· ὃ γοῦν καὶ τῆc ἀκαρπίαc αἴτιον καὶ τῆc κακοκαρπίαc; C. IV 5, 4 εἰ μὴ ἄρα καὶ τοῦτο τῆc τροφῆc ὄγκῳ· φιλεῖ γοῦν χώραν ἀγαθήν; 9, 1 ἐκείνοιc χαλεπώτατα· πολλὰ γοῦν ἀπόλλυται χορταcθέντα πυρῶν; C. VI 10, 5 τῷ δὲ ἐρεβίνθῳ καὶ οἰκεῖον φαίνεται καὶ χρήcιμον· ἀποπλυνθέντων γοῦν ἀπόλλυται.

Zu den 6 Beispielen von ἀλλά — γε im Nachsatz von εἰ, die Müller S. 32 angibt, füge hinzu C. IV 6, 2 μὴ γὰρ χωριcθὲν καὶ εἰ μὴ γίγνεται cυμπαθέc, ἀλλ' ἐξαιρουμένων γε τῶν ῥιζῶν cυναίροιτ' ἄν[1]). Für ἀλλ' ἤ führt Müller 2 Stellen an, wo diese Partikeln zwei Substantiva verbinden; wir haben sie aber auch II 6, 5 zwischen zwei Verben: οὐδεμίαν προcάγουcιν ἐργαcίαν ἀλλ' ἢ διακαθαίρουcιν.

δέ im Nachsatz, allerdings nach einer Parenthese: V 4, 8 τῶν δ' ὁμογενῶν ξύλων ὅταν ταριχεύωνται — ταριχεύουcι γὰρ οὐκ ἐν ἴcῳ βάθει πάντα δύοντεc τῆc θαλάττηc, ἀλλὰ τὰ μὲν πρὸc αὐτῇ τῇ γῇ, τὰ δὲ μικρὸν ἀνωτέρω, τὰ δ' ἐν πλείονι βάθει — πάντων δὲ τὰ πρὸc τὴν ῥίζαν θᾶττον δύεται.

καὶ — δέ (καί beim ersten, δέ beim zweiten Gliede); C. II 9, 2 ἀποβλητικὰ δὲ μάλιcτα τῶν καρπῶν πρὶν πεπᾶναι cυκῆ καὶ φοῖνιξ καὶ ἀμυγδαλῆ, καὶ διὰ τὴν ἐναπόληψιν ὑγρότητόc τέ τινοc καὶ πνεύματοc ὥcπερ cυκαῖ, τὰ δὲ τῷ τὴν προcάρτηcιν ἔχειν ἀcθενῆ, τοὺc δ' ὄζουc μείζουc ὥcπερ ἡ ἀμυγδαλῆ. Merkwürdigerweise ist diese Stelle Müller entgangen. C VI 20, 3 ist zu schreiben: ἀπαιτοῦcιν ὥcτε ἀναμείγνυcθαι μήτε κωλύεcθαι μηδ' ὑφ' ἑνόc, wo Wimmer für μηδ' fälschlich μήθ' hat. Über die Verbindung οὔτε-οὐδέ s. Kühner-Gerth II, S. 290 g.

οὐχ ὅτι — ἀλλὰ καί im Sinne von non modo — sed etiam, bei folgendem negativen Glied = non modo non — sed, wendet Theophrast regelrecht an. Indes ist an zwei

[1]) Eine von den Müllerschen Stellen, wo ἀλλά ohne γε nach εἰ folgen soll, gehört nicht hierher: C. II 17, 5 εἰ γὰρ ἦν ἐκ διαφθορᾶc τινοc ἡ γένεcιc, λόγον τινὰ εἶχεν, ἀλλ' οὐκ ἔcτιν; hier beginnt ja ἀλλά gar nicht den Nachsatz zu εἰ — γένεcιc; wir haben ihn in λόγον τινὰ εἶχεν.

Stellen οὐχ ὅτι — ἀλλά auch bei positivem Nachsatz = non modo non — sed (so auch Isokr. XVIII, 17 s. darüber Kühner-Gerth II, S. 258 b): C. V 13, 6 ἀπορεῖται καὶ διὰ τί ἁδροῦ ὄντος τοῦ σίτου ἐφυσθεὶς οὐχ ὅτι βελτίων, ἀλλὰ καὶ χείρων γίγνεται; C. III 10, 8 (nach Wimmer), ἐπεὶ νέων ὄντων εἴ τις παρεῖλεν, οὐχ ὅτι ἂν ἀφαύανεν, ἀλλὰ καὶ εὐαυξεστέρας καὶ καλλίους ἐποίησε: 'non modo non exaruisset altera, sed auctior meliorque evasisset'.

Wiederholung der Partikeln bei einer erklärenden Hinzufügung: C. VI 17, 13 καὶ γὰρ ἂν ταῦθ' ὑπὸ τὴν αἰτίαν τὴν αὐτὴν πίπτοι περὶ ὧν — τροφήν, καὶ γὰρ τὰ κωλύοντα καὶ αὔξοντα ταῦτα καὶ τὴν πέψιν ποιοῦντα καὶ εὐχυλίαν.

Über ἤγουν I 7, 1 s. oben S. 21.

Zugaben: Nicht zu halten ist die Stellung von γάρ IV 6, 1 οὐ μόνον ἐν τοῖς ἕλεσι καὶ ταῖς λιμναῖς καὶ τοῖς ποταμοῖς γάρ, ἀλλά usw. γάρ scheint genau eine Schriftzeile heruntergerückt zu sein, man füge es nach μόνον ein; in U und M fehlt es übrigens. — C. I 4, 6 ὅτι δ' οὐ πάντων οἱ ὀποὶ καὶ τὰ δάκρυα γεννητικά, πρὸς τὰς προτέρας αἰτίας ἀνακτέον, ὅτι δ' οὐδ' οἱ καυλοὶ οὐδ' αἱ ῥίζαι, κατὰ λόγον δὲ καὶ τοῦτ' ἐστὶν ὅπερ ἐλέχθη πρότερον, ὅτι πλείους αἱ γενέσεις καὶ τῶν ἄλλων usw. Wimmer übersetzt: 'quod autem neque caules neque radices, neque hoc ratione caret, ut dictum est, quia plures sunt generationes etiam ceterorum'. Wenn so richtig, dann hätte man einen ganz besonderen Gebrauch von δέ, nämlich im Nachsatz von ὅτι, einen Gebrauch, der sich sonst nicht bei Attikern findet und auch für Aristot. bestritten wird (s. Bonitz). Man müßte also δή ändern. Doch glaube ich, daß man das dritte ὅτι (vor πλείους) nicht als quia deuten darf, sondern daß es von λέγω abhängt. Denn verbindet man ὅτι οὐδ' οἱ καυλοί usw. mit ὅπερ ἐλέχθη πρότερον, so würde der letztere Satz, bezöge er sich nur auf τοῦτο, sehr nachhinken, wenn aber auf den ganzen Satz, so verlangte man ὥσπερ. Was ist überhaupt vorher (d. h. im § 1) gesagt? Daß auch τὰ ὑλήματα καὶ ποιώδη (Schluß von Kap. 3) mehrere Arten der Entstehung haben. Daraus geht hervor, daß zusammengehört κατὰ λόγον δὲ καὶ τοῦτ' ἔστιν ὅπερ ἐλέχθη πρότερον, ὅτι usw.: ὅτι abhängiger Aussagesatz zu ἐλέχθη. Im vorhergehenden lese man statt ὅτι δ' οὐδ' vielmehr mit Prof. Keil ἔτι δ' οὐδ' οἱ καυλοὶ οὐδ' αἱ ῥίζαι. Mit κατὰ λόγον δὲ beginnt dann ein neuer Satz.

Wenn ich eben zu IV 6, 1 wegen der Stellung von γάρ eine Textänderung vorgeschlagen habe, so sind mir doch nachträglich[1]) Bedenken gekommen. Im neuen Menander erscheint γάρ selbst an siebenter Stelle: Epitrep. 531 (473 Sudh.) οὕτω τί μοι | ἀγαθὸν γένοιτο, Σωφρόνη, γάρ, οἴκαδε | ἀπιών; ferner 586 (448) und Perinth. 14. Perikeir. 170 gibt Koerte κακοδαίμον' οὕτω δεσπότην οὐδ' ἐνύπνιον | ἰδὼν γὰρ οἶδ', dagegen interpungiert Sudhaus nach δεσπότην stark, indem er die ersten Worte als Apposition zu αὐτὸν 168 faßt; dann οὐδ' ἐνύπνι[ον· | ἰδὼν γὰρ οἶδ'. Allein es geht nicht wohl an, das negierte οὐδ' ἐνύπνιον von ἰδὼν zu trennen; dies steht für ὄναρ (Phot. lex. 'κατ' ὄναρ' οὐ χρὴ λέγειν —, ἀλλὰ 'ὄναρ' . . . . . καὶ 'ἐνύπνιον'; mehr Schmid, Attic. I 48. 129. IV 208), und dieses mit Negation verbunden ist neben einem Verbum des Wahrnehmens, Meinens usw. typisch. Schon Solon (bei Arist. rp. Ath. 12, 5) umschreibt es mit οὔποτ' ὀφθαλμοῖσιν ἂν | εὕδοντες (= ὄναρ) εἶδον; vgl. Demosth. XIII 30 γῆν — ὅσην οὐδ' ὄναρ ἤλπισαν πώποτε, XIX 275 κτήματα — ἃ μηδ' ὄναρ ἤλπισαν πώποτε und so bis zu den Kirchenvätern, wie Synes. ep. 4, Joh. Chrys. de sacerd. I 4 τιμὴν ὅσην οὐδὲ ὄναρ λήψεσθαι προσεδόκησαν (Prof. Keil), natürlich beide nach Demostenes. Man wird also mit Koerte auch hier γὰρ als an 7. Stelle stehend anerkennen müssen. An 5. Stelle hat es Menander öfter, auch Theophr. I 12, 2 ἀλλ' ἐν τοῖς περικαρπίοις γὰρ μᾶλλον, doch nur anscheinend, denn die Worte ἐν τ. περικ. bilden logisch einen einzigen Begriff, so daß darnach γὰρ die 3. Stelle inne hat. Diese Betrachtungsweise darf nun auch auf IV 6, 1 Anwendung finden, denn ἐν τοῖς ἕλεσι καὶ ταῖς λίμναις καὶ τοῖς

[1]) Diese Retraktation ist mir infolge eines durch äußere Umstände nötig gewordenen Neudrucks von S. 85/86 ermöglicht worden. Ich konnte so auch in letzter Stunde noch die eben erschienenen Menandrea ex papyris et membranis vetustissimis (Leipzig 1910) von A. Koerte benutzen, nach denen nun hier zitiert ist.

ποταμοῖς enthalten tatsächlich nur den einen logischen Begriff der Ortsbestimmung; damit rückt γὰρ hier von der 12. an die 4. Stelle und steht viel weniger auffallend als selbst bei Menander an 5. Stelle, auf die es ohne logische Entschuldigung durch Verszwang gedrängt wurde[1]). — Bemerkenswert ist die Stellung von σφόδρα z. B. II 2, 10: ἐὰν εἰς ἀλεεινὸν ἔλθῃ σφόδρα τόπον, wo es also von seinen Adjektiv getrennt uns dabei nachgestellt erscheint; auch das bei Menand. z. B. Epitr. 272 λεπτόν, ὦ θεοί, ταραντῖνον σφόδρα ἀπολωλεκυῖ(α).

Ellipsen.

I. Der Kopula.

Daß die Indikativformen ἐστί und εἰσί meist ausgelassen werden, entspricht ganz dem knappen Stil Theophrasts, der sich ebenso von pedantischer Korrektheit wie andererseits von formloser Härte freihält. Das Verhältnis ist etwa so, daß auf 30—40 Auslassungen ein Fall kommt, wo die Kopula gesetzt wird. Am meisten ist diese Ellipse natürlich in Hauptsätzen beliebt, nicht minder aber auch nach ὅσα, so stets ὅσα ἄλλα τοιαῦτα IV 8, 1; C. I 11, 13 usw. I 5, 5 kürzt Theophrast sogar in ὅσα ἄλλα ab, was sich Aristoteles nirgends erlaubt.

Auslassung von εἶναι. In attischer Prosa üblich sind Fälle wie III 9, 7 ἡ δ' αἰγὶς εὔχροος διὰ τὸ ἔνδᾳδον, die kaum mehr als Ellipsen gefühlt werden[2]). Theophrast geht aber weiter und gebraucht solche Adjektiva mit Artikel nach Präpositionen ganz wie Substantive, also z. B. διὰ τὸ μαλακόν genau wie

[1]) In MU fehlt γάρ; das kann sehr wohl auf Streichung wegen der ungewöhnlichen Stellung beruhen. Es gilt zu untersuchen, ob solche Interpolationen durch Streichung in diesen beiden Handschr. auch sonst begegnen.

[2]) C. III 11, 6 liegt doppelte Ellipse, von ἐστὶ und εἶναι, vor. Die Stelle ist übrigens korrupt; denn in εἰς δὲ τὴν αὐχμηρὰν μήτε παχέα μήτε ἄγαν λεπτά (sc. τὰ φυτὰ τῶν ἀμπέλων λαμβάνειν δεῖ)· τὰ μὲν γὰρ οὐκ ἂν δύναιντο σῆψαι darf man δύναιντο σῆψαι sicherlich nicht im Texte lassen, wie es Wimmer tut; der Plural ist umso unerträglicher als gleich ἀποξηρανθῇ folgt. Vielmehr ist mit Prof. Keil zu schreiben δύναιτο, wobei ἡ αὐχμηρά Subjekt ist: 'der trockene Boden kann die dicken Weinstöcke nicht erweichen'.

διὰ τὴν μαλακότητα, so III 12, 2 χρησιμώτερος ὁ ὁλόσχοινος διὰ τὸ σαρκῶδες καὶ μαλακόν; IV 14, 12 διὰ τὸ ἀείφυλλον φανερά; C. VI 12, 11 αἱ ῥίζαι δ' ἄβρωτοι διὰ τὸ ξυλῶδες — ἢ τὸ ἄχυμον.

Anders sind II 2, 5 χείρων ἡ ἀμυγδαλῆ καὶ τῷ χυλῷ καὶ τῷ σκληρά; VIII 7, 6 αἱ χῶραι διαφέρουσι οὐ μόνον τῷ πίειραι καὶ λεπταὶ καὶ ἔπομβροι καὶ αὐχμώδεις, ἀλλὰ καὶ τῷ ἀέρι καὶ τοῖς πνεύμασιν; an beiden Stellen ist die Auslassung durch die Parallelität des folgenden substantivischen Gliedes begründet. Diese Fälle sind also in gewissem Sinne denen der Conj. periphr. analog, die meist nur im Anschluß an ein paralleles Adjektiv zur Anwendung kommt; beidemal wird eine logische Koordination auch durch die sprachliche Konzinnität ausgedrückt[1]).

Fälle, wo εἶναι nach einen verbum sentiendi oder dicendi fehlt: nach δοκεῖν (auch sonst bei Attikern und Aristot.) VII 4, 4 ὁμοίως καὶ ἐν ἐκείναις δοκοῦσι διαφοραί; C. IV 4, 12 (s. S. 93); C. VI 14, 1 δόξαιεν ἄλογοι ἐν τῷ ἄνθει τοῖς βλαστοῖς (sc. εἶναι συμμετρίαν); nach φασίν: V 8, 2 καὶ ὅλως οἳ πᾶσαν τὴν νῆσον δασεῖαν καὶ ὥσπερ ἠγριωμένην τῇ ὕλῃ; IX 1, 2 καὶ εἴ τι τοιοῦτον ἕτερον οἷόν φασι τὴν ἄκανθαν τὴν Ἰνδικήν; IX 4, 8 τὴν δὲ γῆν ὑπάργιλον, hier geht aber im vorletzten Satz εἶναι voraus, es steht nur γίγνεσθαι dazwischen. Über III 8, 7 und VII 5, 1, s. S. 98; bei ὥστε nach einem verbum sentiendi C. III 6, 2 πάντες δὲ τό γε τοσοῦτον συμφωνοῦσιν, ὥστε μὴ δριμεῖαν καὶ ἰσχυράν.

Nach anderen Verben: I 6, 5 εὔλογον ἀπὸ τῆς ἀρχῆς (sc. αὐτὰς εἶναι); C. VI 15, 1 ἔδει γὰρ καὶ τοῖς ἄλλοις μὴ οὖσιν εὐόσμοις τούτοις μάλιστα[2]). Hierher gehört auch IX 1, 1 συμβαίνει δέ τισι τῶν φυτῶν καὶ χρόας ἰδίας ἔχειν· τοῖς μὲν λευκὰς οἷον . . ., τοῖς δ' αἱματώδεις οἷον . . ., τοῖς δὲ χλωρόν, τοῖς δὲ ἐν ἄλλῃ χρόᾳ; zu χλωρόν müßte man außer εἶναι auch τὸν χυμόν ergänzen, was kaum geht, da in diesem und dem vorhergehenden

[1]) Ich halte es darum für unangebracht, mit Schneider und Wimmer VIII 7, 6 εἶναι einzusetzen, konsequenterweise müßte man es dann II 2, 5 übrigens auch tun.

[2]) Öfter findet sich die Ellipse eines Infinitivs bei δεῖ, wenn das gleiche Verb in einer andern Form folgt, so C. VI 17, 2 ταῦτα γάρ ἐστι τὰ τὰς τροφὰς καὶ τὰς πέψεις οἵας δεῖ (sc. ποιεῖν) ποιοῦντα.

Satz ἡ ὑγρότης Subjekt ist; man ändere lieber χλωράν. — Verderbt ist IV 4, 7 διὰ τὸ μὴ μεγάλα, das Schneider und Stachhouse für Glosse halten.

Auslassung von Konjunktivformen: I 8, 5 ἐὰν δ' ἐν τράχεσι καὶ ἀνύδροις καὶ πνευματώδεσι (sc. ὦσιν oder γίγνωνται), καὶ παντελῶς (κράδαι γίγνονται). Daß ἐὰν μὴ wie εἰ μή ohne Verb gebraucht wird (so C. I 20, 1), ist auch sonst aus den Attikern bekannt. — V 5, 2 ὅπως ἀστραβῆ; C. III 14, 7 ὅπως ὁ καρπὸς πολύς (an beiden Stellen schiebt Wimmer ᾖ ein); C. IV 4, 1 ὅταν ἡ χώρα τοιάδε καὶ ὁ ἀήρ; C. IV 14, 1 οὐδὲ τοῦ ἀέρος γίγνεται τῆξις, ὅταν μὴ αἴθριος ὁ ἀήρ.

Zusatz: Nicht anzunehmen ist mit Wimmer eine Ellipse C. I 15, 3 ἂν δὲ πλῆθος πολύ, κἀκείνων οὐκέτι γίγνεται πέψις, wo man nach πολύ: ᾖ zu ergänzen hätte. Ich halte jedoch die Überlieferung ἅμα δὲ πλῆθος πολὺ καὶ οὐκέτι γίγνεται πέψις für richtig, d. h. 'die Menge der Früchte bringt Unreife mit sich'; ähnlich bezeichnet ἅμα — καί die enge kausale Verknüpfung zweier Erscheinungen z. B. C. I 16, 1 ἅμα τὸ περικάρπιον ὑγρότερον καὶ ὁ καρπὸς ἐλάττων· καὶ ἅμα μείζων οὗτος καὶ τὸ περικάρπιον ἔλαττον.

Auslassung des Optativs: I 6, 8 εἰ θετέον (εἴη, denn im Hauptsatz steht ἀπορήσειεν ἄν τις); IV 13, 4 γελοῖον ἂν ἴσως.

Auslassung des Partizips: Wie bei der Conj. periphr., steht in der Mehrzahl der Fälle ein anderes Partizip dabei, sodaß eine Unklarheit des Ausdrucks vermieden ist, so I 5, 4 ἡ ἰτέα καὶ χλωρὸν (sc. ὂν) κοῦφον, ἡ δὲ πυρὸς οὐδ' αὐανθέντα; IX 2, 5 γίγνεσθαι εὐωδεστέραν ὠμὴν (sc. οὔσην), ἑψηθεῖσαν δ' ἐλάττω ἐκβαίνειν, und dann folgend τὴν δὲ τῆς παραλίας πίττην ξανθοτέραν ὠμήν; C. IV 7, 2 τὰ δὲ χέδροπα μονόρριζά τε καὶ ἰσχυρόρριζα καὶ εὐθὺς ἄνω τὴν ὁρμὴν ποιούμενα προσφόρως ἔχει τῇ ὥρᾳ; C. IV 13, 4 ὁ πυρὸς καὶ ἡ κριθὴ κάπηνθηκότα, ὑγρὰ (ὄντα) δ' ἔτι, ἂν ληφθῇ; C. V 13, 6 ἡ μὲν γὰρ ἀβλαστοῦς, ἡ δὲ βεβλαστηκότος πίπτει; mit Ausnahme also von C. IV 13, 4 folgt dabei stets ein Partizip nach. Wenig anders ist C. III 20, 4 ἵνα τὰ σπέρματα λαμβάνωσι καὶ βλαστόντα καὶ αὐξηθέντα θερμῇ τῇ γῇ δυνατώτερα (sc. ὄντα) δέχηται τὸν ὄμβρον. Analog den obigen Beispielen logischer Koordination beim Infinitiv ist I 11, 6 τὰς κυριωτάτας καὶ μάλιστα τῆς φύσεως (sc. οὔσας διαφοράς). — Dreimal findet sich die Auslassung bei λάμβανειν, bezw. ὑπολαμβάνειν: I 5, 5 δεῖ δὲ καὶ τὰς τοιαύτας ὑπολαμβάνειν τῆς φύσεως (sc. οὔσας); II 3, 2 ὡς τέρατα καὶ παρὰ φύσιν (sc. ὄντα) ὑπολαμβάνουσι (bemerke hier auch das parallele Glied τέρατα); C. III 5, 3 τὰ φυτὰ μάλιστα μὲν ὑπόρριζα (sc. ὄντα) λαμβάνουσι [1]).

Ellipse der Formen von γίγνεσθαι. Theophrast scheint hier dieselben Freiheiten zugelassen haben wie bei der Kopula. Man kann übrigens in vielen Fällen zweifeln, welches der beiden Verben zu ergänzen sei. Ich habe mich im folgenden auf die Stellen beschränkt, wo die Ellipse von γίγνεσθαι mit Bestimmtheit anzunehmen ist.

Indikativformen fehlen: I 5, 4 ἐξ ὧν ἡ σύνθεσις; 10, 3 ἡ δὲ τροφὴ διὰ τῶν φλέβων ὁμοίως ἀμφοτέροις; 10, 8 εἰ δὴ πολλὰ ἐκ ταὐτοῦ [2]); 11, 1 ὧν ἐκλιπόντων ἄγονα; II 2, 1 τῶν φρυγανικῶν τὰ μὲν πλεῖστα ἀπὸ σπέρματος; 2, 4 ὅσα ἀπὸ

[1]) Nicht hierher gehören I 14, 1 ἡμιγενῆ φθείρεται, wo ἡμιγενῆ als Altersbezeichnung einfach prädikativ steht, und VII 5, 1 χρῶνται δὲ καὶ τῇ ἀνθρωπίνῃ (κόπρῳ) ὠμῇ, wo ebenfalls ὠμῇ prädikativ zu fassen ist.

[2]) Zur ganzen Stelle τὸ δὲ δι' οὗ (sc. τὸ φύλλον ἐστὶν πρὸς καυλῷ) ἢ διὰ μίσχου ἢ διὰ αὐτοῦ καὶ εἰ δὴ πολλὰ ἐκ ταὐτοῦ sei bemerkt, daß Scaligers Änderung αὐτῶν für αὐτοῦ unnötig ist. Denn wenn auch φύλλα vorausgeht, so ist doch schon zu διὰ μίσχου der Singular zu ergänzen. Der Plural gäbe hier einen ganz falschen Sinn: mehrere Blätter an einem Stiel, das wären ja Fiederblätter, die aber erst mit εἰ δὴ πολλὰ ἐκ ταὐτοῦ definiert werden. Über die allmähliche Verdichtung dieses Begriffs vgl. Bretzl a. o. O. S. 18. Zuerst wird er noch unsicher gegeben: III 13, 5 τὸ δὲ ὅλον, περὶ ἕνα μίσχον παχὺν καὶ ἰνώδη ὡσὰν κλωνίον τὰ μὲν ἔνθεν, τὰ δὲ ἔνθεν κατὰ γόνυ καὶ συζυγίαν πεφύκασι τῶν φύλλων διέχοντα ἀπ' ἀλλήλων; dann schon viel bestimmter: III 11, 3 τὸ δὲ ὅλον, ὅπερ εἴποι τις ἂν φύλλον τῷ ἅμα φυλλορροεῖν, ἀφ' ἑνὸς μίσχου· καὶ περὶ μίαν οἷον ἶνα κατὰ γόνυ καὶ συζυγίαν τὰ φύλλα καθ' ἕκαστον πέφυκε; und endlich in präziser, man kann sagen wissenschaftlicher Klarheit: III 12, 7 φύλλα δ' ἀμφοῖν κατὰ μίσχον μακρὸν ἰνοειδῆ πεφύκασι στοιχηδὸν ἐκ τῶν πλαγίων πτερυγοειδῶς, ὡς ἑνὸς ὄντος τοῦ ὅλου, λοβοὺς δὲ ἔχοντος ἐσχισμένους ἕως τῆς ἰνός· πλὴν διεστᾶσιν ἀπ' αὐτῶν ὑπόσυχνον τὸ κατὰ μέρος· φυλλοβολεῖ δὲ οὐ κατὰ μέρος, ἀλλὰ ὅλον ἅμα τὸ πτερυγῶδες. Die anfängliche Unsicherheit in der Bestimmung erklärt auch an unserer Stelle, die übrigens Bretzl nicht erwähnt, den einschränkenden Zusatz εἰ δή.

τοῦ καρποῦ; 2, 6 εἰ δὴ χείρω ἐν τοῖς ἀπὸ σπέρματος μόνον; III 1, 1 τοῦτο δ' οὐχ ὡς οὐκ ἐνδεχόμενον καὶ ἄλλως; IV 13, 5 εἰ δ' ὅπερ ἐπὶ τῶν ἀμπέλων λέγουσί τινες, ὡς δύναται μακροβιώτατον ἂν εἴη πάντων (nach εἰ ist γίγνεται, nach λέγουσι ist γίγνεσθαι zu ergänzen); VI 7, 6 φασὶ δὲ καὶ μεταφυτεύειν δεῖν πολλάκις· καλλίω γάρ; VII 4, 1 ὅθεν καὶ ἡ βλάστησις; 13, 6 ἡ τῶν φύλλων βλάστησις πολλαῖς ἡμέραις ὕστερον; IX 2, 1 οὐ γὰρ πᾶς ἀφορισμὸς ὁμοίως (oder ἔχει zu ergänzen?, doch wohl verderbt s. W. 1842, S. 299); C. I 1, 2 ὥσπερ καὶ ζῷά τινα καὶ ἐξ ἀλλήλων καὶ ἐκ τῆς γῆς (übrigens geht γένεσις vorher); C. II 1, 3 τροφῆς μὲν οὖν πλῆθος ἐν ὄμβρου πλήθει, τὸ δὲ κατασχεῖν καὶ πέψαι ταύτην, ἐὰν ὁ χειμὼν πιέσῃ; 7, 2 πέψις γὰρ οὕτω μᾶλλον; C. III 19, 3 πλὴν ὅσα κειρόμενα καλλίω; C. IV 1, 6 ὅπερ ἐκείνοις διὰ τὸ πλῆθος τῆς τροφῆς εὐθύς, τοῦτο τοῖς σπέρμασι χρονισθεῖσι; 4, 11 διὰ τοῦτο ἂν εἴη φανερὸν . . ., δι' ὅ, τι τῇ τῶν σπερμάτων ἀλλοιώσει (sc. ἡ φθορὰ γίγνεται), es folgt: καὶ γὰρ ἐπὶ τῶν ζῴων οὕτω γίγνεται; C. VI 11, 14 ἡ δὲ σωμάτωσις ἐκκρινομένου τοῦ ὑδατώδους; 16, 8 ἡ ἀποπνοὴ γάρ τις μᾶλλον ἀπὸ τούτων.

Konjunktivformen fehlen: II 5, 5 παραπλησία καὶ τῶν ἀμπέλων, ὅταν ἀπὸ τοῦ παττάλου; V 1, 8 μετὰ δὲ ταῦτα εἰς βάθος καὶ πάχος (αὐξάνεται), ὅταν αἱ τῶν ὄζων ἐκφύσεις (sc. γίγνωνται, vorhergeht οὔτε ὄζος οὔτε πάχος γίγνεται); VII 4, 7 πάντων δεῖν (τὰ φύλλα περιαιρεῖν), ὅπως ἡ δύναμις εἰς τὸ κάτω; C V 8, 2 τῶν δὲ νόσων ἀρχαὶ ἢ ἀπ' αὐτῶν ἢ ἀπὸ τῶν ἔξωθεν, ἀπ' αὐτῶν μὲν ὅταν ἢ πλῆθος ἢ ἔνδεια τῆς τροφῆς ἢ ποιότης, ἀπὸ δὲ τῶν ἔξωθεν ὅταν ἢ χειμῶνες ὑπερβάλλοντες ἢ καύματα ἢ ἐπομβρίαι ἢ ἄλλη τις δυσκρασία τοῦ ἀέρος (also fehlt zweimal γίγνηται).

Ellipse des Optativ findet sich nirgends, dagegen fehlt der Infinitiv Präs.: II 1, 3 ἀπὸ δὲ παρασπάδος καὶ τὴν δάφνην φασίν (vgl. o. S. 87 die Ellipse von εἶναι bei φασίν); II 2, 5 τῷ σκληρὰ ἐκ μαλακῆς; II 3, 2 ἀλλὰ τὸ ἐνταῦθα θαυμαστὸν διὰ τὸ μίαν μόνον ἢ δύο καὶ ταύτας ἐν τῷ παντὶ χρόνῳ σπανίας (sc. μεταβολὰς γίγνεσθαι, es folgt οὐ μὴν ἀλλ' εἴπερ συμβαίνει μᾶλλον ἐν τοῖς καρποῖς γίγνεσθαι τὴν παραλλαγήν); 5, 1 αἱ ὧραι πρότερον εἴρηνται καθ' ἃς δεῖ; IV 13, 5 (s. Zeile 2 ff. d. S.);

VII 1, 6 διαφέρει δὲ πρὸς τὸ θᾶττον καὶ βραδύτερον καὶ ἡ τῶν σπερμάτων παλαιότης· προβρέχουσι πρὸς τὸ θᾶττον; C. II 6, 1 σημεῖον τὸ γλυκύτερα τοῖς ψυχροῖς ἀρδευόμενα καὶ λάχανα καὶ ῥίζας; C. III 14, 2 ἐν δυοῖν ἐν ποίαις ἕκαστα ὥραις δεῖ; C. VI 8, 4 εἴπερ ἀληθὲς ἢ ἁπλῶς ἢ ὡς βραχεῖ τινι πλέον (doch wohl verderbt).

Das Partizip fehlt nur C. IV 12, 7 μόνος γὰρ δοκεῖ μεταβάλλων τὴν χρόαν ἐκ λευκοῦ μέλας (nämlich γιγνόμενος).

Ind. und Inf. fehlen gleichzeitig I 10, 5 τροφὴ διὰ τῶν φλέβων ὁμοίως ἀμφοτέρως (sc. γίγνεται), ἐκ θατέρου δ' εἰς τὸ θάτερον (sc. γίγνεσθαι) οὐκ εὔλογον, wie IV 13, 5 (s. S. 90).

Weitere Formen sind aus anderen vorhergehenden zu ergänzen[1]): II 5, 4 γίγνεσθαι δή φασι καὶ καλλίω ταῦτα τὰ φυτὰ μέχρι οὗ ἂν ᾖ νέα· παραπλησία καὶ τῶν ἀμπέλων, ὅταν ἀπὸ τοῦ παττάλου (sc. γίγνωνται)[2]); VI 3, 7 γίγνεται δὲ περὶ Συρίαν καὶ οὐκ ἐν Κυρήνῃ· φασὶ (s. S. 90 a. E.) δὲ καὶ ἐν τῷ Παρνασίῳ ὄρει πολλήν; C. II 14, 1 ἄμεινον γὰρ δὴ τοῦτο διχῶς ἢ πρόσθεσίν τινα λαμβάνον ἢ ἀφαιρέσεως θατέρου γιγνόμενης (sc. γίγνεται); C. III 10, 2 τροφῆς δὲ πλείονος καὶ βελτίονος γιγνομένης αὐτὸ τὸ δένδρον εὐθενεῖ καὶ οἱ καρποὶ καλλίους (sc. γίγνονται.).

Die letzten Fälle wird man richtiger als

Brachylogie

bezeichnen müssen. Dieser bedient sich auch sonst Theophrast in ausgedehntem Maße; ihm kommt es vor allem auf prägnante Kürze an. Er vermeidet Wiederholungen derselben Prädikate, selbst wenn mehrere Zwischenglieder die Sätze trennen, wie C. I 7, 5 τοιαύτην ἀρχήν, ἣ κινεῖται τῇ τοῦ ἀέρος ἅμα μεταβολῇ καὶ ἀλλοιώσει. θαυμαστὸν δὲ καὶ τὸ τῆς ὥρας· οὐ γὰρ ἀνιεμένης, ἀλλὰ μᾶλλον ἐπιτεινούσης (sc. κινεῖται) usw. Besonders auffällig ist II 4, 2 πρὸς τὸ τὰ ὄσπρια μὴ γίγνεσθαι ἀτεράμονα ... κελεύουσιν ἐν νίτρῳ ... σπείρειν ...· φακούς, ὥστε ἁδροὺς γίγνεσθαι, φυτεύουσιν ἐν βολίτῳ· τοὺς ἐρεβίνθους δέ, ὥστε μεγάλους,

[1]) Siehe Kühner-Gerth II, S. 565 f.; hier sind jedoch nur Beispiele für die Ergänzung von Inf. und Part. aus Indikativformen beigebracht, aber keines für die umgekehrte, wie bei Theophrast.

[2]) Leicht wäre die Änderung in ὅσα.

αὐτοῖς τοῖς κελύφεσι βρέξαντα σπείρειν; hier wird die Konstruktion von κελεύουσιν ohne Wiederholung des Verbs wieder aufgenommen, trotz des Zwischensatzes φάκους — βολίτῳ, der natürlich seiner inhaltlichen Bedeutung nach nicht als Parenthese gefaßt werden kann, was auch schon die Fortsetzung mit der von ὥστε abhängigen Infinitivkonstruktion unmöglich macht[1]). — Noch charakteristischer für Theophrasts Schreibweise ist die Auslassung von Substantiven; dies geschieht nämlich regelmäßig bei den Termini technici, die gerade das Thema bilden. Meist wird ein solcher bloß einmal zu Anfang des Abschnitts ausdrücklich genannt und dann im folgenden stets mit den Formen des Artikels darauf Bezug genommen. Beispiel: I, 10 bildet die Morphologie der Blätter das Thema; mit τὰ δὲ φύλλα wird es aufgestellt, im folgenden aber nur dann nochmals bezeichnet, wenn ein spezieller Unterbegriff den generellen Begriff des Themas eine Zeitlang zurücktreten läßt, wie z. B. in § 2 und 3 der Exkurs über die physiologische Bedeutung der Ober- und Unterseite der Blattspreite. Da heißt es denn § 4 Anf. ausdrücklich διαφέρουσι δὲ καὶ τὰ φύλλα, im folgenden aber einfach ἔνια δὲ (§ 5), διαφέρουσι δὲ καὶ τοῖς σχήμασι, ἔνια δὲ καὶ ἐντομὰς ἔχοντα (§ 6) usw. Sehr oft wird aber nach längeren Zwischensätzen das Thema einfach mit dem Artikel wieder aufgenommen.

Beispiele: II 1, 2 ἄλλαι φυσικώτεραί πως ἐκεῖναι (sc. γενέσεις, das in den vorausgehenden vier Sätzen nirgends steht); 2, 1 ἰδιωτάτη ἡ ἀπὸ δακρύου (sc. γένεσις, Thema des 1. Kap.)[2]).

II 5, 5 παραπλησία τῶν ἀμπέλων (sc. φυτεία), § 7 ἀμπέλῳ τὴν πεδεινὴν φασιν οἰκειοτάτην· χρὴ μὴ ἀγνοεῖν τὰς οἰκείας (sc. φυτείας); hier ist das Thema nur § 1 als solches genannt,

[1]) Nur nach οὐ am Ende des Satzes wiederholt Theophrast öfters das Prädikat, so I 6, 9 αἱ μὲν ἄλλαι κατὰ τὸ πλάγιον ἀφιᾶσι ῥίζας, αἱ δὲ τῶν σκιλλῶν καὶ τῶν βολβῶν οὐκ ἀφιᾶσι; II 1, 2 συκῆ δὲ τοὺς μὲν ἄλλους τρόπους φύεται πάντας, ἀπὸ δὲ τῶν πρεμνῶν οὐ φύεται.

[2]) Die Abtrennung ist hier gegen den Gedankengang willkürlich vollzogen, denn die Fortpflanzung der Sträucher und Kräuter (τῶν δὲ φρυγανωδῶν καὶ ποιωδῶν) wird nur § 1 dieses Kapitels behandelt. Erträglich wäre die Abtrennung vor § 2, aber eigentlich gehören die beiden ganzen Kapitel eng zusammen.

dazwischen wird der Gedanke anders geformt mit μεταφυτεύων § 2, φυτευτήρια § 3, φυτεύειν, φυτεύεται § 4. So schwebt der Begriff stets logisch vor, aber in der ursprünglichen grammatischen Fassung wird er erst § 5 wieder aufgenommen, ohne daß jedoch das Substantiv nochmals gesetzt wäre.

IV 5, 7 ἔνιοι (sc. τόποι) πλείστην ἔχουσι πλάτανον (der Einfluß der geographischen Lage auf die Vegetation ist Thema seit § 4, τόπος steht § 4 und 5 Mitte).

Ferner VIII 5, 3 καὶ παραπλήσιαι δ' ἴσως αἱ τοιαῦται (sc. διαφοραὶ) καὶ ἃς ἐπὶ τῶν σιτηρῶν ἐλέγομεν (sc. διαφοραί, als Thema § 2 genannt); 6, 6 καιριώτατα δὲ πᾶσιν ὡς ἁπλῶς εἰπεῖν τὰ ἠρινά (sc. ὕδατα, Thema seit § 5); IX 2, 1 αἰεὶ δὲ πλείων καὶ βελτίων ἡ εἰς τὸ στέλεχος συρρέουσα (sc. ὑγρότης); C. II 9, 13 ἐρινάζουσι κἀκείνους, ὅπως ἐπιμείνωσι· διὰ τὰς αὐτὰς δ' αἰτίας καὶ διφοροῦσιν, ἔνιοι δὲ καὶ τριφοροῦσι (beidemal zu ergänzen ἐρινεοί, zuletzt § 6 genannt)[1]; C. III 3, 1 ἡ τοῦ ἔαρος (sc. ὥρα, Thema des Kap. 2); C. IV 4, 12 ἐκ μὲν οὖν τούτων δόξειεν ἄν τις σπέρμασι (sc. μεταβολὰς εἶναι); C. V 3, 3 εἰ δ' ἀνωμάλους ἤνεγκεν (sc. καρπούς; die Veränderungen der Früchte bilden das § 1 gegebene Thema); C. V 15, 5 ἡ ὀροβάγχη φθείρει τὸν ὄροβον καὶ ἄλλα δ' ἄλλων (sc. φθοραί εἰσιν: 'andere Pflanzen sind das Verderben anderer'[2]); φθοραί hier immer Thema, vgl. 15, 6 ἡ δ' ὑπὸ τοῦ ἐλάτου und das folgende); C. V 16, 1 ὁ φοῖνιξ διαφθείρεται καὶ διαφθειρομένου διίησιν εἰς τὸ κάτω (sc. ἡ φθορά)[3]. C. VI 7, 5 εἰσὶ μεταβολαὶ — ὁμοίως εἴς τε τοὺς κατὰ τὰς πέψεις καὶ εἰς τοὺς κατὰ τὰς φθοράς (sc. τῶν χυμῶν).

Zweifelhaft ist C. II 5, 4 διὰ τὸ μὴ ἐξάγειν τὸ ἀλλότριον,

---

[1]) Ich glaube darum nicht wie Schneider, daß ἐρινεοὶ in ἔνιοι stecke.

[2]) δ' ἄλλων steht in den besten codd. U und M; Schneider schrieb nach einigen anderen δι' ἄλλων und ergänzte διαφθείρεται. Zwar heißt es § 5 διαφθοραὶ δὲ καὶ ἄλλοις ὑπ' ἄλλων εἰσίν, doch wird φθορά auch in aktiver Bedeutung gebraucht, so C. V 17, 1 ἡ δὲ τοῦ φλοιοῦ περιαίρεσις κοινὴ πάντων ἢ τῶν πλείστων ἐστὶ φθορά. Zudem erwartete man nach διά den Akk.

[3]) Schneider ändert das überlieferte διαφθειρόμενος, das nicht zu konstruieren ist, in ἡ διαφθορά, einfacher ist aber Scaligers διαφθειρομένου.

ἀλλὰ τὸ οἰκεῖον ἐπικάουσαν; wenn die Überlieferung richtig, so wäre aus dem Vorhergehenden zu ergänzen ἁλυκότητα εἶναι.

Ein Adjektiv wird in ähnlicher Weise weggelassen C. I 8, 2 ὅσα δὲ κατὰ τὰς ἰδίας φύσεις (sc. εὐβλαστῆ; τὰ εὐβλαστῆ ist das im § 1 gestellte Thema).

Ellipsen von Wörtern, die selbst in anderer Form vorhergehen.

I. Substantiva.

II 6, 9 τὸ δ' ἀνάστημα τοῦ στελέχους, ἀφ' οὗ ἡ σχίσις, καὶ πεντάπηχυ· πρὸς ἄλληλα δέ πως ἰσάζοντα (sc. τὰ στελέχη [1]); III 8, 7 οἱ δὲ περὶ Μακεδονίαν τέτταρα γένη ποιοῦσιν, ἐτυμόδρυν, ἣ τὰς γλυκείας, πλατύφυλλον, ἣ τὰς πικράς, φηγόν, ἣ τὰς στρογγύλας (überall zu ergänzen βαλάνους φέρει); C. I 19, 4 προσηρτημένων ἔτι τῶν κώνων ἐκπηδᾷ τὰ κάρυα καὶ καταλείπονται κενοί (sc. οἱ κῶνοι, wenigstens müßte streng grammatisch οὗτοι oder ἐκεῖνοι dastehen); C. II 7, 4 σκιατροφούμενος καὶ μετρίως εἰσλάμποντος (sc. ἡλίου aus dem vorhergehenden ἡλίῳ); C. V 1, 11 θάτερον ὥσπερ ἐκ κοινῆς ἔδει ποιεῖν (sc. τροφῆς, das im § 10 vorkommt).

II. Adjektiva.

C. II 11, 1 ταῦτα μὲν γὰρ καὶ εἴ τι τοιοῦτον ἄλλο διὰ τὰς εἰρημένας αἰτίας (sc. οὐ μακρόβιά ἐστιν; vorhergeht μακροβιώτερα τὰ ἄκαρπα τῶν καρπίμων ὅσα μὴ δι' ἀσθένειαν ἄκαρπα).

III. Verba.

Nicht besonders auffällig ist C. IV 3, 4 περὶ δὲ τοῦ ἐκκαυλεῖν τάχιστα μὲν τὰ ἀπὸ τῶν ἀκμαζόντων οὐκ ἄλογον, wo streng logisch ἐκκαυλεῖν im Akk. mit Inf. wiederholt werden müßte [2]).

---

[1]) Wimmer ergänzt unrichtig in seiner Übersetzung 'partes'; daß Theophrast die Gabelungen nicht als Teile eines Stammes auffaßt, sondern sie selbst Stämme nennt, beweisen die vorangehenden Worte ἔστι δ' ὁ φοῖνιξ ὡς μὲν ἁπλῶς εἰπεῖν μονοστέλεχες καὶ μονοφυές· οὐ μὴν ἀλλὰ γίγνονταί τινες καὶ διφυεῖς.

[2]) Vgl. Kühner-Gerth II S. 564 f.

Ein Infinitiv ist noch an folgenden Stellen zu ergänzen I 6, 1 πρῶτον δὲ διαφέρουϲιν, εἰ ἔνια ἔχει ἢ μὴ ἔχει, καθάπερ τινέϲ φαϲιν ἄλλα τε καὶ τὴν ἀκτῆν (sc. μὴ ἔχειν); II 1, 2 ἐλάα δὲ πάντωϲ φύεται πλὴν ἀπὸ τοῦ κλωνόϲ· οὐ γὰρ δύναται καταπηγνυμένη (sc. φύεϲθαι) καθάπερ ἡ ϲυκῆ τῆϲ κράδηϲ (sc. καταπηγνυμένηϲ); 4, 7 οἱ δὲ καὶ ὅλωϲ φαϲὶ πάντων δεῖν (sc. φύλλα περιαιρεῖν, vorhergeht τὰ φύλλα περιαιροῦϲι und περιαιρεθέντων τῶν φύλλων); VIII 2, 6 τετταρακοϲταῖον δέ φαϲι καὶ τὸν κύαμον (sc. ἁδρύνεϲθαι aus dem vorhergehenden ἁδρύνονται); IX 7, 3 οἱ δ' ἐξ Ἰνδῶν καὶ ταῦτα καὶ τὴν νάρδον καὶ τὰ ἄλλα ἢ τὰ πλεῖϲτα (sc. κομίζεϲθαί φαϲιν aus dem vorhergehenden κομίζεται; es wechselt hier direkte und indirekte Rede, je nachdem der gegebene Inhalt auf eigener Beobachtung oder unsicherer Mitteilung beruht); C. I 7, 3 ὅϲα δὲ ξυλώδη περικεῖται φυλακῆϲ χάριν οἰητέον (sc. περικεῖϲθαι); C. IV 16, 2 φαίνεϲθαι δὲ κατὰ τοὺϲ τόπουϲ (κόπτεϲθαι, vorhergeht κόπτεται, doch will Wimmer διαφέρει für φαίνεϲθαι setzen); C. V 3, 4 ἐὰν δὲ πανταχόθεν ἔχῃ (τροφήν), τῷ καθ' αὑτὴν ἑκάϲτην (ῥίζαν) οὐκ ἄλογον (sc. ἔχειν).

Ein Partizip ist außer bei der schon angeführten Stelle II 1, 2 zu ergänzen: I 4, 3 und 14, 3 ἃ οὐ δύναται μὴ ἐν ὑγρῷ (sc. ζῶντα) ζῆν.

Ein Indikativ fehlt: I 6, 9 ὅθεν οἱ ἐγγεοτόκα λέγοντεϲ οὐ κακῶϲ (sc. λέγουϲιν); II 2, 2 ἰδίωϲ δ' ἀπὸ ῥίζηϲ τῷ φύεϲθαι καὶ τὰ κεφαλόρριζα (sc. φύεται); C. VI 2, 3 τούτοιϲ μὲν οὖν ὑπὲρ ἁπάντων τούτων λεκτέον, τοῖϲ δὲ κατὰ τὰϲ δυνάμειϲ (sc. λέγουϲιν) ἐκεῖνο μόνον ἀναγκαῖον.

Ein Konjunktiv: VII 4, 3 πρὸϲ δὲ τὸ ἀποθηλύνεϲθαι πηγνύναι δεῖν μανάϲ· ἐὰν γὰρ πυκνάϲ (sc. πηγνύωϲι), πάϲαϲ ἀπαρρενοῦϲθαι; C. III 20, 9 ὅϲα ἂν μαλακοτέρωϲ (sc. πονήϲωϲι aus vorhergehendem πονήϲαϲιν); C. V 17, 1 φθείρει πεύκην καὶ ἐλάτην καὶ ἄλλ' ὅτι ἂν (sc. φθείρῃ)[1]. — Vgl. auch die ähnlichen Ellipsen der Formen von γίγνεϲθαι S. 90 f.

Nicht besonders sind die Ellipsen nach εἴ τιϲ aufgezählt, da sie allgemein üblich sind (vgl. Kühner-Gerth II, S. 573); εἴ τιϲ

[1]) Aber vielleicht ist hier, dem sonstigen Sprachgebrauch Theophrasts angemessener, ὁτιοῦν zu schreiben.

ist bei Theophrast oft soviel wie das einfache τις, nur mit gemilderter Behauptung; besonders auffällig ist C. II 2, 2 καὶ τοῦτ' οὐχ ἧττόν ἐστιν ἐν τοῖς φρυγανικοῖς καὶ τοῖς ποιώδεσι πλὴν εἴ τινων ὀλίγων, wo die Konstruktion von πλὴν über εἰ hinübergreift.[1])

Ellipsen nach vorangehenden andern Wörtern vom gleichen Stamme[2]).

1. Substantiva sind zu ergänzen

a) aus einem andern zusammengesetzten Substantiv: C. III 9, 4 εἰ τὰ τῶν σικύων σπέρματα γάλακτι βρεχόμενα καὶ μελικράτῳ γλυκυτέρους ποιεῖ (sc. τοὺς καρπούς aus vorhergehendem εὐκαρπία).

b) aus zusammengesetzten Adjektiven: I 8, 3 ἔστι δὲ τὰ μὲν δίοζα, τὰ δὲ τρίοζα, τὰ δὲ πλείστους ἔχοντα (sc. ὄζους); III 6, 5 οἱ δ' ἐκ τῆς Ἴδης βαθυρριζότερον ἐλάτην δρυὸς (λέγουσιν), ἀλλ' ἐλάττους (sc. ῥίζας) ἔχειν καὶ εὐθυρριζοτέραν εἶναι (hier erleichtert auch das nachfolgende Adjektiv die Ellipse); III 12, 7 τῷ δὲ σχήματι δαφνοειδῆ τῆς λεπτοφύλλου (sc. δάφνης ἐστίν)[3]); 14, 2 ἀγώνιον δὲ ἐκ τοῦ ἄλλου, τὴν δὲ μίαν (sc. γωνίαν) προμήκη; IV 2, 8 ἡ δὲ ἄκανθα καλεῖται μὲν διὰ τὸ ἀκανθῶδες ὅλον τὸ δένδρον εἶναι πλὴν στελέχους· καὶ γὰρ ἐπὶ τῶν ἀκρεμόνων καὶ ἐπὶ τῶν βλαστῶν καὶ ἐπὶ τῶν φύλλων ἔχει (sc. ἀκάνθας; diese grammatische Interpretation ist wohl richtiger, als wenn man aus ἄκανθα, das hier als bestimmter Pflanzenname gebraucht ist, die Ergänzung entnehmen wollte); V 1, 6 ἔστι δὲ καὶ πολύλοπον ἡ ἐλάτη ... ἀεὶ γὰρ ἔχει τινὰ (sc. λοπόν) ὑποκάτω τοῦ φαινομένου; VII 5, 1 φίλυδρα καὶ τὸ κρόμυον καὶ τὸ γήθυον, καίτοι φασί τινες οὐ ζητεῖν, ἐὰν τὸ πρῶτον ἐπιγένηται (sc. τὸ ὕδωρ, doch hält Wimmer diese Stelle für korrupt); VIII 2, 7 κριθαὶ μὲν ἐν ἑξαμήνῳ, πυροὶ δὲ ἐν τῷ

---

[1]) κἂν εἴ τις, das Aristoteles elliptisch gebraucht, findet sich bei Theophr. nur VII 11, 1 λέγω δὲ οἷον τὰ σταχυώδη κἂν εἴ τι ἕτερόν ἐστι τοιοῦτον, jedoch steht hier die Kopula dabei.

[2]) Vgl. Kühner-Gerth II S. 564, wo aber nur Ellipsen von Substantiven behandelt sind.

[3]) Dagegen III 17, 3 ἔχει δὲ φύλλον δαφνοειδὲς πλατοφύλλου δάφνης.

ἑβδόμῳ (sc. μηνὶ) θερίζονται; C. II 3, 7 τὰ δὲ βλαστάνει μέν, ἄκαρπα δὲ γίγνεται . . ., προιόντι δὲ οὕτω φέρει μέν, ὀλίγον δὲ (sc. καρπὸν) καὶ καλλικαρπεῖ; 10, 2 μεγαλόφυλλος ἀφ' ὧν (sc. φύλλων); C. V 17, 4 τῷ μονόρριζα εἶναι καὶ τῷ βαθυτέρας (sc. ῥίζας) ἔχειν (W).

c) aus Verben: I 6, 1 διαφέρουσι δὲ καὶ ταῖς μήτραις· πρῶτον μὲν εἰ ἔνια ἔχει ἢ μὴ ἔχει . . . ἔπειτα καὶ ἐν αὐτοῖς τοῖς ἔχουσι (sc. διαφοραί εἰσιν); II 3, 2 ἐπεὶ οὐδ' ἐκεῖνα, παρ' οἷς πέφυκεν ἡ χώρα μεταβάλλειν . . . ἀλλὰ τὸ ἐνταῦθα θαυμαστὸν διὰ τὸ μίαν μόνον ἢ δύο καὶ ταύτας ἐν τῷ παντὶ χρόνῳ σπανίας (sc. μεταβολὰς εἶναι); III 12, 2 καρποφορεῖν μὲν ἄμφω φασίν, τὸν δὲ τῆς θηλείας (sc. καρπὸν) ἄβρωτον εἶναι; IV 10, 4 καρποφορεῖν δὲ τῶν ἐν λίμνῃ τοῦτο καὶ τὸ βούτομον καὶ τὸν φλεών· εἶναι δὲ τοῦ βουτόμου μέλανα (sc. τὸν καρπόν), τοῦ δὲ φλεὼ τὴν καλουμένην ἀνθήλην (sc. καρπὸν εἶναι); C. IV 8, 1 ἀλλὰ μᾶλλον τούτου αἰτιάσαιτ' ἄν τις τὴν ἀσθένειαν, δι' ἣν καὶ σπείρονται πρὸς τὸ ἔαρ καὶ διαβλαστάνουσι θᾶττον· τὸ γὰρ ἀσθενέστερον, ὥσπερ πολλάκις ἐλέγομεν, εὐπαθέστερον· τάχα δὲ καὶ τῆς πολυκαρπίας . . . τὴν αὐτὴν ἢ παραπλησίαν (sc. αἰτίαν).

2. Adjektiv ist zu ergänzen aus einem Substantive:

C. II, 11, 11 περὶ πολυκαρπίας τῶν δένδρων εἴρηται πρότερον, ὅτι τὰ θερμὰ καὶ μανὰ καὶ ὑγρά (sc. πολύκαρπα).

3. Verba sind zu ergänzen mit einem Substantiv:

III 4, 1 ἐπεὶ καὶ τῶν ὀψικαρποτέρων . . . ὅμως αἱ βλαστήσεις τοῦ ἦρος· αὐτὰ δὲ αὐτῶν τὰ ὁμογενῆ τῷ πρότερον καὶ ὕστερον (sc. βλαστάνειν) διαφέρει; C. III, 11, 6 παραλλάττουσι δὲ καὶ οἱ χρόνοι τῆς φυτείας καθ' ἑκατέραν· τὴν (sc. γῆν) μὲν γὰρ . . . ὀλίγον πρὸ ἰσημερίας δεῖ (sc. φυτεύειν); C. IV, 4, 7 ἡ διαφθορὰ καὶ ἡ μεταβολὴ δυοῖν θάτερον ἢ ἐν τοῖς σπέρμασιν ἢ ἐν τῇ χλόῃ· σπέρματος μὲν . . ., ἡ δὲ χλόη ῥιζωθέντων ἤδη (sc. διαφθείρεται καὶ μεταβάλλει), τὰς δὲ ῥίζας μεταβάλλειν ἄτοπον; 5, 2 ἀλλὰ τοῖς δὲ ὁμοιοπύροις ἂν εἴη καὶ ὁμοιοκρίθοις μᾶλλον εἰς αἶραν (sc. μεταβάλλων aus vorhergehendem μεταβολή); 5, 6 ὥσπερ τὸ σισύμβριον, ὅταν εἰς μίνθαν (sc. μεταβάλλῃ aus μεταβολαί); C. V 1, 8 παραλλάττουσα ἡ φθορὰ κατὰ τὴν διάθεςιν, ὁτὲ μὲν γὰρ ἤνεγκαν, ὁτὲ δ'οὐκ ἤνεγκαν, ἐὰν δὲ κακῶς (sc. διατεθῇ), οὐκ ἤνεγκαν; 11, 1 αἱ μὲν (d. h. φθοραὶ) βιαιότεραι φαίνονται, καθάπερ ἐὰν κοπὲν ᾖ πληγέν (sc. φθείρηται τὸ δένδρον).

Kaum so zu erklären ist C. II 13, 4 ἔςτιν οὖν δῆλον, ὅτι καὶ ἐπὶ τῶν cπερμάτων cυμβαῖνον, ὅταν εἰς τὸ βελτίον ᾖ, cχεδὸν ὅμοιον. Man müßte hier zu cυμβαῖνον aus vorhergehendem μεταβολή ergänzen τὸ μεταβάλλον. Einfacher ist es aber, wenn man zu ὅταν εἰς τὸ βελτίον ᾖ aus dem Anfang von § 4 ἡ μεταβολή hinzudenkt und dann im folgenden ändert τὸ cυμβαῖνον.

Ellipsen nach vorausgehenden Wörtern nicht gleichen Stammes:

a) Substantiv ist zu ergänzen: II 2, 5 φύονται δὲ καὶ ἐκ τῶν τῆς ἐλάας πυρήνων ἀγριέλαιος καὶ ἐκ τῶν τῆς ῥόας κόκκων τῶν γλυκέων ἀγεννεῖς καὶ ἐκ τῶν ἀπυρήνων cκληραί, πολλάκις δὲ καὶ ὀξεῖαι· τὸν αὐτὸν δὲ τρόπον καὶ ἐκ τῶν ἀπίων καὶ ἐκ τῶν μηλέων (zu ergänzen etwa ἕτερα γένη)· ἐκ μὲν γὰρ τῶν ἀπίων μοχθηρὰ ἡ ἀχράς, ἐκ δὲ τῶν μηλέων χείρων τε τῷ γένει usw.

b) Verba sind zu ergänzen: III 8, 7 οἱ δὲ περὶ Μακεδονίαν τέτταρα γένη ποιοῦςιν ... ταύτην (d. h. τὴν ἄcπριν) δ'οἱ μὲν ἄκαρπον ὅλως (sc. εἶναι), οἱ δὲ φαῦλον τὸν καρπόν (sc. φέρειν φαcί, wobei φαcί aus dem hier sinnverwandten ποιοῦcι zu entnehmen ist); VII 5, 1 κόπρον δὲ μάλιcτα ἐπαινοῦcι τὴν cυμαρτῖτιν, τὴν δὲ τῶν ὑποζυγίων μοχθηράν (sc. φαcιν aus ἐπαινοῦcι); VIII 8, 1 διὰ τοῦτο καὶ εὐλαβητέον φαcὶ τὸ μίcγειν..., τάς τε τῆς γῆς διαφορὰς καὶ τὰς τῶν cπερμάτων δυνάμεις καὶ ἔτι τὰς ἑκάcτων ὥρας. (Wimmer bemerkt dazu in seiner Ausgabe 1842, in εὐλαβητέον involvitur significatio observandi. Doch sind vielleicht auch Worte ausgefallen.)

Ellipsen, die nicht aus vorangehenden Wörtern zu erklären sind:

a) Von Substantiven: Bekannt und üblich sind die Ellipsen von γῆ, so VIII 7, 2 ὅλως δ' οὐδὲ ἡ τυχοῦςα δύναται φέρειν αὐτόν, ἀλλὰ μελάγγειόν τινα δεῖ καὶ πίειραν εἶναι (hier erleichtert das von γῆ abgeleitete μελάγγειον den Ausfall). — ἡμέρα fehlt VIII 2, 6 τετταρακοσταῖον δέ φασι καὶ τὸν κύαμον ὥστ' ἐν ἴσαις ἀνθεῖν; C. V 12, 4 ὑπὸ τὰς τετταράκοντα. — ὁδός II 5, 2 μακροτέραν ὠθεῖ. — Ungewöhnlicher sind die Ellipsen von ὕδωρ C. V 6, 6 ἄρδῃ θερμῷ (ὕδατι blieb als eine aus dem Verbum sich von selbst ergebende Ergänzung weg), leichter ist ἐφυδρεύωσι πολλῷ II 7, 1. Ähnlich steckt der zu ergänzende Begriff im Verbum C. III 20, 4 σκάπτοντες βαθεῖαν (sc. τάφρον). — χρόνος fehlt VIII 6, 5 ὅτι πολὺν ἀνθεῖ. — ξύλον V 3, 2 τὸ τῆς τερμίνθου, ebenso § 4 τὸ τῆς ἰτέας, τὸ τῆς πλατάνου; τὸ τῆς πτελέας, τὸ τῆς συκαμίνου (nirgends wird ξύλον genannt, doch bildet es den Ergänzungsbegriff zu μήτρα in § 1). — καρπός IV 13, 6 τούτῳ μὲν οὖν τῷ ἔτει κακῶς φέρειν σφόδρα, τῷ δ' ὑστέρῳ βέλτιον, τῷ δὲ τρίτῳ καὶ τετάρτῳ καθίστασθαι καὶ φέρειν πολλοὺς καὶ καλούς; C. II 9, 13 ἐρινάζουσι κἀκείνους. — βάλανος III 8, 7 οἱ δὲ περὶ Μακεδονίαν τέτταρα γένη ποιοῦσιν, ἐτυμόδρυν, ἣ τὰς γλυκείας, πλατύφυλλον, ἣ τὰς πικράς, φηγόν, ἣ τὰς στρογγύλας (sc. βαλάνους φέρει).

Nach der üblichen Ellipse ἐν Ἅιδου[1]) ist gebildet IV 3, 5 ἐν Ἄμμωνος (vgl. dagegen V 3, 7 παρ' Ἄμμωνι).

b) Von Pronomina: Formen von αὐτός werden, wie üblich[2]), öfter weggelassen, besonders in Infinitivkonstruktionen. Beispiele: II 7, 5 εὐτραφέστερα γὰρ γίγνεσθαι (sc. αὐτά); III 16, 1 ὀψὲ γὰρ πεπαίνει, δι' ὃ καὶ διφορεῖν (sc. αὐτὴν) τινές φασιν); IV 7, 8 ὕδωρ οὐράνιον γίγνεσθαι μέν, οὐ μὴν χρῆσθαι (sc. αὐτῷ) γε πρὸς τοὺς καρπούς; V 6, 1 γίγνεται καὶ μέγα καὶ χρῶνται (sc. αὐτῷ) πρὸς τὴν ἔρεψιν; ebenso bei dem, wie im Lateinischen so auch im Griechischen vorkommenden, Wechsel von Relativ- und Demonstrativpronomen II 7, 1 τὰ μὲν φίλυδρα, τὰ δ' οὐχ ὁμοίως οἷον ἡ κυπάριττος, ἥπερ οὐ φιλόκοπρον οὐδὲ φίλυδρον, ἀλλὰ καὶ ἀπόλλυσθαί φασιν (sc. αὐτήν); beim Partizip IV 2, 8 ῥέει καὶ πληγείσης; VI 2, 3 καλῶς ἀπανθήσαντος; C. I 9, 3 πλὴν οὐκ εὐθὺς σπαρέντων; C. II 19, 3 ψυχρῶν ὄντων καὶ ἀσθενῶν.

[1]) S. Kühner-Gerth I S. 268.

[2]) S. Kühner-Gerth II S. 562.

c) Verba: ἔχειν III 10, 1 παρόμοιον τὸ δένδρον· ξυλὸν δὲ εὔχρουν, ἰσχυρὸν, εὔινον καὶ φλοιὸν λεῖον καὶ παχύν (sc. ἔχει) .... ῥίζας οὔτε πολλάς; C. I 6, 7 ὀρθῶς δὲ καὶ (sc. ἔχει) διατηρεῖν ἀρραγῆ τὸν ὀφθαλμόν.

φέρειν I 6, 7 ἐπεὶ δὲ πλεῖον ἡ φύσις ταύτῃ (sc. φέρει), ἀπορίαν ἔχει; III 8, 7 s. S. 94.

Zusätze. Keine Ellipsen, sondern Verderbnisse des Textes sind anzunehmen: IV 4, 1 τῶν δ' ἄλλων ἐν Μηδείᾳ μόνον (man müßte zu ἄλλων ergänzen χωρῶν). — C. V 1, 11 ἀλλὰ μὴν οὐδὲ τὸ μὴ ἐκπέττειν τοὺς ἐκ τῶν παχέων sc. ἄλογον, das Schneider auch beifügt. Den Ausfall von ἄλογον hat vielleicht der gleiche Wortanfang des folgenden ἀλλά verursacht. — C. V 9, 3 συμβαίνει δὲ τοῦτο καὶ ἐν ταῖς ἀφαυομέναις. Das Fem. hat gar keine Beziehung, da δένδρα logisches Subjekt ist. Man schreibe entweder ἐν τοῖς ἀφαυομένοις oder mit Schneider, der die Schwierigkeiten dieser Stelle ausführlich auseinandersetzt (IV S. 409—410), ἐν ταῖς ἀφαυομέναις ῥίζαις.

Zur Wortstellung.

Das Subjekt wird häufig an das Satzende gestellt, sei es, daß sich Partizipia anschließen, wie I 7, 3 γίγνεται περὶ τὸ δένδρον κύκλῳ συνεχὲς τὸ τῶν ῥιζῶν οὐχ ἁπτόμενον τοῦ στελέχους ἀλλ' ἀφεστηκός, sei es der Hervorhebung wegen, wie II 4, 1 μεταβάλλει γὰρ καὶ ταῦτα καθ' ἑκάστην χώραν καὶ σχεδὸν ἐν τῷ ἴσῳ χρόνῳ καὶ ἡ τίφη; vgl. noch I 5, 2; 7, 1; 8, 3; 12, 2; II 3, 1; 6, 2 usw., ebenso beim gen. absol. wie I 2, 2 ὡς ἕνεκα τοῦ σπέρματος ὄντων τῶν καυλῶν.

Trennung der Präposition vom Substantiv findet sich nur bei μεταξύ: I 2, 6 μεταξὺ δὲ γίγνεται ἰνὸς καὶ φλεβός; III 5, 5 μεταξὺ πίπτουσα τῆς ἐξ ἀρχῆς ἐποιδήσεως καὶ τῆς φυλλικῆς βλαστήσεως.

Beispiele von prolepsis: I 2, 2 ἕκαστον εἰπεῖν τί ἐστιν; 3, 6 καὶ τὰς αἰτίας ὅταν τις λέγῃ; 12, 1 αὐτάς τε τὰς ἰδέας διαριθμουμένους ὁπόσαι (sc. εἰσίν); 13, 5 ἡ δὲ τοῦ ἄνθους φύσις ὅτι πλείους ἔχει διαφοράς; II 6, 5 τὸν δὲ αὐλῶνα δὲ τοῦτον λέγειν τοὺς Σύρους ὅτι διατείνει; IX 2, 3 οἵ γε περὶ Μακεδονίαν οὐδὲ τὴν πεύκην πιττοκαυτοῦσιν ἀλλ' ἢ τὴν ἄρρενα, τῆς δὲ θηλείας ἐάν τινα τῶν ῥιζῶν λάβωσι (für τὴν δὲ θηλείαν ἐὰν αὐτῆς τινα); C. I 10, 7 ἡ ἰδιότης εἴτε διὰ θερμότητα τούτων εἴτε ... συμβαίνει, διαιρετέον αὐτὸ τοῦτο; C. III 11, 6 τὰ δ' ἀσθενῆ κίνδυνος μὴ πρὸ τῆς βλαστήσεως ἀποξηρανθῇ.

Das Adjektiv oder adjektivische Partizip wird oft mit wiederholtem Artikel nachgestellt, so I 1, 3 ἡ γάρ τοι βλάστησιν γενήσεως χάριν ἐστὶ τῆς τελείας; vgl. I 3, 5; 9, 2, 7; 10, 9; 13, 2, 4; 14, 2; II 2, 5; 2, 10, 11 usw., ebenso Genitiv- und Präpositionalattribute wie I 1, 9, 12; 7, 1; 10, 4; 12, 3; 14, 1 usw. — Häufig findet sich auch die bei Aristoteles[1]) beliebte einfache Trennung des Adjektivs, so I 1, 4 τὴν οἰκείαν ἀποβάλλωμεν θεωρίαν; vgl. noch I 3, 3; 9, 7; 10, 1; 11, 6; II 2, 4, 8, 10, 11, 12; ebenso bei Pronomina I 8, 1 τὰς τοιαύτας ἄν τις λάβοι διαφοράς; 11, 6 τὸν αὐτὸν ἔχει τρόπον; vgl. I 17, 3; 14, 5 usw.; auch beim Gen. des Teils wie I 12, 3 ὡς τὰ μὲν εὔοσμα καὶ εὐώδη, τὰ δ' ἄοσμα καὶ ἄχυλα παντελῶς εἶναι τῶν ταὐτοῦ μορίων; III 6, 4 βαθυρριζότατον δ' οὖν δοκεῖ τῶν ἀγρίων εἶναι ἡ πρῖνος (hier wohl zur Vermeidung des Hiats).

Parenthesen liebt Theophr. sehr, vgl. I 14, 1 ἐὰν δ' ἄρα τι συμβῇ κυῆσαι καὶ ἀνθῆσαι — γίγνεται γὰρ καὶ ταῦτ' ἐνίοις ὥσπερ καὶ τῷ μυρρίνῳ καὶ μάλισθ' ὡς εἰπεῖν περὶ τὰς βλαστήσεις τὰς μετ' ἀρκτοῦρον — οὐ δύναται τελεοῦν, ἀλλ' ἡμιγενῆ φθείρεται; vgl. II 3, 1; III 4, 4; 7, 1; 8, 2; IV 7, 6 usw.

Wortschatz[2]).

Die Untersuchung hat sich auf zweierlei zu erstrecken:

1. An welche Schriftsteller schließt sich Theophrast in seiner Wortwahl an?

2. Welche Wörter führt er zuerst in die Sprache ein?

Als Hauptquellen für die Sprache Theophrasts ergaben sich alsbald die ionische Naturwissenschaft (d. h. also in erster

[1]) s. Schmidt, Atticismus IV S. 516.

[2]) Als lexikalische Quellen sind für diesen Abschnitt zunächst benutzt Stephanus, Thesaurus linguae Graecitatis und das griech.-engl. Wörterbuch von Liddel and Scott, das sich als treffliche Ergänzung erwies. Aber die wohlbekannte Unzulänglichkeit aller unserer Lexika

Linie Hippokrates), bei der sich mit der langjährigen Pflege allmählich eine Art Terminologie herausgebildet hatte, dann die attische Philosophie des Aristoteles. Doch lassen sich bei diesem Schriftsteller beide Strömungen nicht immer scharf trennen, da er ja selbst stark von der ionischen Sprache beeinflußt ist. Man wird also in der Regel nur da mit Sicherheit auf die attische Philosophie als Sprachquelle hinweisen zu dürfen, wo außer Aristoteles auch Plato die gleichen sprachlichen Formen bietet. — Wenn ich zwar die nachfolgenden Untersuchungen zunächst unter diesen beiden Gesichtspunkten betrachtet wissen will, so glaubte ich sie doch nach verschiedenen Seiten erweitern zu müssen, da bis jetzt der Sprachschatz Theophrasts überhaupt noch nicht wissenschaftlich erforscht ist. Darum wurde eine Zusammenstellung aller poetischen Wörter gegeben, davon abgetrennt solcher aus der Komödie, und schließlich sind alle Wörter berücksichtigt worden, die nicht mehrmals bei Attikern belegt sind, oder die bei Theophrast in einer neuen Bedeutung auftreten. [1])

---

zeigte sich auch bei dieser Untersuchung, und so war ich genötigt, Spezialausgaben und deren Indices heranzuziehen. Die besten Dienste leistete mir Bonitz, Index Aristotelicus; ferner wurden eingesehen: Hippokrates (Ausgabe von Kühlewein und Petrequin); Historia critica comicorum graecorum (ed. Meinecke); Poetae lyrici graeci (ed. Bergk, 4. Aufl.); Tragicorum graecorum fragmenta (ed. Nauck); Corpusculum poesis epicae ludibundae I (ed. Wachsmuth und Brandt 1902); Bakchylides (ed. Blass); Dioscurides (Ausgaben von Sprengel und Berendes); Erotian (ed. Klein); Fragmente des Mnesitheos bei Athenäus; Sylloge inscriptionum Graecarum (ed. Dittenberger); Inscriptiones orientis Graeci (ed. Dittenberger). Für die Wortformen sind benutzt Lobeck, Phrynichus; Lobeck, Aias des Sophokles; Rutherford, The New Phrynichus; Croenert, Memoria Herculanensis. — Bezüglich der Echtheit der Autorschaft der einzelnen Schriftwerke, besonders des Aristoteles, folge ich den Angaben Christs in seiner griechischen Literaturgeschichte. Bei der Abkürzung der Autorennamen wie der einzelnen Werke sind die üblichen Zeichen der Lexika benutzt worden. Es bedeutet also z. B. Ar. = Aristophanes, Ari. = Aristoteles, ari. Pseudoaristoteles; beachte auch S. I. = Sylloge inscriptionum Graecarum, S. O. = Inscriptiones Orientis Graeci von Dittenberger.

[1]) Adj. verb., wie πελέκητος von πελεκᾶν, sind nicht aufgezählt, da es sich bei diesen nicht um eine neue Wortbildung handelt.

Bei näherer Prüfung ergab sich, daß der Index bei Wimmer, ebenso wie der bei Schneider, der zum größten Teil von Wimmer übernommen wurde, flüchtig angelegt ist, sodaß etwa jede zehnte Angabe, sei es in Buch-, Kapitel- oder Paragraphenzahl, unrichtig ist. Ich hielt es darum für geboten, einen neuen Index, soweit ich ihn für meine Zwecke brauche, anzufertigen, was einem künftigen Herausgeber zugute kommen mag.

I. Wörter, die schon vor Theophrast belegt sind.

A. Allgemein poetische Wörter.

a) Nur bei Dichtern finden sich[1]):

ἁδρότης Hom. — VII 4, 11; C. IV 12, 1.

ἀείζῳος[2]) Aesch. (Ps.-Pl.), ἀείζως Soph.; nur bei Theophr. ἀείζῳον als Pflanzenname. — VII 15, 2; die Form ἀείζῳν I 10, 4.

ἀκάρπωτος Soph., Aesch. — C. III 13, 3.

ἀκρεμών Eur. Simon. (ari. De plant.). — I 1, 9, 11; 3, 4; 6, 5; 8, 4; 9, 3; 10, 7, 8; 12, 3; 14, 2; II 1, 1, 2; III 6, 2; IV 2, 1, 3—5, 8; 6, 8; IX 1, 3; 2, 1; 4, 9; C. I 1, 3; 3, 1, 2, 4; 7, 4; 11, 2; 12, 1, 9; II 11, 5; 12, 4; 16, 3; V 1, 2, 3; 2, 1, 2, 4; 4, 7; 6, 1; 13, 4; VI 12, 5.

ἀλοώδης Eur. — III 1, 1; 2, 4; 4, 2; C. II 7, 3; 11, 1.

ἀνόστιμος Eur., Od. (in anderer Bedeutung). — C. III 21, 1.

ἀπαυδάω; bei Theophr. = absterben. — V 6, 1.

ἄπνευστος Od. — IV 14, 12; C. V 12, 7.

ἀποκλάω Anakr. Frg., Ar. Frg. — II, 6, 12.

ἀποξέω Hom. — IX 4, 4; C. I 6, 7.

ἀποστεγάζω Emped. (ari.). — C. V 6, 5.

ἀπο-χέω, Eur., Od.; anders bei Theophr. = aufschossen. — IV 4, 10; VIII 1, 5; 8, 1; 10, 4; C. III 21, 5; 22, 4; 23, 3

[1]) Hierher habe ich auch die Fragmente von Heraklit, Empedokles und Parmenides gerechnet. — Für die Gruppierung ließ ich Belegstellen auf Inschriften und Papyri außer acht, da bei diesen eine literarische Verbreitung ausgeschlossen war.

[2]) Über die Schreibung s. Crönert a. a. O. S. 49.

ἀπρόσφορος Eur. — C. IV 9, 3.

ἀρόσιμος bei Soph. ἀρώσιμος; mit ο auch in den Papyr. Oxyr. I 137, 14 (s. Crön. a. a. O. S. 182). — C. III 2, 2.

ἄφυλλος[1]) — I 14, 2; III 16, 4; IV 2, 3; 4, 4; 6, 9; 10, 5; VI 6, 9.

ἀχείμαντος Alkae., Bakch. (bei Aesch. ἀχείματος) — C. II 12, 4.

βαθύρριζος Soph. — I 6, 4; 7, 2; II 5, 2; III 6, 4; 12, 5; 16, 1; 18, 9; VI 4, 2; VII 2, 7; VIII 2, 3; 9, 2; C. I 3, 4; II 1, 4; 7, 1; 16, 5; III 4, 2; 10, 5; IV 15, 1.

βολβίνη Matron[2]). — VII 13, 5.

βοτρυώδης Eur. Bakch. 11. — I 11, 4; II 12, 7; III 5, 5; 12, 7, 8; 13, 6; VI 8, 2; VII 3, 4; C. I 17, 8.

βροχή Aesch. — IX 6, 3. (Nach Phryn. poetisch wie βρέχειν, das sich ebenfalls bei Theophr. findet, so C. III 8, 4; 11, 6; doch ist es auch sonst in Prosa belegt, so bei Hdt., Xen., Ari.).

γίγαρτον Simon., Archestr., Ar., Axionik. com. v. l. — I 11, 6; C. I 19, 2; III 14, 6; V 5, 1; 18, 4.

διαβιάζω Eur. — C. II 17, 7; VI 2, 4.

δίκελλα Trag. — C. III 20, 8.

δύσκαπνος Aesch. Ag. 774; bei Theophr. V 9, 5 zitiert nach Chairemon.

δυσκόμιστος Soph., Eur. — V 8, 1.

ἐκκαρπίζω [Aesch.] — C. IV 8, 3.

ἐκλευκαίνω Eur. — C. V 9, 9.

ἐκνέμω Soph., Pind. — VIII 1, 9.

ἐλάϊνος Hom. — V 3, 7; C. V 4, 3.

ἐλαιοφόρος Eur. — VIII 2, 8; C. II 4, 4.

ἐλάτινος Hom., Eur., Timoth., Anaxilas com., S. J. I 77, 1. — V 1, 1; 3, 3, 6; 7, 1, 2; 8, 1; 9, 8. — IX 2, 2; C. V 4, 4.

ἐλειόχρυσος (in der Form ἑλίχρυσος Alk., Ibyk., Kratin.) — VI 8, 1.

ἐξοιδέω Eur. — IV 12, 2.

ἐπάλληλος Soph. Antig. 57. — VI 5, 3 (W).

ἐπικείρω Il. — VII 4, 10; VIII 7, 4; IX 6, 3.

ἐπικτείνω Soph. Antig. 1030. — VI 8, 4.

[1]) In diesem wie im folgenden Abschnitt sind die einzelnen Autoren nicht aufgezählt, wenn sich ein Wort bei mehreren zugleich findet.

[2]) Für Matron wie für Archestratos ist es freilich ungewiß, ob deren Schriften schon vor Theophrast erschienen sind.

ἐπίσπορος Aesch. — VII 1, 2.

ἐρινόν Alex. com., ἐρινός Soph. — II 8, 1—3; III 3, 8; 7, 3; IV 2, 3; 14, 4; C. II 9, 5—7; V I, 9; 9, 12.

ἔρνος II 1, 3; 3, 3; 5, 5; C. I 6, 5 (Schn.).

εὐεργής Hom., Hes. (sonst εὔεργος). — III 9, 6; die gewöhnliche Form εὔεργος III 9, 2; V 1, 1; 3, 6; 4, 2; 5, 1.

εὐκτέανος Aesch. Pers. 897. — III 9, 3.

εὔξοος Hom., Hes. — V 6, 4.

εὔοδμος Pind. Frg., die Form εὔοσμος Achaios, Strattis [1]). εὔοδμος: IV 7, 6; IX 7, 3; C. VI 18, 11, 12; 19, 1; εὔοσμος: I 12, 3, 4; IV 3, 1; 4, 2, 14; VI 6, 2, 3; 6, 5; 7, 4, 5; VII 7, 4; 9, 2; IX 1, 3; 4, 1, 7; 6, 2; 7, 2, 4; C. I 22, 5; II 16, 1; III 1, 4; VI 6, 2; 9, 4; 11, 3, 4; 12, 4; 14, 3, 5, 8, 9, 11; 15, 1, 2; 16, 1, 2, 4, 7, 8; 17, 1, 3, 4, 9—11, 13; 18, 1, 3, 9; 20, 1, 2, 4.

εὐοσμία Soph. Frg. 340 D. — VI 6, 4, 5; 8, 5, 6; IX 6, 4; C. VI 9, 4; 11, 3—5, 10; 14, 2, 4, 6, 11; 15, 2; 16, 3, 5—8; 17, 4, 10, 12; 18, 2, 4, 7.

εὐρεής Hom., Hes. — C. III 11, 2 -ρέες (wenn richtig, nach ionischer Quelle: Keil).

εὐροέω Aesch. — C. V 6, 4.

εὔτορνος Eur. — V 6, 2, 4.

ἔφεξις Eur. Ar. — C. I 12, 5 (W)[2]).

ἡμερίς Od., Simon., Ar. — III 8, 2, 4, 6.

θάλεια nur bei Theophr. = Sprößling. — C. I 20, 3; III 5, 1; die Form θαλία II 2, 12; 3, 3; C. V 1, 3.

θύον Hom., Pind., Eupol. bei Hesych. — V 3, 7; auch θύα genannt, dagegen ist

[1]) Zu einer endgültigen Entscheidung kann man bei diesen Formen nicht kommen s. Crön. a. a. O. S. 136. — Bei Theophrast werden meist die Formen mit c geschrieben, vgl. ὄσμος, ὀσμία, εὐοσμία, ὀσμώδης.

[2]) Die Stelle ist in der Überlieferung verderbt: μικρὰ εἴπερ ἐλάμβανε πρὸς ἕξιν; Wimmer hat dafür im übrigen richtig geschrieben: ὡς ἡ τῶν ὅλων σύστασις μικρὰν ἀεί τινα λαμβάνει ἔφεξιν καὶ κατὰ τὰς τροφὰς καὶ κατὰ τὰς αὐξήσεις, ὥστε δ' ὅλαις ὥραις χωρίζειν μέγα κομιδῆ τὸ διάστημα τῶν χρόνων. Bedenken erregt nur ἔφεξιν; jedenfalls müßte es hier die Bedeutung haben wie, abgesehen von dem späteren ἐποχή, sonst ἐπίσχεσις (= Einhalten), so bei Pl. 749 D ἐπίσχεσις τῆς γενέσεως; auch Hip. hat ἐπίσχεσις in diesem Sinne; vgl. auch C. IV 6, 3 τὸ δ' ὅλον ἐνιαυτὸν ἐπισχεῖν ('intactum iacere') ἤδη θαυμασιώτερον; ἔφεξις dagegen bedeutet bei Eur. und Ar. dasselbe wie πρόφασις.

θυία I 9, 3; IV 1, 3 (III 4, 2, 6 θύεια geschrieben) ein ganz anderer Baum.
θωμός Aesch., Ar. — VIII, 11, 4; C. IV 13, 6.
ἰσόδενδρος Pind. frg. — III 1, 1.
ἶψ Od. (bei Alkman ἴξ). — VIII 10, 5; C. III 22, 5, 6.
καλλίκαρπος Trag. — III 8, 1; V 4, 1; C. I 6, 10; 17, 10; II 3, 7.
καρπίζω Eur. = befruchte; καρπίζομαι bei Theophr. ziehe Frucht, so auch I. O. 455, 15; Theop. Frg. 249. — VIII 9, 1—3; C. IV 8, 13.
καρύα I 12, 1; III 2, 2; 3, 1, 8; 4, 2, 4; 5, 5; 6, 2; 7, 3; 14, 4; 15, 1; V 4, 2, 4; 6, 1; 7, 7; 9, 2; C. II 12, 6; III 10, 2.
κατασκέλλομαι Aesch. — C. VI 14, 11.
κατισχύω Soph. — VIII 8, 5; C. VI 11, 7.
κεράστης Trag.; bei Theophr. ein Käfer. — IV 14, 5; V 4, 5; VIII 10, 5; C. V 10, 5.
κλήθρα Hom. — I 4, 3; III 3, 1, 6; 4, 2, 4; 6, 1, 5; 14, 3; 15, 1; IV 8, 1.
κίς Pind. — C. IV 15, 4.
κληματόομαι Soph. frg. — C. II 10, 3.
κοκκύμηλον Archil., Hippon. Com. — I 10, 10; IV 2, 3, 5.
κοπρίζω Od. — VIII 7, 7; 9, 1; C. II 18, 1; III 7, 8; 9, 1; 18, 2; 20, 2; 21, 4; IV 12, 3; V 13, 1.
κουρίζω Hom., Hes. — II 2, 2.
κραδάω Hom. — IV 14, 3; doch ist das theophrasteische Wort = 'am κράδος leiden' seinem Stamm nach verschieden von dem homerischen, das für κραδαίνω steht.
κωδύα; bei Hom. κώδεια, bei Ar. κωδία IV 8, 7, 9—11.
λείριον Hom., Hes., Hymn. Cer., Pind., Kratin. (ari.) — I 13, 2; VI 6, 9; 8, 3, 1; VII 13, 4; C. I 4, 1; VI 14, 1.
λευκανθής Pind. Soph. — I 13, 1.
λιβάς Trag. — II 4, 4.
λώτινος Anakr. — IV 2, 9; V 5, 6.
μέσπιλον Archil, Amphis, Eupol. — IV 2, 10; 8, 12; 14, 10; C. II 8, 2; VI 14, 4; 16, 1.
μηλέα Hom. — I 3, 3; 5, 2; 6, 1, 3, 4; 8, 4; 9, 1; 10, 4, 5; 11, 4; 12, 2; 13, 3, 4; 14, 1, 4; II 1, 3; 2, 4, 5; 5, 3, 6; 8, 1; III 3, 1—2; 4, 2, 4; 11, 5; IV 5, 3; 10, 2; 13, 2, 3; 14, 2, 7, 10, 13; 16, 1; V 3, 3; 4, 1; C. I 3, 2; 10, 2; 11, 1, 3; 13, 9; 15, 1; 18, 3, 5; II 3, 6; 9, 3; 11, 6; III 2, 2, 8; 7, 12; 10, 7; 17, 7; 22, 5; IV 1, 2; 11, 2; V 9, 3, 5; 10, 1; 12, 9; 16, 3.
μυρεψός Kriti. (ari.) — IV 2, 6; C. VI 14, 11; 19, 3.

[1]) An beiden Stellen weist Theophrast auf Homer hin: III 1, 3 δι' ὃ καὶ τὸν ποιητὴν οὐ κακῶς προσαγορεύειν αὐτὴν (d. h. τὴν ἰτέαν) ὠλεσίκαρπον; C. II 9, 14 ὥστε καὶ τοῦτο (d. h. τὴν συκῆν) ὠλεσίκαρπον ἄν τις φαίη καθάπερ ὁ ποιητής φησι τὴν ἰτέαν. Vgl. Od. κ 510.

b) Außer bei Dichtern noch bei Hippokrates (Mnesitheos):

ἀδίαντον als Adj. bei Simon., Pind. — VII 10, 5; 14, 1.
ἀπόμαγμα Soph. frg. — C. VI 19, 5.
ἀποξύνω Od. — II 5, 4.
ἀποπλήττω Soph. (ari.) — IV 3, 6.
ἄργεμον Soph. frg. 212. — VII 6, 2.
ἀρραγής Soph. (nach Hesych). — V 3, 7; C. I 6, 7.
ἀσφάραγος Hom., Hip., Com. (bei den Hom. auch die Form ἀσπάραγος[1])). — I 10, 6; VI 1, 3; 4, 12; C. VI 12, 9.
ἀφρίζω Soph., Com. bei Ath. — C. VI 1, 5.
δίυγρος Aesch. (ari.) — C. II 4, 1; III 2, 6.
ἐλατήριος Aesch. (ari.) — IV 5, 1.
ἐλένιον Chairem. bei Ath. — II 1, 3; VI 1, 1; 6, 2, 3; 7, 2, 4.
ἐξαμαυρόω Eur. frg. — C. II 16, 4.
ἐρείκη Aesch., Eupol. — I 14, 2.
ἡδύοσμος Ar. (ari.), die Form ἡδύοδμος Hip., Simon.; zuerst bei Theophr. als Pflanzenname statt μίνθα[2]) — VII 7, 1.
καρχαρίας Soph., Plat. com., Philox., Mnesith. — IV 7, 2.
κορίαννον Lyr. und Com. — I 11, 1; VII 1, 2, 3, 6; 2, 8; 3, 2; 4, 1; 5, 4, 5.
κράδη poet. — II 1, 2; 5, 4; C. I 3, 1; 12, 9; III 3, 2; V 1, 3, 4 (W); 12, 6; als Pflanzenkrankheit I 8, 5.
κύμινον Sophr., Com., Archestr. (nach Lewy, s. Mayser, Grammatik der griechischen Inschriften und Papyri S. 40, semitisches Lehnwort). — I 11, 2; VII 3, 2, 3: 4, 1; VIII 3, 5; 6, 1; 8, 5; 10, 1; C. II 12, 1, 2; IV 15, 2.
μελία III 3, 1; 4, 4; 6, 1, 5; 11, 3, 4; 17, 1; IV 5, 3; 8, 2; V 1, 2; 6, 4; 7, 3.
μίνθα Hippon., Kratin. (μίνθος Mnesim.) — II 4, 1; VI 7, 2; C. II 16, 2, 5; IV 5, 6; V 7, 1; VI 14, 7.
νάρκισσος Hymn. Cer., Hip., Soph., Chairem. trag. — VI 6, 9; 8, 1; VII 13, 1, 2, 5—7.
οἰνωπός Eur., Simon. — III 16, 3; 18, 2.
περισκελής Soph. — C. II 3, 3; V 14, 9.
πράσον Hom., Batrach., Com. — IV 6, 2, 4; 7, 1; VII 1, 3, 6—8; 2, 2; 3, 4; 4, 10, 11; 5, 3—5; 8, 2; C.

[1]) Siehe darüber Rutherford, The New Phrynich., S. 196.
[2]) Von den Attikern wird es zurückgewiesen, s. Reitzenstein, Geschichte der griechischen Etymologika, S. 395.

II 15, 6; III 19, 3; IV 3, 1, 3; V 6, 9.

ῥοῦς als Baumname Hip., Sol., Com. — III 18, 1, 5.

στοιβή Hippon., Com. — I 10, 4; VI 1, 3.

σφακελισμός Eur. — IV 14, 2; VIII 10, 1; C. V 9, 1, 6.

τεῦτλον Com., σεῦτλον Batrach. — I 3, 2; 5, 3; 6, 6, 7; 9, 2.

τρίβολος Alkai., Ar. — III 1, 6; IV 9, 1; VI 1, 3; 4, 1; 5, 1, 3; VII 8, 1; VIII 7, 2.

χιονώδης Eur. — I 3, 6.

χνοώδης Emped. — I 10, 3; 13, 14; IV 10, 2; VII 11, 2; VIII 3, 3.

c) Außer bei Dichtern noch bei Hippokrates (Mnesitheos) und Aristoteles:

ἀκαλήφη Archestr., Mnesith., Hip., Ar., Pherekr., Ari. — VII 7, 2;

ἄπνοος Empedokl., Hip., Ari. — IV 1, 2, 5; VIII 10, 2; C. II 22; III 22, 1.

βάτος Hom., Hip., Ari. = Fischart, bei Ar. ὁ βάτος; als Pflanze nur bei Theophr. — I 3, 1; 5, 3; 9, 4; 10, 6, 7; IV 12, 4; C. I 17, 8.

γαλακτώδης Parmenid., Hip., Ari. — C. VI 4, 1; 9, 2.

γόγγρος Com., Archestr., Mnesith., Ari; bei Theophr. Name eines Baumauswuchses. — I 8, 6.

κνῆκος Philox., Anaxandr. — ὁ κνῆκος I 13, 3; VI 4, 4; C. V 18, 4; ἡ κνῆκος VI 1, 3; 4, 3, 5, 6.

ξύσμα Archestr. — IV 14, 13.

ὀρίγανον Hip., Timoth., Com., die Form ὀρίγανος Archestr., Com., Ari. — ὀρίγανον I 9, 4; 12, 1; VII 1, 6; 2, 1; 6, 1; C. IV 3, 3; VI 5, 4; ὀρίγανος VI 2, 3, 4.

πολύποδιον Philox., die Form πουλυπόδειον Com. — C. II 17, 4.

σίδη Emped. — IV 6, 7; 10, 1—4.

συνελίττω Soph., Eur. — IV 7, 5.

d) Außer bei Dichtern noch bei Aristoteles:

ἄβρωτος Soph. frg. — I 12, 4; III 4, 4; 12, 2, 4; IV 1, 7; V 1, 7; V I, 2; VII 9, 4; 11, 4; 12, 1, 2; C. II 9, 14; V 1, 8; VI 12, 1, 2, 7, 9—12.

ἄγρωστις Od. — I 6, 7, 10; II

2, 1; IV 6, 6; 10, 5, 6; 11, 13; C. VI 11, 10, 11.
ἀθήρ Hes. — C. IV 7, 4.
ἄνοςτος Od., Eur.; in anderer Bedeutung bei Theophr. = keine Süßigkeit habend, so auch Ari. — C. IV 13, 2.
ἄςπερμος Il. — VII 4, 4.
ἀςύμβλητος Soph. — VII 6, 4.
αὐτοετής Od. γ 322, bei Ari. αὐτόετες. — III 7, 1; VII 3, 5; VIII 7, 5; C. III 12, 1; IV 8, 5; Adv. αὐτοετεί C. III 12, 1 (W).
βοτρυδόν Il. III 16, 4.
γαλεός Com., Archestr., Philox. — VII 14, 3.
διχῶς Aesch. — IV 7, 13.
ἐκτροφή Eur. — C. I 18, 3; II 1, 6; 2, 1; 4, 10; 5, 1; III 2, 6; 8, 3; IV 15, 2.
ἐξεςθίω Ar., Ari., ἐξέςθω bei Aesch. — C. III 22, 5; V 10, 1; VI 10, 8.
εὔειλος Eur., Ar. — IV 1, 1, 5; V 9, 2; VI 8, 2, 4; VII 1, 4; IX 2, 5; C. I 15, 4; II 9, 1; III 6, 8; 21, 3; 24, 2; IV 9, 4; VI 16, 6.
εὐκαμπής Hom. — III 10, 4.
εὐκαρπία Ari. (εὐκάρπεια Eur.). S. I. I 20, 95 (5. Jahrh.). — II 7, 2; C. II 1, 2, 5; 7, 5; III 1, 6; 6, 6; 9, 3; 11, 3; 17, 1; IV 12, 1; V 1, 1; 11, 2.
εὐκραής Hes. v. l. — C. I 11, 6; II 3, 3.
κακοποιός Pind. — C. II 6, 4; V 12, 3.
κερκίς; als Baumname auch bei Ari. — I 11, 2; III 14, 2.
κοχλίας Achae., com. — IV 14, 3.
λειμώνιος Aesch., Soph. — VI 4, 3; 8, 1; C. II 4, 4; III 6, 8; 11, 3; IV 12, 4.
λοπάς Archestr., com. — IV 6, 7 (ein Tier); IV 14, 3, 5 (eine Baumkrankheit).
νοτιά Il. — VII 14, 1.
ὄγχνη Od., Praxilla Frg. — II 5, 6.
ὁλοςχερής Soph., auch S. I. II 877, 7 (bei Isokr. von Blass gestrichen). — III 18, 5.
ὀςτρακόδερμος Batr. — IV 6, 8.
παρακαθίημι Eur. — VIII 2, 3.
παρειςδέχομαι Soph. — C. IV 2, 1.
πηνίον Hom. — VI 4, 5.
πρόςβορρος Eur., προςβόρειος Ari. — πρόςβορρος II 5, 3; IV 6, 5; 11, 8; V 9, 2; IX 2, 3; C. III 5, 2; προςβόρειος I 9, 2; IV 1, 4; V 1, 11.
πτῆςις Aesch. — C. II 9, 5.
ςυμφθείρω Eur.[1]) — IV 15, 4.

[1]) Ein Beispiel für die Mangelhaftigkeit unserer Lexika: ςυμφθείρω findet sich bei Ari. in der Topik VI 13 p. 150a 33; diese Angabe fehlt in allen Lexika, auch im Index von Bonitz; nur Liddel und Scott führen Ari. an, zitieren aber falsch.

cύνοροc Aesch. — III 3, 6; VIII 2, 10; 8, 7.

ὑπόλειψιc Parmen bei Stob. — C. V 1, 11.

φυcιολόγοc Emped. — III 1, 4; C. VI 3, 5.

ὠχρόc Adj. com., bei Hom. Subst. — VIII 1, 3 (W); 3, 1, 2; 10, 5; C. III 22, 3; IV 2, 2; 16, 2; VI 12, 9.

B. Wörter, die sich nur in der Komödie, aber nicht bei andern Dichtern finden:

a) Auch in Prosa nicht belegt sind:

αἰγίπυροc Eupol. — II 8, 3.

ἅλιμον Antiphan. — IV 16, 5; C. V 15, 4; VI 10, 5, 8.

ἀμπελουργόc, auch S. I. II 535, 17. — C. II 4, 8.

ἀνεμώνη Kratin. — VI 8, 1; VII 7,3; 8,3; 10,2; C. I 10,2.

ἀνθερικόc Kratin.; Eupol. — I 4, 3; VI 2, 9; VII 13, 2—4.

ἀνθοφόροc Ar. — I 3, 4; 13, 4; C. I 5, 5 (Schn.).

ἀποπελεκάω Ar. Av. 1152. — V 5, 6 (Schn.).

ἄρακοc Ar. frg. — VIII 8, 3.

ἄρριχοc Ar. — C. I 7, 2.

ἀφαυαίνω Ar. — III 18, 9, 10; IV 2, 11; VIII 10, 3. C. I 4, 5; II 11, 2, 5; 18, 3; III 7, 12; 10, 8; V 11, 2.

βόλβοc (ari.) I 6, 7—9; 10, 7; VII 2, 1—3; 4, 12; 9, 4; 12, 1; 13, 1, 4, 7, 8; VIII 8, 3; C. IV 6, 1, 8; VI 10, 7; 12, 1.

βοτάνιον Antiphan. — C. II 17, 3.

βούτομοc Ar. — I 5, 6; 10, 5; IV 8, 1; 10, 4, 6, 7; 11, 12.

γήθυον Ar., Phryn. com. — I 6, 9; VII 1—3, 6—8; 2, 2; 5, 1, 3, 5; 9, 4; 12, 3; IX 11, 6.

γήτειον Alex., Anaxandr. — I 10, 8; IV 12, *3*; VII, 4, 10; C. IV 3, 3.

διάπλεωc Kratin. — C. II 1, 4.

διαφυτεύω Ar. frg. — IV 4, 3.

διαχάcκω Ar. — III 9, 1; VII 13, 2; C. I 5, 4; II 9, 12.

δίφοροc I 14, 1; C. V 1, 6.

δρυπετήc IV 14, 10; C. II 8, 2; VI 8, 4.

ἔμμητροc Antiphan. — I 6, 5; C. V 17, 2.

ἔνθρυcκον Kratin. und Pherekr. in der Form ἄνθρυcκον. — VII 7, 1.

ἐπινεφέω Alex. bei Suid. (ari.) — C. III 24, 4.

εὐκαρπέω Ar. — II 7, 7; III 12, 8; IV 14, 14; C. I 20, 5; II 7, 4; 15, 3; V 4, 1.

περιπτίςςω Ar. — IV 4, 10.
πιςός VIII 1, 1, 4; 2, 3; 3, 1, 2; 5, 2, 3; 10, 5; C. III 22, 3; IV 12, 4, 5, 7, 11; 14, 4; 15, 4; V 12, 2, 7, 11; 13, 6.
πιττοκοπέομαι Alexis, auch auf gleichzeitiger attischer Inschrift S. I. 587, 179 — V 4, 5.
πλυντρίς Ar., Nikoch. — C. II 4, 3.
πολύφυλλος Eupol. — I 10, 8; III 14, 4; IV 7, 8; 8, 6; 11, 10, 12; 22, 4; VII 4, 4; VIII 2, 3; C. IV 14, 2, 4.
ῥαβδίζω Ar., Pherekr. — C. I 19, 4; 20, 3; V 4, 2.
ῥιζίον Ar., Antiphan. — IV 2, 3; IX 7, 4; C. II 18, 2.
ςτεφανωτρίς Apollod., Theopomp. — V 8, 3[1]).
ςτροφεύς Ar., Hermipp. — V 3, 5; 6, 4; 9, 8.
ςτρωματεύς Antiphan., Alexis. — IV 2, 7.
ςφάκος VI 1, 4; 2, 5 (Schn.).
τραγοπώγων Kratin. — VII 7, 1.
τροχηλία; bei Ar., Archipp. τροχιλία, nach Inschriften τροχιλεία zu schreiben[2]); auch bei Theophr. hat U die Form τροχιλία. — IV 3, 5.
ὑποβρέχω Alex. — V 3, 3 (Hard.).
φρεατιαῖος Hermipp. — C. II 6, 3.

b) Außer bei Komikern finden sich noch bei Hippokrates (Mnesitheos):

ἀμάρακον Pherekr. — I 9, 4; VI 1, 1; 7, 4; 8, 3; IX 7, 3; C. I 4, 1; VI 14, 9.
ἀμυγδάλη Com., Mnesith. — I 11, 1, 3; C. VI 6, 8; 16, 7.
ἀνακυκάω Pherekr., Ar. — C. VI 1, 5.
ἀνδράχνη Plat. com. — C. I 10, 4; 4, 3, 2, eine Gemüseart, davon unterscheidet Wimmer ἀνδράχλη = Strauch (so auch ari.). — I 5, 2; 9, 3; III 3, 1; 4, 2, 4, 6; 6, 1; 16, 5; IV 4, 2; 7, 5; 15, 1, 2; V 7, 6; VII 1, 2, 3; 2, 9; IX 4, 3.
ἀτράφαξυς[3]), Pherekr., Ar. — I 14, 2; III 10, 5; VII 1, 2, 3; 2, 6—8; 3, 2, 4; 4, 1; 5, 5.
βόλιτος Ar., Kratin., Hip. bei Gal. (s. Lob. Phryn. 357). — II 4, 2; C. V 6, 11, die Form βόλβιτος V 5, 6.
γογγυλίς (bei Ar. auch die Form γογγύλη) VII 1, 2, 7; 2, 5, 8; 3, 2, 4; 4, 3, 6; 5, 3; 6, 2; 9, 4; C. I 4, 1; V 6, 9.

[1]) So zu schreiben statt des nirgends belegten ςτεφανωτίς.
[2]) Siehe Meisterhans[3] a. a. O. S. 53.
[3]) So geschrieben bei Ari., nicht ἀδράφαξυς.

θέρμος Alexid., Timokl. — I 3, 6; 7, 3; III 2, 2; IV 7, 5—7; 15, 3; 16, 2; VIII 1, 3; 11, 2, 4, 6, 8; C. II 17, 7; IV 1, 7; 5, 4; 7, 1, 2; 16, 2.
θριδακίνη (θρῖδαξ s. u.) I 10, 7; 12, 2.
θύμβρα Eupol. — I 12, 1, 2; VI 1, 4; 2, 3, 4; VII 1, 3, 6; 6, 1; C. III 1, 4; IV 3, 3; die Form θύμβρον VII 1, 2; 5, 5.
ἱπποσέλινος Pherekr. (ari.) — I 9, 4; II 2, 1; VII 2, 6, 8; 6, 3; IX 1, 3, 4; C. I 4, 6; VI 11, 10.
καλαμίνθη Ar. (ari.) — C. II 16, 4.
κάππαρις (ari.) — I 3, 6; III 2, 1; IV 2, 6; VI 1, 3; 4, 1; 5, 2; VII 8, 1; 10, 1; C. I 16, 9; III 1, 4.
καπυρός III 11, 3; 13, 4, 7.
καρκινόω Antiphan. — I 6, 3.
κάχρυς Kratin., Ar. — III 5, 5; 10, 4; 14, 1; 17, 3; V 1, 4; C. IV 16, 2.
κίσθος Eup., Mnesim. — VI 1, 4; 2, 1.
λεπρός Ar. — C. II 6, 4.
νάρδος Alexis. — IX 7, 2—4.
ὀθόνιον Ar. — III 8, 6; VII 3, 4, 5; C. V 6, 9.
πελεκῖνος Ar., als Pflanzenname auch bei Hip. — VIII 8, 3.
ῥάμνος Eupol., Ar. — I 5, 3; 9, 4; III 18, 1, 2, 12; V 9, 7; C. I 10, 7.
ῥαφανίς I 6, 7; 9, 4; VII 1, 2, 3, 5, 7; 2, 5, 6, 8; 3, 2, 4; 4, 1, 2, 3, 6; 5, 3, 4; 6, 3; 8, 2; C. I 4, 1; II 18, 1; III 10, 3 (Schn.); V 6, 2; VI 11, 14.
σίδιον Ar. — C. V 6, 1.
σκαμωνία[1]) — IV 5, 1.
στύφω Philonid. (ari.) — C. VI 2, 1.
τεύτλιον I 10, 4; VII 1, 2, 3, 5, 6; 2, 2, 5—8; 3, 2; 4, 1, 4; 5, 5; C. II 5, 3; 17, 7; C. IV 3, 2; 6, 7; 13, 1; VI 11, 5, 10, 11.
τιθύμαλος Kratin., Ar. — C. IV 6, 9.
ὤκιμον I 6, 6, 7; 10, 7; VII 1, 2, 3; 2, 1, 4, 7, 8; 3, 1—4; 5, 2, 4, 5; 9, 2; C. I 4, 3; II 15, 6; IV 3, 1, 2; V 7, 2.

c) Außer bei Komikern finden sich noch bei Hippokrates (Mnesitheos) und Aristoteles.

αἶρα Ar. frg., Pherekr. — II 4, 1; IV 4, 10; VIII 4, 6; 7, 1; 8, 3; C. II 16, 3; IV 4, 5, 8, 11; 5, 2; 16, 2; V 3, 7; 15, 3.
ἀμυγδαλῆ I 6, 3; 9, 6; 12, 1;

[1]) Über die Schreibung s. Crönert a. a. O. S. 74.

13, 1; 14, 1; II 1, 3; 2, 5, 9, 11; 5, 6; 7, 6, 7; 8, 1; III 11, 4; 12, 1, 5; IV 4, 7; 14, 12; V 9, 6; VII 13, 7; VIII 2, 2; IX 1, 2, 3, 5; C. I 3, 2; 9, 1; 10, 2; 13, 10; 14, 4; 17, 9, 10; 20, 5; 22, 7; II 9, 3, 4; 11, 10, 11; 14, 1, 4; 15, 1, 2; 16, 8; III 6, 8; 9, 3; 10, 2, 6; 17, 6; 18, 2; IV 1, 6; V 4, 1; 9, 11; 10, 2; 16, 4; 17, 5; 18, 4; VI 11, 15. Auch IV 7, 5 καρπὸν ἔχει ὅμοιον ταῖς ἀμυγδάλαις ist ἀμυγδαλαῖς zu schreiben, da Theophrast immer die Bäume selbst, nicht deren Teile in Vergleich setzt, vgl. die genaue Parallele IV 4, 7.

εὐνουχίας Plat. com. — IV 11, 4.

εὔχυλος Hip., Alex., die Form εὔχυμος Ari. — εὔχυλος: II 6, 8; VII 4, 4; C. I 4, 1; 20, 3; II 6, 1; 15, 6; III 10, 2; 19, 2; IV 13, 2; VI 6, 2; 10, 8; 11, 5; 14, 1; 16, 7; 17, 13; 18, 8; εὔχυμος C. VI 9, 4.

θύμον I 12, 2; III 1, 3; IV 7, 2; VI 2, 3; C. I 5, 3; III 1, 4; IV 4, 3[1]).

κύτισος I 6, 1; IV 4, 6; 16, 5; V 3, 1; C. V 15, 4.

μελίλωτος Kratin. — VII 15, 3; C. VI 14, 8, 11.

νᾶπυ I 12, 1; VII 1, 2, 3; 3, 2; 5, 5.

ξηρασία Antiphan. — VII 2, 2.

πήγανον I 3, 1, 4; 9, 4; II 1, 3; VI 1, 2; 7, 3; VII 2, 1; 4, 1; 5, 1; 6, 1; IX 4, 2; 6, 1; IX 4, 2; 6, 1; C. I 4, 2; II 5, 3; III 17, 1; 19, 2, 3; V 6, 10; VI 4, 6; 14, 7, 12; 16, 7; 20, 1.

πύρωσις Ar., Mnesith., Ari. — V 9, 7; VII 7, 2; C. IV 12, 12; 13, 1; VI 17, 8.

σισύμβριον Ar., Kratin. — II 1, 3; 4, 1; VI 1, 1; 6, 2, 3; 7, 2, 4; C. I 4, 2; II 16, 2, 5; III 19, 1; IV 5, 6; V 7, 1; VI 7, 6; 11, 3; 14, 7, 11.

d) Außer bei Komikern finden sich noch bei Aristoteles:

ἀλκυονίδες Ar. — C. I 7, 5.

ἀμύγδαλον Philyll., Hermipp. — IV 4, 7; C. IV 2, 1.

ἀνθρακεύω Ar. — III 8, 5; IX 3, 1.

ἀπύρηνος Ar. — II 2, 5, 7; 6, 4, 6; IV 1, 1; 8, 12; 9, 2; 13, 2; C. 1 9, 2; 21, 2; IV 8, 5; V 11, 1; 13, 4.

ἐμπορεύω Ar. — V 9, 6.

θρυαλλίς; als Pflanze nur Kratin., Ari. frg. — VII 11, 2[2]).

---

[1]) Stammverwandt damit wohl θῦμα IV 7, 1.

[2]) = ἐλλύχνιον Hdt., vgl. Lobeck, Phryn. S. 162.

καταπνίγω Sot. bei Ath. — IV 14, 8; VIII 6, 7; C. II 18, 3; III 20, 9; IV 5, 6; V 10, 5; 15, 4.

κέλυφος Ar. I 11, 3; II 4, 2; III 8, 3; 18, 13; IV 2, 6; 4, 7; 8, 11; 12, 3; C. I 4, 5; 17, 1, 3; IV 1, 2; 2, 1, 2; 8, 2; 12, 9, 11; V 6, 11; 15, 1; VI 3, 5; 6, 8; 10, 6, 7.

κνίψ Ar. — II 8, 3; IV 14, 10; C. VI 5, 3.

κότινος Eupol., Ar. — I 4, 1; 4, 4; 8, 1—3, 6; 14, 4; II 2, 12; 3, 1; III 2, 1; 6, 2; 15, 6; IV 4, 11; 13, 1, 2; V 2, 4; 3, 3; 4, 2, 4; 7, 8; C. I 3, 3; 6, 10; V 12, 8.

κύτταρος Ar. — II 8, 3; III 3, 8; 7, 4; IV 8, 7.

οἱονεί Ar. — C. II 15, 1 (= οἷον).

πρασοκουρίς VII 5, 4.

προσραίνω Ar. — IV 4, 13.

ῥάφανος I 2, 7; 6, 6, 7; 10, 4; 14, 2; IV 4, 12; 16, 6; VI 1, 2; VII 1, 2, 3; 2, 1, 4; 4, 1, 4; 5, 3, 4; 6, 1, 2; C. I 4, 2; II 5, 3, 4; 15, 6; 16, 8; 18, 4; III 19, 2; IV 3, 1; VI 10, 8.

σταθεύω VII 13, 3.

συκάμινον Amph. — C. VI 6, 4;

συκάμινος I 1, 7; 6, 1; 9, 7; 10, 10; 12, 1; 13, 1, 4; 14, 2; IV 1, 5; 2, 1, 2, 5; 4, 8; V 3, 4; 4, 2; 6, 2; 7, 3; C. I 17, 1, 3, 9; II 8, 4; 9, 8; 11, 11; V 2, 4.

συμπαθής Plat. com. — C. I 7, 4; IV 6, 2.

συνθεωρέω Ar., bei Ari. = explorare; so auch bei Theophr. — I 14, 4.

τίγρις Alexis. — V 4, 7.

ὑμήν Eubul. bei Ath. — I 11, 1, 5; IV 10, 3; VI 6, 9; C. I 17, 4; 19, 2.

ψεκάζω Ar., Nikophr., bei Ari. ψακάζω. — C. VI 19, 5.

ψίαθος Ar. — IV 8, 4; IX 4, 4.

C. Ionische Wörter aus der Prosaliteratur[1]).

Es sind belegt:

a) bei Hippokrates:

ἀβρότονον I 9, 4; VI 1, 1; 3, 6; 7, 3, 4; C. I 4, 2, 3; IV 3, 2; VI 14, 9; 16, 7.

ἄγλισχρος C. VI 11, 16.

ἀδιάχυτος C. IV 12, 2.

ἄκαπνος V 9, 5.

[1]) Daß ich hier auch den an Ionismen reichen Xenophon berücksichtige, bedarf keiner näheren Begründung. — Die folgende Liste besagt natürlich nur, welche Worte ionischen Ursprungs bei Theophr. sein **können**; denn viele sind auch Gemeingut.

ἐπίφυσις I, 1, 2 [1]).
ἐποιδέω III 5, 5; 12, 8; VI 4, 2.
ἔρεγμα (bei Hip. ἔριγμα) C. IV 12, 12.
ἐρύσιμον VIII 1, 4; 3, 1, 2, 3; 6, 1; 7, 3; C. II 12, 1; IV 15, 1; VI 12, 12.
εὔπνοια (ari.) C. II 9, 8, 15; VI 16, 4, 5.
εὔπριστος V 6, 3.
εὐτοκέω C. I 14, 1.
εὔτροφος II 6, 9; III 3, 3; C. I 8, 2; 14, 1; 20, 3; II 1, 5; 3, 2; 4, 3 (W); 10, 3; III 9, 1; 10, 2; 22, 3; IV 11, 8; V 7, 2.
εὐφορία I 14, 2; IX 2, 4; C. III 22, 1.
εὐχυλία (bei Hip. die Form εὐχυλεία) C. I 9, 2; VI 9, 4; 11, 4, 5; 17, 4, 13; εὐχυμία C. VI 11, 3—5, 10; 17, 12.
ἐχέκολλος V 6, 2.
ἰλυώδης IV 11, 9.
ἱππομάραθον VI 1, 4.
ἱππόφεως VI 5, 1, 2.
καθυγραίνω C. I 13, 6; III 1, 4; VI 18, 9, 10.
κάθυγρος I 4, 2; C. I 10, 4; 17, 4, 5; V 1, 11; 2, 4; 8, 3; 9, 7; VI 12, 2; 19, 4.
καθυστερέω C. I 20, 2.
καλλίφυλλος (bei Hip. καλλίφυλλον) V 3, 2, wo die Form der codd. καλόφυλλος so zu ändern ist.
καλυπτήρ (ari.) C. V 6, 4.
καρδάμωμον IX 7, 2, 3.
καταβυθίζω V 4, 7.
κάταγμα IV 8, 6.
καταξύνω III 15, 2.
κατεργαστικός C. I 8, 4.
καυσώδης C. III 14, 3.
κεγχρώδης VIII 3, 3, 4.
κενταύριον I 12, 1; III 3, 6; IV 5, 1; VII 9, 5; C. III 1, 3; VI 4, 3, 6.
κεφαλώδης (bei Hip. κεφαλοειδής) VIII 8, 5.
κνέωρος I 10, 4; VI 2, 2; κνέωρον VI 1, 4.
κοπριώδης C. II 6, 3.
κτηδών V 1, 9, 10.
λεκιθώδης IV 8, 11.
λευκόϊον (ari.) IV 7, 8; VI, 8, 1; VII 8, 3; 13, 9.

[1]) Sonst gebraucht Theophr. dafür ἐπίδοσις, vgl. II 2, 12; 6, 3; C. V 6, 2, ebenso Aristot. De animal. hist. 560a 20 und De gener. et corrupt. 320b 30. Auch I 3, 2 muß ἐπίδοσις stehen, nicht ἀπόδοσις, das Wimmer in zu weitgehender Vorliebe für U, wo sich allein diese Lesart findet, in den Text aufnimmt. Auch wenn man annähme, ἀπόδοσις stände gleichbedeutend mit ἀπόφυσις, so wäre es zu verwerfen. Denn ἀπόφυσις bezeichnet nur das Auswachsen von Nebensprossen, nicht aber das Dickenwachstum, aus dem sich das ἀποδενδροῦσθαι ergibt, wovon an jener Stelle die Rede ist.

μάδιcιc C. V 9, 9[1]).
μετακίνηcιc (ari.) II 2, 12.
μικρόφυλλος (Hip. περὶ ἑλκῶν) VI 1, 1; VII 4, 5.
ὄη II 2, 10; 7, 7; III 2, 1; 5, 5; 6, 5; 11, 3; 12, 6, 9; 15, 4; C. III 1, 4.
ὀλιγοφόρος IV 16, 2.
ὀμφαλώδης (ari.) III 13, 6.
ὀνίσκος (oder ὀνίννος)? IV 6, 8.
ὀρρώδης (bei Hip. οὐρώδης) C. V 9, 7.
ὀπισθοχείμων C. II 1, 6.
πάνακες IX 7, 2, 3.
παρακατορύττω C. III 6, 3.
πεντάφυλλος (τὸ πεντάφυλλον Hip.) VI 6, 4.
περιστέγω (ari.) C. I 7, 2.
περίτασις C. IV 12, 11.
περσέα III 3, 5; IV 2, 1, 5, 8; C. II 3, 7[2]).
πιτύϊνος III 3, 8; V 7, 3, 8; 9, 2; IX 2, 2.
πιτυρώδης C. I 5, 4.
πόλιον I 10, 4; II 8, 3; VII 10, 5.
πολύνοστος VIII 8, 2; C. III 21, 1.
πρασώδης (bei Hip. πρασοειδής) III 11, 3.
προαυξάνω VIII 2, 4.
προβρέχω (ari.) III 17, 2; VII 1, 6; C. IV 4, 5; V 6, 12.
πρόμακρος III 10, 3; 15, 2; IV 2, 5.
προσάρτησις C. II 9, 3, 4; V 4, 2.
προσαυξάνω I 8, 5; 13, 3; C. I 9, 2; προσαύξω C. IV 10, 2; V 2, 5.
προσεπιγίγνομαι C. II 9, 11.
πτερυγοειδής und πτερυγώδης III 12, 7.
πυκνόρριζος (bei Hip. πυκινόρριζος) III 6, 5; 11, 3; 18, 9.
πωρόομαι (ari.) IV 15, 2.
ῥητινώδης III 15, 3, 4.
ῥιζοτομέω IV 5, 1; C. I 17, 10; III 8, 1.
σατάνειος III 12, 5; die dor.-äol. Form aus äol. Quelle (§ 2, 3); das ion.-att. σητάνειος bei Hipp. und VII 4, 7.
σησαμώδης VI 5, 3.
σιτώδης VII 1, 1; 15, 4; VIII 1, 1; 2, 1, 3, 4; 3, 1—3; 4, 1; 6, 6; 8, 6; 10, 2; C. II 12, 1; IV 7, 1, 4, 6; 10, 1; 14, 1; 15, 3; VI 6, 6.
σκολιόομαι I 6, 4.

[1]) Hippokrates bezeichnet damit das Ausfallen der Haare. Bei Theophrast trifft diese Bedeutung nicht zu; die Stelle lautet: τῇ δὲ συκῇ καὶ νόσημά τι συμβαίνει περὶ τὰς ῥίζας, ὃ καλοῦσι λοπᾶν· τοῦτο δ' οἷον μάδισίς τις ἐστι τῶν ῥιζῶν καὶ μικρὸν ἐπάνω διὰ τὴν πολυϋδρίαν. Passow schlägt μύδωσις vor, ein Name, der eine durch πολυυδρία hervorgerufene Krankheit recht gut bezeichnet. Das Wort findet sich zudem auch bei Dioskurides.

[2]) Auch nicht auf Papyri, s. Thumb, Geschichte der griechischen Sprache im Zeitalter des Hellenismus S. 63.

σκολιότης C. VI 1, 6.
στρύχνος (Hip. περὶ ἑλκῶν) VII 7, 2; 15, 4.
στυπτηριώδης (ari.) C. II 5, 1.
στυπτικός C. VI 14, 7.
σύμμυσις C. II 19, 3.
σχινίς IX 4, 7.
ταινιοειδής IV 6, 2.
τέρμινθος I 9, 3; III 2, 6; 3, 1; 4, 2, 4; 15, 3; IV 4, 7; V 3, 2; 7, 7; IX 1, 6; 2, 1, 2; 3, 4; 4, 7, 8; 6, 1; C. II 17, 1, 4; VI 11, 15; 14, 4.
τετανός III 11, 1; 12, 5; 15, 6.
τῆλις III 17, 2.
ὑπεναντιόομαι (ari.) C. II 9, 10.
ὑπερθερμαίνω (ari.) IV 14, 6.
ὑπόγλισχρος VII 13, 1.
ὑποκαθαίρω VII 12, 3.
ὑποξηραίνω IV 2, 4.
ὑποπέλιος III 11, 1.
ὑπόσυχνος III 12, 7.
φονώδης VI 4, 6.
φύσιγξ VII 4, 12.
χαλβάνη IX 1, 2; 7, 2.
χλοώδης III 18, 8; VII 9, 2.

b) Außer bei Hippokrates (Mnesitheos) nur noch bei Aristoteles:

ἁλμυρίς IV 3, 5; C. II 5, 2, 4; 6, 3; III 6, 3; V 15, 4; VI 10, 1, 4, 6, 8—10.
ἁλυκότης Mnesith., Ari. — C. II 5, 4; III 17, 8.
ἄμωμον bei Ari. frg. 111 R³. — IX 7, 2.
ἀναθερμαίνω V 6, 3; C. V 9, 12.
ἀνάκλασις I 10, 2.
ἄνοσμος Hip. und Ari. — VI 6, 2; bei Ari. auch die Form ἄοσμος; so I 12, 3; III 9, 2; VI 2, 1, 2; 6, 3; 7, 4; 8, 3, 6; VII 7, 4; 9, 2; IX 1, 3; 4, 7; C. VI 9, 3; 11, 4, 13, 15; 12, 4; 14, 2; 16, 5; 17, 11; 18, 1, 4, 12; 19, 4; 20, 1; bei Hip. auch die Form ἄοδμος, so IV 7, 8; C. VI 18, 12; 19, 2; 20, 2.
ἄπεπτος (auch Mnesith.) III 12, 8; 15, 3, 4; VII 2, 4; 10, 4; C. II 6, 3; 15, 4; III 1, 7; 4, 3; 7, 2; 12, 5; V 9, 10; VI 6, 2, 7; 12, 5; 13, 2, 3; 15, 3; 18, 12; 20, 2.
ἄπνοια C. II 7, 5; IV 14, 2, 3; V 10, 3; 12, 2.
ἀποκνίζω VI 8, 2.
ἀποφυάς I 6, 6; VII 2, 5, 8.
ἄρον I 6, 7, 8, 10; 10, 10; VII 2, 1; 9, 4; 12, 2; 13, 1, 2; C. V 6, 2.
αὐξητικός I 9, 1.
ἀφορισμός I 3, 5; III 2, 4; IX 2, 1; C. VI 1, 1.
ἄχροος III 10, 3; 11, 5; VI 6, 6; 8, 3.
βούπρηστις bei Ari. frg. — VII 7, 3.

βρύον[1]) I 1, 2; 2, 1; III 3, 8; 7, 3; 11, 14; IV 6, 2, 6; 11, 12.
γεννητικός C. I 2, 3; 4, 6; IV 1, 4; 4, 1, 10.
δακτυλιαῖος (s. Lobeck, Phryn. S. 544) IV 8, 7.
δενδρώδης I 3, 4; VI 7, 3.
δῆξις C. III 17, 6.
διαποίκιλος IV 2, 7.
διάφυσις IV 8, 7, 8; VIII 1, 6.
διευρύνω C. V 6, 9.
ἐκθερμαίνω C. I 3, 4; III 9, 1.
ἔκλευκος III 10, 3; 15, 2; 18, 2; IV 2, 4; VII 3, 1; IX 6, 1; C. II 19, 2.
ἐκπέττω I 14, 1; II 2, 4; 7, 7; 8, 4; IV 4, 3; 8, 8; C. I 11, 2, 3; 15, 4; II 1, 5; 4, 3; 14, 4; 15, 4; III 17, 7; 21, 3, 4; IV 1, 2; 6, 5, 6; 8, 3; V 1, 9; 9, 10; VI 8, 2, 3, 6; 16, 2; 18, 3.
ἔκρυσις VII 14, 1.
ἐκστατικός C. VI 4, 5; 7, 6.
ἔκστασις C. III 1, 6; IV 4, 6—8, 10; 5, 4 (W), 5; V 3, 5; 9, 3.
ἐλαιώδης V 9, 8; C. VI 7, 4; 8, 6, 7.
ἑλώδης IV 1, 1.
ἐνισχύω C. III 23, 5; V 9, 3.
ἐντομή I 10, 6; IV 3, 1; VI 2, 5; IX 1, 5—7; 4, 1, 4, 10; 6, 2. C. IV 7, 6; VI 11, 15.
ἐξάνθημα C. V 9, 12.
ἐξατμίζω C. I 1, 3.
ἐξυγραίνω C. I 13, 6; IV 10, 2; VI 6, 4; 7, 7.
ἐπίπετρον VII 7, 4; C. III 1, 6.
ἔπομβρος C. III 3, 4; 11, 1; 20, 2; -ιος (so auch Hip.

[1]) Der Begriff βρύον ist bei Theophrast schwankend. IV 6, 6 bezeichnet er damit die Alge ulva lactuca: ἄλλο δὲ τὸ βρύον, ὃ φύλλον μὲν ἔχει ποιῶδες τῇ χρόᾳ, πλατὺ δὲ καὶ οὐκ ἀνόμοιον ταῖς θριδακίναις usw. usw. Dagegen wird βρύον IV 11, 12 zusammen mit φλέως und βούτομος genannt, mit denen es die Form der Blüte gemeinsam habe. Hier müßte es also eine Binsenart bedeuten, wenn man nicht mit Schneider lieber θρύον schreiben will. Am auffälligsten aber ist, daß Theophrast auch die männliche kätzchenförmige Baumblüte mit dem Namen βρύον belegt (III 3, 8; 7, 3; 11, 4) und darum βρύον I 1, 2 und 2, 1 neben den allgemeinen Teilen ἄνθος, φύλλον, καρπός besonders aufzählt. Daß man die Kätzchen nicht als Blüten erkannte, geht auch aus VII 9, 1 hervor: εἰ μή τι καὶ ἄνευ τοῦ ἄνθους καρποφόρον ὥσπερ ἐπὶ τῶν δένδρων. In der gleichen Bedeutung gebraucht Aristot. das Wort De animal. hist. 624a 34: τὸν κηρὸν ἀναλαμβάνουσιν αἱ μέλιτται ἀριχώμεναι πρὸς τὰ βρύα. Wie nahe übrigens Theophrast der Wahrheit war, zeigt III 3, 8 οἱ μὲν γὰρ δρῦν ἀνθεῖν οἴονται . . ., οἱ δ' οὐδὲν τούτων, ἀλλὰ τὸ βρύον δρύϊνον . . . ὅμοιον καὶ ἀνάλογον εἶναι τοῖς προαπτώτοις ἐρινοῖς.

[1]) Über die Schreibung vgl. Meisterhans a. a. O. S. 186.

[1]) Die Form σπιθαμαῖος wird von Lobeck Phryn. S. 544. verworfen.

ὑμενώδης I 6, 1. 2; C. I 7, 3; 19, 1.
ὑπνωτικός C. VI 4, 5.
ὑπόλευκος C. II 4, 3.
φθινοπωρινός VI 4, 2.
χαμαιλέων bei Hip. und Ari. = Eidechse, bei Theophr. = Pflanze. — VI 4, 3, 8.
χέδροπα (Hip. bei Erot.) I 6, 5; 11, 2; III 2, 1; 6, 3; 14, 4; IV 2, 8; 4, 9; VIII 1, 1, 3, 4; 2, 1—3, 5; 3, 1—5; 6, 4; 7, 2, 5; 9, 1, 3; 11, 3; C. II 2, 2; 12, 1, 2, 5; III 20, 7; 21, 2; IV 2, 2; 7, 1, 2, 4, 5; 8, 1, 3, 5; 9, 1; 10, 1; 14, 2; V 18, 2; VI 12, 9.

c) Bei Herodot:

ἀνάκανθος III 10, 1; 12, 9; VI 1, 2, 4; 5, 2.
βαθύγειος (bei Hdt. in der Form βαθύγαιος) IV 11, 9; C. I 18, 1; II 4, 10.
δεκάπηχυς IV 16, 2.
δυσμορφία I 4, 1.
ἐγκοιλαίνω V 2, 4.
ζῦθος C. VI 11, 2 [1]).
ἰτέϊνος V 3, 4.
κεδρία I 10, 6.
μελάγγειος (bei Hdt. in der Form μελάγγαιος vgl. o. βαθύγειος) [2]) VIII 7, 2; att. μελάγγεως C. II 4, 12; III 21, 3.
παλάθη IV 2, 10.
παλαστιαῖος [3]) II 7, 7; IV 6, 4.
πεντάπηχυς (s. Lobeck, Phryn. S. 412) II 6, 9; IV 9, 1; IX 4, 2.
ποιώδης (ari.) I 1, 10; 3, 6; 6, 5, 6, 11; 9, 4; 10, 2, 4—6; 13, 1, 3; II 2, 1; III 1, 3, 5; 18, 8; IV 2, 5; 4, 5; 6, 2, 6; 8, 1, 6; 10, 3; VI 1, 1; 2, 5; 6, 1, 9, 10; 8, 2; VII 1, 1; 7, 1; 8, 1—3; 9, 1, 2; 14, 1; 15, 4; IX 4, 2; C. I 1, 2; 3, 5; 5, 3; 10, 5, 2, 6; II 2, 2; 15, 6; IV 4, 11; VI 11, 10; 14, 10.
σιτοφόρος VIII 2, 8; C. II 4, 2, 10, 11; III 22, 4.
σκάλλω II 7, 5; C. III 16, 4; 20, 9.
ὑπόπετρος C. III 20, 5.

d) Bei Xenophon:

ἀναλάμπω (ari.) IX 3, 2; C. IV 13, 6.
ἀνδρομήκης II 6, 7.
ἀντεμβάλλω II 7, 6.

---

[1]) Vgl. Thumb a. o. O. S. 111; daß ζῦθος ein ägyptisches Wort ist, sagt Theophr. deutlich: τὸ ἐν Αἰγύπτῳ καλούμενον ζῦθος.

[2]) Vgl. Rutherford, The New Phryn. S. 356.

[3]) Nach Inschriften (z. B. S. I. 535, 14; 587, 153, 157, 169) so zu schreiben, nicht παλαιστιαῖος.

ἀνιμάω (ari. De plant.) IV 3, 5.
διάρριψις VI 3, 4.
διπάλαιστος IV 11, 6.
δυσόρατος C. I 5, 4.
ἐγκυλίω (ari.) I 6, 11.
ἐπινίφω IV 14, 6; C. V 9, 13.
ἐπίξανθος III 10, 4; IV 2, 7; VI 4, 6.
ἐπιπήγνυμι C. V 13, 2; VI 11, 15.
εὐθεράπευτος C. III 7, 4.
ἐφύω IV 14, 8; V 6, 2, 4; C. III 24, 4; IV 8, 2; 13, 6; V 10, 2; VI 10, 5; 17, 7.
καταμερίζω C. II 10, 5; V 2, 5.
κεφαλαλγής VIII 4, 6.
παράδεισος IV 4, 1; 5, 6; V 8, 1.
πολυκαρπία, auch S. I. I 20, 45. — III 2, 1; IV 14, 3; IX 2, 4: C. II 11, 11; III 7, 4; 15, 5; IV 8, 1; V 11, 2.
πολύσιτος VIII 6, 6.
προορμάω C. I 10, 7; 12, 6, 8; III 3, 1, 2.
σιτοποιία (Oek.) C. III 21, 1.
σπόριμος VI 5, 4.
στοιχέω (ari.) III 5, 3.
συνεκβαίνω C. VI 6, 3 (W).
σχηματοποιέω IX 4, 10.
τελεσφορέω; bei Theophr. = zur Reife bringen. — VIII 7, 6.
ὑπόβαθρον V 7, 6.
χειροπληθής IV 2, 7.

e) Bei mehreren Ioniern oder nur noch bei Dichtern oder Aristoteles (auch Mnesitheos, Hekataeus, Philolaos, Ktesias).

ἀγλυκής Hip. bei Xen. ἄγλευκής. — C. VI 14, 12; 18, 8.
ἄγχουσα Hip., Ar. frg., Ameipsias com. (att. ἔγχουσα, so Xen., Ari.) — VII 8, 3; 9, 3.
ἁδρύνω Hdt., Xen., Ari. — II 1, 4; III 1, 3; IV 10, 3; 11, 3; VI 2, 6; VII 1, 7; 3, 3; VIII 2, 6; 4, 4; 6, 6; 10, 3; 17, 4; C. III 21, 1; IV 13, 4, 6.
ἀκανθώδης Hdt., Ari., Mnesith. — I 5, 3; 10, 6; III 3, 2; 10, 1; 11, 5; 12, 3; 16, 2; 18, 11; IV 2, 8, 11; 4, 1, 3, 5, 10; VI 1, 2; 3, 7; VII 7, 4; 8, 1, 3; 14, 2; IX 4, 3, 7; C. I 10, 5; VI 12, 9, 10.
ἁλίπεδον Ar., Xen. — VII 15, 2.
ἁλμώδης Hip., Xen. — II 6, 2; VIII 7, 6; C. II 16, 8; III 6, 3; 17, 2; VI 3, 2; 10, 4, 7, 8.
ἀμετάβλητος Hip., Ari. — C. II 8, 4; VI 10, 2.
ἄνηθον Ar., (ἄννητον Alk., Sapph.) ἄννησον Hip., Hdt. —

ἄνηθον, die attische Form, findet sich I 11, 2; 12, 2; VI 2, 8; VII 1, 2, 3; 2, 8; 3, 2; 4, 1; 6, 4; C. VI 9, 3 (W); ἄννηcον I 12, 1, so auch IX 7, 3 statt ἄννητοc zu ändern[1]).

ἀποcήπω Hip., Xen. — C. V 6, 11.

ἀργιλώδηc Hdt., Ari. — III 18, 5.

ἀττέλαβοc Hdt., Ari. — II 3, 3.

ἀτρακτυλίc Xen., Ari. — VI 4, 3, 6; IX 1, 1.

ἀψίνθιον Hip., Xen. (ari.) — I 12, 1; IV 5, 1; VII 9, 5; C. III 1, 3; VI 4, 3, 6.

βαθύνω Il., Xen. — IV 11, 3.

βόθροc Hom., Xen., Ari. — IV 2, 2.

βουκέρωc Aesch., Hdt. — VIII 8, 5; die Form βούκεραc Hip., so IV 4, 10; C. V 15, 5; VI 14, 10.

γλυκαίνω Xen. (Oek.), Ari. — VII 4, 3; C. II 14, 1, 2; III 9, 3; IV 4, 5; 5, 2; 6, 3.

δήληcιc Hip., Hdt. — VII 13, 4.

διαγελάω Eur., Xen. — VIII 2, 4; C. I 12, 8; II 1, 4; IV 5, 1.

διάκοροc Hdt., Xen. — C. II 1, 5.

διάπειρα Pind., Hdt. — C. IV 16, 3.

διατετραίνω Hdt., Ar. — IV 4, 3; C. I 17, 9.

διείρω Hip., Xen. — I 8, 3; II 8, 1; C. II 14, 4.

διεcθίω Hdt., Ari. — IV 14, 10; VII 13, 3; C. III 20, 8; V 10, 1; VI 10, 1.

δράγμα Il., Xen. — VIII 2, 8.

δρύφακτοc Ar., Xen. — IV 4, 4.

δυcκατέργαcτοc Xen., Mnesith. — C. I 14, 4; 17, 6.

δύcριγοc Hdt., Ari. — VI 7, 3.

δωδεκάπηχυc Hdt., Hekat. bei Euseb., — IV 2, 8.

ἔβενοc Hip., Hdt., Ari. — I 5, 4, 5; 6, 1, 2; V 3, 1, 2; 4, 2; die Form ἐβένη IV 4, 6.

ἔντομα Hdt., Ari. — C. VI 5, 3.

ἐξαμελέω Hdt., Ari. — III 2, 2; C. III 17, 7.

ἐξημερόω Hdt., Eur. — II 2,

[1]) Das ἄννηcον und ἄνηθον tatsächlich, wie unsere Lexika angeben, nur verschiedene Dialektformen desselben Wortes sind, geht aus I 12, 1 und 12, 2 deutlich hervor; an der ersten Stelle wird ἄννηcον, an der zweiten ἄνηθον gebraucht. Aber beidemal ist es dieselbe Pflanze, deren Wohlgeruch gerühmt wird, und beidemal wird ihr die Thymbrapflanze (nach Sprengel und Fries Satureja Thymbra) wegen ihres scharfen Saftes gegenübergestellt. Ich verwerfe darum Wimmers Konjektur, der I 11, 2 das überlieferte ανηθον κοριαννηcον liest ἄνηθον, κορίαννον, ἄννηcον, und glaube, daß κοριάννηcον aus dem vorangehenden ἄνηθον verderbt ist.

9, 12; 4, 1; III 15, 1, 2; C. II 14, 2; III 17, 5.
ἐπαμάω Hom., Hes., ἐπαμάομαι Od., Hdt., Xen.; so auch Theophr. — IV 13, 5.
ἐπαφίημι Xen., Ari. — IV 7, 8; VIII 7, 4; 11, 9 (Schn.).
ἐπισάττω Hdt., Xen.[1]) — VII 2, 5.
ἐπισπείρω Pind., Hdt. — VII 1, 3; 5, 4; C. II 17, 3, 10; 18, 1; C. III 10, 3; 15, 4.
ἐρευθέδανον Hip., Htd.[2]) — VI 1, 4; VII 9, 3.
ἐρυθραίνω Xen., Ari.; nur bei Theophr. transitiv. — III 12, 5; 15, 3; 18, 5.
ἡδύοινος Xen. Appollod. com., — C. III 15, 1.
θρῖδαξ[3]) Hip., Hdt. — VII 2, 4, 9; 5, 3; C. II 15, 6.
ἰνώδης Xen., Ari. — I 5, 2, 3; 6, 4, 8; III 9, 7; 12, 1, 5, 7; 13, 5; 14, 3; VII 9, 3; VIII 3, 1; IX 5, 3.
ἴουλος Od., Aesch., Xen., Ari. — III 3, 8; 5, 5; 7, 3; 15, 2; 18, 11.
καθέψω Ar., Xen. (κάθεφθος Achai.) — VII 5, 2 (Schn.).
κάρδαμον Hip., Xen., com. — I 12, 1; VII 1, 2, 3, 6; 4, 1; 5, 5.
καρποφορέω Xen., Ari. — II 4, 3; 6, 7; III 3, 4, 5, 7; 12, 2, 8; IV 1, 5; 10, 4; 14, 13; IX 2, 8; C. I 13, 12; 20, 4; II 18, 2; IV 4, 2.
κασία Hip., Hdt., Melanipp., Mnesim. — IV 4, 14; IX 4, 2; 5, 1, 3; 7, 2, 3.
καταρραφέω Hip., Xen. — IV 4, 2.
κόνυζα Hip., Hekat., Ari. (σκόνυζα Pherekr.) — VI 1, 4; 2, 6; VII 10, 1.
κρίκος Hdt., Ari. — IV 2, 7.
κρίνον Hdt., Com. — I 13, 1; II 2, 1; IV 8, 6, 9; VI 6, 3, 8; 8, 3; C. I 4, 6; 7, 4; II 2, 2; VI 14, 1.
κύπειρον Hom., (κύπαιρος Alkman), κύπερος Hdt., κύπειρος Hom., Ar., Pherekr. — κύπειρος I 8, 1; 10, 5; C. VI 10, 1; κύπειρον IV 10, 5, 6; IX 7, 3; C. VI 11, 13. Nicht zu bestimmen ist die Endung I 5, 3; 6, 8; IV 8, 1, 12; C. VI 11, 10.
κωλυτικός Xen., Ari. — C. I 17, 5.
μελανία Xen., Ari. — V 3, 1, 3.
μονόκωλος Hdt., Ari. — C. II 15, 5.

---

[1]) Auch von Thumb a. a. O. S. 215 als ionisches Wort bezeichnet.
[2]) So zu akzentuieren nach Lobeck zu Soph. Ai. 931 p. [3]335.
[3]) Dies die nicht attische Form nach Phryn.; sie kommt auch auf Papyri der Ptolemäerzeit vor, s. Mayser, Grammatik der griech. Papyri S. 22.

μονοφυής Hdt., Ari. — I 2, 1, 4; II 6, 9; III 17, 2; 18, 5; IV 2, 7; C. I 1, 3; II 12, 2.

οἴναρον Kratin., Xen. — C. V 4, 1; 9, 11; 10, 1; VI 12, 4.

ὀλιγόγονος Hdt., Ari. — VIII 4, 4; C. I 22, 1.

ὀξύη Archil., Eur., Xanthus. — III 3, 8; 6, 5; 10, 13; 11, 5; V 1, 2, 4; 4, 4; 6, 4; 7, 6; 8, 3.

ὄψιμος Il., Xen. (Oek.; bei Ari. stets ὄψιος). Bei Theophr. findet sich die Form ὄψιμος nur VIII 2, 8, sonst immer ὄψιος, das vielleicht auch an jener Stelle zu schreiben ist.

παρακμάζω Xen., Alex., Ari. — IX 4, 7; C. I 16, 3.

παρακονάω Ar., Xen. — V 5, 1.

περιλέπω Il., Hdt. — VI 4, 10 (Scal.).

περίμετρος bei Hom. als Adj.; als Subst. bei Hdt.; so auch bei Theophr. — III 13, 1; 17, 5; IV 12, 4.

περιφλεύω Hdt., Ar. — IX 5, 3.

προπονέω Soph., Xen. — C. III 5, 3; IV 6, 6.

προσήνεμος Xen. (Oek.), Ari. — III 2, 5; IV 1, 5; VIII 10, 2; C. II 3, 3; 9, 1; III 6, 9; 22, 2; V 6, 4.

ῥίνη Xen., Com., Ari. — VII 14, 3.

σπορητός Aesch., Xen. — VIII 2, 8, 10.

συνειλέω Hdt., Xen. — C. III 14, 8.

τρίστοιχος Od., Ktes. bei Ari. — VIII 4, 2.

φιλυρά Hdt., Xenarch. com. — I 5, 5; 10, 1; 12, 1; III 3, 1; 4, 6, 2; 5, 6; 8, 6; 10, 4; 11, 1, 3; 13, 1, 3; 17, 5; IV 4, 1; 5, 1, 5; 8, 1; 15, 1, 2; V 1, 2, 4; 3, 3; 5, 1; 6, 2; 7, 5; 9, 7; C. I 6, 7; 22, 5; II 3, 3; 19, 1, 2; III 18, 3; VI 12, 7.

φλέως Pherekr., Ar., Ari.; Gen. φλέου Hip. bei Gal.; die Form φλοῦς Hdt., Kratin.; Lobeck, Pryn. p. 293 nach Poll. X 178: φλοῦς ionice, attice φλέως). — IV 8, 1; 10, 1, 4, 6, 7; 11, 12.

φολιδωτός Xen. (v. l.), Ari. — III 5, 6.

φυσικός Xen., Ari. — I 3, 6; 4, 2; 6, 9; II 1, 1, 2; 4, 4; VII 15, 1; VIII 4, 4; C. I 1, 2; 12, 6; 16, 13; II 1, 1; 8, 2; 10, 1; 15, 2; 16, 1; 17, 8; III 3, 2; V 4, 3, 7; 6, 1; 7, 3; 11, 3; 18, 1; VI 3, 3; 4, 2, 6; 5, 4; 7, 6; 8, 1; 11, 2, 9.

χελιδόνιον; Adj. χελιδόνιος Hippon., Ar., Epig. com., als Eigenname bei Hekat.; als Pflanzenname zuerst bei Theophr. — VII 15, 1.

ψυχεινός Hip., Xen. (ari.) — VIII 8, 1.

D. Wörter aus dem Sprachschatze des Plato und des Aristoteles.

a) Aus Plato:

ἀθεραπευσία II 2, 12.
ἀθησαύριστος VI 4, 11.
ἀνανθής I 3, 5; 14, 3; III 2, 1; 10, 4; 12, 4; VI 8, 4; VII 7, 4; C. III 19, 1.
ἀντικάω C. VI 1, 5.
ἄπιον I 11, 5; C. VI 14, 4.
ἀρτιτελής Phaedr. 251 A. — II 5, 5 (W).
διακάθαρσις II 7, 1—3; IV 13, 3; C. II 12, 6; III 2, 1, 2; 7, 5; 8, 2; 9, 5; 19, 1, 3; V 8, 2; 15, 3.
ἐκγλύφω V 2, 4.
ἑλκτικός C. III 17, 3, 5 (W).
ἐμφυτεύω IV 14, 4, 5; C. I 6, 1; II 14, 4.
ἐρέψιμος C. IV 2, 8; V 3, 3.
εὐθυπορία V 6, 2; C. II 11, 8; V 17, 3.
εὐθύπορος (ari.) C. V 17, 3, 5.
εὐστομία; bei Theophr. = Schmackhaftigkeit (entsprechend wird auch εὔστομος gebraucht). — IV 4, 7; C. VI 16, 2, 3, 6, 8; 17, 2.
ἡμιγενής I 14, 1.
θηριόω; bei Theophr. θηριοῦσθαι = wurmstichig werden. — C. I 7, 2; V 18, 1.
κακοφυής VIII 11, 8.
κερασβόλος, bei Plat. Leg. 9 A adjekt. übertragen = hart; bei Theophr. substant. = eine Art Hülsenfrüchte. — C. IV 12, 13.
κηπουρικός VII 4, 5.
κλάσις C. II 14, 4; III 7, 5; 14, 1, 2.
κολυμβάω IV 7, 2.
μονοειδής (ari.) I 1, 12; III 10, 3; 12, 3; 14, 2; 15, 6; VI 2, 6; VII 2, 11; VIII 5, 1.
νεουργός[1]) C. III 13, 3.
ὁμοιοπαθής (ari.) V 7, 2.
ὁμοφυής III 10, 3.
προθεραπεύω VII 3, 5.
πυρευτικός V 1, 12.
συναποτίκτω C. I 7, 1.
συνεκπυρόω C. VI 1, 5.
τιθασεία III 2, 2[2]).
τιθήνησις C. II 1, 6.

b) Aus Plato und Aristoteles:

ἀειδής C. VI 6, 7.
αἰσθητήριον C. VI 2, 2, 3.
αἰσθητικός C. II, 4, 8; VI 2, 3.
ἀλλοίωσις II 4, 4; C. I 1, 2;

[1]) Über die Schreibung s. Lobeck, Phryn. S. 185.

[2]) τιθασεία findet sich nach Steph. Thes. auch bei Philo und Origenes. Damit fallen Wimmers Bedenken, der dazu bemerkt: haud sine cunctatione dedi hanc vocem, quae in lexicis non exstat.

[ὁμοίωcιc VII 4, 3][1]).
ὄcφρηcιc C. VI 5, 2; 9, 3; 14, 2; 16, 8; 17, 10; 18, 8.
παροιμιάζομαι VII 7, 2; VIII 7, 6.
περικαθαίρω IV 11, 6; 13, 5; IX 7, 4.
πήδηcιc VIII 11, 7.
πίληcιc C. II 1, 4; V 8, 3.
ποιότηc C. I 16, 11; III 1, 3; V 8, 2; VI 7, 2; 17, 12; 18, 7.
προλεπτύνω C. VI 1, 5.
πτῶcιc C. V 4, 7.
ῥυπτικόc C. VI 1, 3, 4.
caπρότηc C. III 22, 2.
cτρογγυλότηc I 10, 4; IV 12, 2.
cυγγεννάω III 1, 5; C. V 15, 3.
cυμπαραλαμβάνω I 4, 4; C. III 21, 3; V 3, 7.
cυμπιλέομαι III 17, 5.
cυμφυήc V 2, 4; C. III 6, 5; 18, 2; IV 2, 1; 4, 8.
cυνάμφω VII 13, 7.
cυναπεργάζομαι C. III 10, 3.
cυνεφέλκω C. IV 13, 5.
cχηματιcμόc C. III 7, 4.
cχίcιc III 7, 1; VII 2, 5; C. V 6, 13, 4.
cωματώδηc (bei Pl. cωματοειδήc) V 9, 3; C. III 6, 8; 21, 2; V 14, 7; VI 11, 7, 16; 12, 5; 19, 3.
τελειότηc C. I 16, 4; IV 4, 1.
τμητικόc C. V 13, 7.
ὑπομονή C. V 16, 3.
φθαρτικόc C. IV 16, 3; VI 1, 3; 5, 3.
χωριcμόc; bei Theophr. in aktivem Sinne = χώριcιc. — I 4, 2; C. VI 6, 9; 7, 3; 16, 5.

c) Aus Aristoteles:

ἄβρωτοc p. l.[2]) — I 12, 4; III 4, 4; 12, 2, 4; IV 7, 7; VII 9, 4; 11, 4; 12, 1, 2; C. II 9, 14; V 1, 8; VI 12, 7, 9—12.
ἀγόνατοc De animal. incess. 709a 3; frg. 1512a 8. — IV 8, 7.
ἀγώνιοc Metaphys. 1020a 25. — III 14, 2; 18, 11.
ἀδιάφοροc C. VI 2, 4.
ἄδρυνcιc Metaphys. 1065b 20; Phys. 201a 19. — C. II 12, 1; IV 12, 11.
ἀείφυλλοc I 3, 5; 4, 2; 9, 3, 4, 7; 14, 3; III 2, 1; 3, 3;

[1]) Die Stelle ist indes verderbt. ·Es wird darauf hingewiesen, daß sich ἡ ῥαφανίc wie ἡ γογγυλίc gegenüber Kälte und Wärme verschieden verhalten: χειμαζομένη δὲ χαίρει καὶ αὕτη καὶ ἡ ῥαφανίc . . . τοῖc δὲ νοτίοιc καὶ ταῖc εὐδίαιc ἐκκαυλεῖ ταχύ. Nun schlage ich vor: τοῦτο μὲν οὖν λόγου δεῖται ὁμοίωc τῆc ὥραc (statt τῆc ὁμοιώcεωc) ἐν ἀμφοῖν εἶναι τὰc διαφοράc.

[2]) p. l. = paucis locis. — Bei diesem Abschnitt konnte natürlich allein der Index von Bonitz Auskunft geben.

17, 1; 18, 3; IV 2, 4, 5, 10; 7, 5; 14, 12; VI 6, 2; VII 10, 5; IX 6, 1; C. I 10, 7; 11, 6, 8; 13, 2; 17, 6, 7; 21, 7; 22, 4; II 17, 2; 18, 1, 3; 19, 2, 3.

ἀθεώρητος De gener. et corrupt. 316a 8.—C. III, 6, 7 (Koraës).

αἰδοιώδης p. l. — III 7, 4; VIII 2, 1.

ἄκλαστος De cael. 288 a 35. — C. I 15, 1.

ἀμεγέθης I 13, 1.

ἀμεταβλησία Phys. 230 a 10. — C. VI 19, 3.

ἀμμώδης p. l. — IV 8, 12; VII 15, 2; C. II 4, 1.

ἀναθυμίασις C. V 12, 3.

ἀναλλοίωτος p. l. — C. IV 12, 2; VI 10, 3.

ἀναπλήρωσις IX 2, 6.

ἀνατομή I 1, 4.

ἀναυξής p. l. — III 5, 2; IV 1, 5; VII 4, 8; C. I 8, 3, 4; II 3, 3; 5, 3; III 6, 9; 7, 2, 7; IV 6, 3.

ἀνεμπόδιστος p. l. — C. I 8, 2 (als Zitat nach Demokr.)

ἀνεμώδης Meteor. 360 b 5. — C. III 12, 3.

ἀντιδιαιρέομαι IV 13, 1.

ἀντιπεριίστημι C. II 9, 8; VI 7, 8; 8, 8; 18, 11.

ἀντιπερίστασις C. I 12, 3; 13, 3, 5; II 6, 1; 8, 1; VI 18, 12.

ἀνωθέω De animal. hist. 768 b 19. — V 6, 1.

ἀνωμαλής (statt des gewöhnlichen ἀνώμαλος) De animal. hist. 581 a 18; Phys. 265 b 12. — I 6, 3; C. III 6, 5; VI 17, 11.

ἀπεψία p. l. — C. II 8, 3; 9, 7, 13; V 9, 7; VI 4, 3; 6, 1.

ἀπλυσία De animal. hist. 549 a 4. — IV 6, 10.

ἀπόγειος Meteor. 363 a 1. — C. II 3, 1.

ἀποδηλόω p. l. — C. IV 16, 4.

ἀποτελειόω De animal. hist. 576 b 7. — VII 1, 8.

ἀποτυφλόω De animal. hist. 602 a 2; 618 b 7. — IV 4, 13.

ἀποφυτεύω p. l. — VII 2, 1.

ἀποφυτεία p. l. — C. I 4, 3.

ἀποφύω Metaphys. 1012 a 16. — I 6, 4; IV 9, 2; C. IV 8, 5; V 11, 1; 13, 4.

ἀπύρηνος II 2, 5, 7; 6, 4, 6; IV 1, 1; 8, 12; 13, 2; C. I 9, 2; 21, 2; II 1, 1, 7; III 9, 3; 17, 7; IV 4, 2, 9.

ἀρρίζωτος De animal. hist. 548 a 5. — C. III 7, 3 (W); V 1, 4.

ἀστροβλής De animal. hist. 602 b 22. — C. V 9, 1.

ἀστρόβλητος De iuvent. et senect. 470 a 32. — IV 14, 7.

ἀσυνήθης p. l. — C. IV 9, 3.

ἀσχιδής p. l. — III 10, 1; 14, 1; 17, 6.

ἀτέραμνοι De animal. gener. 767 a 34. — II 4, 2.

ἀτμιδώδης C. III 23, 2.
αὔανσις I 2, 4; 9, 7; C. V 11, 1; 13, 4.
ἀφάκη De animal. hist. 596 a 25. — VIII 1, 4; 5, 3; 8, 3; 11, 1; C. IV 15, 4.
ἄχυμος C. V 9, 7; VI 3, 1; 6, 6, 7; 11, 15; 12, 4, 11; 14, 2; 19, 2; die Form ἄχυλος I 12, 3; C. III 22, 6; IV 12, 12; V 6, 1; VI 11, 11; 14, 1; 19, 4[1]).
βαλανηρός I 11, 3; III 17, 1.
βάλσαμον frg. 1494 b 43. — IX 1, 2, 7; 4, 1; 6, 1, 4; 7, 3.
βλάστησις I 1, 3; 6, 10; 13, 4; 14, 1; II 6, 1; 7, 2, 6; III 1, 5; 4, 1, 2, 5; 5, 1—5; 6, 2, 3; 9, 6; 13, 6, 7; 18, 13; IV 10, 5; 14, 12; 15, 3; V 1, 1—3; 4, 6; VI 2, 8; 4, 2; 5, 4; 6, 9; VII 1, 4, 5; 2, 2; 4, 10; 7, 3; 9, 1, 5; 10, 1, 2, 4; VIII 7, 6; 11, 1, 9; IX 1, 1, 6; C. I 1, 2; 4, 6; 6, 1–3, 5; 8, 1; 10, 1, 2; 11, 4; 12, 1, 2, 6, 7; 13, 3—5; 14, 3; 15, 2; 16, 5, 13; 17, 1—3, 10; 18, 3—5; 19, 2; II 1, 1—7; 2, 1, 3; 3, 2, 7; 9, 8; 10, 2; 11, 7; 15, 6; 18, 1, 2; 19, 3; III 2, 6, 7; 3, 1, 4; 4, 4; 5, 1, 4; 7, 4, 6, 9, 10; 8, 2; 10, 5, 6; 11, 6; 12, 3; 13, 1; 15, 1, 5; 22, 6; IV 2, 1; 3, 2, 4, 6; 4, 4, 11; 5, 1; 6, 2, 8; 7, 6; 11, 9; 12, 1, 13, 1; 16, 3; V 1, 3, 4, 7, 11, 12; 2, 5; 4, 1, 5; 6, 5, 7; 8, 3; 9, 10, 12; 10, 2; 13, 6; 15, 1; 16, 12; 17, 4, 6, 7.
βοστρύχιον p. l. — C. III 16, 1.
βραχυβιότης De longit. et brevit. vit. 467 b 6. — IV 13, 1; C. II 11, 4.
γειτνίασις C. VI 18, 7.
γενικός Top. 101 b 18; 102 a 36. — I 4, 2.
γεῦσις III 7, 4; 11, 4; 15, 6; IV 4, 2; 8, 1; 16, 3; VII 2, 6; 5, 8; 11, 4; 12, 3; IX 4, 7, 10; C. I 22, 6; II 6, 4; III 1, 4; VI 4, 5; 8, 4; 9, 3; 12, 6; 16, 6, 7.
γλισχρότης I 5, 4; III 18, 3; V 3, 4; 7, 3; C. I 4, 1; 6, 4; 17, 6; IV 8, 2; VI 18, 11.
δερματικός auch Inschr.: IG. II 2, 741. — I 11, 3, 5; C. I 7, 3; 19, 2; III 10, 2; IV 1, 2; 2, 1.

[1]) Die Unterscheidung, die Orion Etymol. 163 a 4 gibt (nach Sturzens Herstellung): τὸ μὲν ἐν πέψει καὶ ἐν αἰσθήσει γεγονὸς χυμός· .... τὸ δὲ ἄπεπτον καὶ ἀνέψητον, πεφθῆναι δὲ δυνάμενον, ὡς ἡ ἐν ποίαις καὶ ὀπώραις οὐσία, χυλός —, ist gelehrte Tüftelei, die der Sprache der Literatur fremd ist. In unserer Überlieferung sind bei Plat., Aristot. wie bei Theophr. beide Formen ohne jeden Unterschied gebraucht.

ἐρυσιβώδης De animal. hist. 605 b 18; 626 b 23. — VIII 3, 2; C. III 21, 5; 22, 2; 23, 5; 24, 4.
ἐσχατεύω De cael. 298 a 14; Meteor. 362 b 22. — C. V 1, 3.
εὐαυξής I 9, 2; II 1, 2; 2, 4; III 6, 1; 10, 2; 11, 3; 14, 1; 17, 1; 18, 8; IV 11, 10; VII 4, 2, 5; 5, 3; VIII 4, 3; C. I 6, 2; 8, 3, 4; 13, 8; II 11, 9; III 6, 8, 9; 7, 7; 10, 8; IV 14, 4; VI 18, 9.
εὐβοσία I 11, 5; C. I 2, 3; II 10, 2; III 7, 5.
εὐδιαίρετος p. l. — VII 13, 1.
εὐθένεια C. III 11, 6 (bei Ari. εὐθηνία, vgl. Mayser, Gram. d. Ptol. Pap. S. 427; Herwerden, Lex. suppl. S. 329; I. O. Index S. 663). — Für εὐcθένεια C. II 1, 7; 5, 2; 15, 4; III 2, 1 wird nach L. Dindorf, Steph. Thes. III 2446, εὐθένεια zu schreiben sein.
εὐθεώρητος De animal. hist. 578 a 2. — I 1, 1.
εὔθραυστος I 5, 4, 5.
εὐθύγραμμος I 12, 1.
εὐθύτης C. I 8, 2; III 5, 2.
εὐμελιτέω De animal. hist. 625 a 24. — VI 2, 3.
εὐξήραντος p. l. — C. I 2, 3; 3, 2; 4, 1; 7, 4; II, 4, 2.
εὔσηπτος De animal. gener. 785 a 2, 25. — IV 2, 8; C. II 4, 4; 11, 1.
εὔτοκος De animal. hist. 573 a 9; 576 a 22. — C. II 11, 4.
εὔτομος Politik. 1130 b 22, 30. — In anderer Bedeutung III 14, 1.
εὐτροφέω De animal. gener. 765 b 26. — VIII 8, 4; C. IV 1, 4; VI 6, 3; wohl auch C. IV 10, 1 εὐτροφεῖ schreiben statt εὐτραφεῖ, einer Mißbildung, die sonst nicht belegt.
εὔφθαρτος III 18, 5; C. II 11, 4; IV 4, 6.
ζεφυρικός Meteor. 364 a 20. — VIII 7, 7.
ζεφύριος p. l. — C. II 3, 1.
ζῳογονέω frg. 294 R³ (1529 a 32). — VII 14, 3; VIII 11, 2; C. III 22, 3; 24, 3; IV 15, 2, 4; V 9, 3, 4.
ζῳοποιέω De animal. hist. 555 b 9; De animal. gener. 730 a 2. — C. III 22, 4; IV 6, 4; 12, 12; 14, 5.
ζῳοτόκος C. I 21, 5.
θησαυρισμός Politik. 1256 b 28. — VIII 11, 3; C IV 15, 13.
θυλακώδης De animal. hist. 543 b 13. — III 7, 3.
ἰσημερινός Meteor. (viermal). — C IV 11, 4.
ἰσοπαχής De animal. hist. 527 a 7; 532 b 21. — III 5, 6; VII 2, 5.
ἰσοφυής De animal. hist. 493 a 23 (fehlt bei Bonitz). — III 7, 4.

καλαμώδης I 6, 7, 10; IV 6, 6; 10, 6; VII 13, 1; VIII 2, 3, 4; C. VI 11, 11.
κάπνειος De animal. gener. 770 b 20. — II 3, 2.
κάπνεος C. V 3, 1.
καπνώδης C. V 3, 2.
κατάξηρος De anima 422 b 5. — C. III 22, 3; VI 12, 2; 18, 3; 19, 4.
κεντρίνης frg. 293 R[3] (1529 a 17) = Haifisch; bei Theophr. = Wespenart. — II 8, 2.
κερατώδης p. l. — V 1, 6.
κεφαλοβαρής De longit. et brevit. vit. 467 a 34. — I 6, 8; VII 2, 8.
κοιλότης p. l. — I 10, 8; 11, 3.
κολοβόω p. l. — III 6, 3.
κόλουσις Politik. 1311 a 21. — C. II 15, 4; III 16, 3; V 16, 1; 17, 3, 5.
κομμιδώδης, bei Ari. κομμιώδης De animal. hist. 628 b 27. — C. V 10, 2.
κονιορτώδης De cael. 313 a 20; De animal. hist. 557 b 3. — VIII 11, 1; C. IV 16, 1.
κρεμάστρα (bei Ari. κρεμάθρα) Rhet. 1412 a 14. — III 16, 4.
κυνόσβατον frg. 520 R[3] (1563 a 27)? — III 18, 4.
λαίμαργος De animal. hist. 591 b 1; De animal. part. 675 a 20. — C. I 22, 1.
λεπτομερής C. VI 19, 2.
λεπυριώδης De animal. hist. 546 b 20. — I 6, 7; IV 6, 2; VII 9, 4; 12, 1; 13, 7, 9.
λόφουρον II 7, 4; III 10, 2; V 7, 6; VI 7, 6; C. III 6, 2; 9, 5.
μακροβιότης p. l. — IV 13, 2; C. II 4, 4; 11, 9—11.
μάνωσις Phys. 212 b 3; 217 a 12; 260 b 8, 11. — C. IV 14, 2; V 11, 3.
μελιττώδης De animal. part. 683 a 30. — I 12, 1; III 7, 6; C. VI 9, 2.
μηρυκάζω p. l. — III 10, 2.
μόλυνσις De animal. gener. 776 a 8. — C. IV 9, 6.
μονόχροος p. l. — I 13, 1.
νεωλκία Phys. 253 b 18. — V 7, 2.
νοσηματικός p. l. — C. VI 10, 5.
ξυλώδης Meteor. 387 a 32. — I 6, 1, 4, 6, 7; 11, 2; III 18, 9; IV 10, 5; VI 1, 1; 2, 2; 6, 3, 11; 7, 3, 4; VII 2, 8; 3, 2; 13, 2; VIII 2, 3; 3, 2; 7, 2; IX 5, 1; C. I 3, 1; 4, 3; 7, 2; 10, 4, 14, 4; 16, 7; 17, 5, 6; 19, 2; 20, 1—3; 21, 1; II 12, 2; 15, 6; III 2, 8; 10, 2; IV 1, 2; 3, 1; 8, 3, 5; V 18, 4; VI 11, 15; 12, 7, 11; die Form ξυλοειδής VII 9, 3.
οἰκοδομή[1]) III 8, 5.
ὀλιγοσπέρματος De animal. gener. 725 a 29. — VII 4, 4.

[1]) Vgl. Lobeck, Phryn. S. 487—491.

ὀλιγόχοος De animal. gener. 757 a 21. — VIII 4, 3; C. IV 8, 3; 11, 3.
ὁμοειδής C. I 4, 1; 22, 1; III 6, 6.
ὁμοιοσχήμων Analyt. prior. 27 b 11, 34; 33 a 37; 36 a 7. — VI 2, 2; VII 3, 5.
ὁμωνυμία VII 15, 4; C. I 18, 3; IV 16, 2.
ὀξυγώνιος C. VI 7, 2.
ὀπίζω Meteor. 384 a 22. — VII 6, 2; IX 1, 3, 7; C. VI 11, 15.
ὀργανικός I 1, 12.
ὀσφραντικός p. l. — II 18, 4.
οὐλότης De animal. gener. 782 a 3; b 24, 28. — I 8, 6 (W); V 2, 3; C. VI 11, 8.
ὀχετεία De animal. part. 668 a 27. — C. III 7, 6; V 6, 7.
παθητικός V 9, 7; C. I 4, 4; 22, 3; IV 12, 13; V 6, 12.
παράγειος De animal. hist. 602 a 16. — IV 6, 7.
πάρεγγυς C. VI 17, 9.
πάρυδρος De animal. hist. 593 b 8. — III 6, 1; 13, 7; IV 12, 2; C. II 7, 3; 11, 1; V 16, 2.
πάχυνσις Meteor. 383 a 11. — C. VI 11, 17; 16, 2, 5.
πέπανσις III 4, 1, 6; 5, 3; V 1, 2; C. I 13, 2; 14, 2, 3 (W); 16, 6; 17, 3; 19, 4; 22, 2; II 8, 1, 2; III 17, 4; VI 17, 3; 18, 11.
περικάρπιον I 11, 5; 12, 1; 13, 3, 4; III 5, 6; IV 10, 3[1]); 13, 1; VI 1, 3; 4, 11; C. I 16, 1, 2, 5, 6; 17, 5, 6; 19, 1—3; 21, 1, 2; III 9, 4; 10, 2; IV 1, 2, 5; 2, 1; VI 6, 5; 7, 4, 5, 8; 8, 3, 4, 7; 14 5.
περιττωματικός C. I 14, 3; 16, 7; VI 6, 8; 12, 5; 17, 9.
περιφέρεια III 10, 5.
πικρίς De animal. hist. 612 a 30. — VII 11, 4.
πηχυαῖος De animal. hist. 606 b 6; 607 a 32. — II 6, 10; III 17, 5; VI 3, 4.
πιττώδης De animal. hist. 587 a 32. — I 12, 2; III 1, 6; 5, 2; 7, 4; 9, 2, 5; IX 2, 2; C. I 5, 1.
πλακώδης p. l. — IX 4, 8.
πλάσις p. l. — IV 11, 5.
πλατύφυλλος Anal. poster. 98 b 4, 7. — I 10, 4; III 8, 2, 5—7; 11, 3; 13, 5; 17, 3;

[1]) IV 10, 3 ist überliefert κατακάρπιον, ein Wort, das nirgends in der Literatur belegt ist. Es steht aber ganz in dem Sinne von περικάρπιον. Wimmer glaubt darum, daß περικάρπιον die ursprüngliche Lesart gewesen sei. Ich meine, man müsse dies ohne Bedenken auch in den Text aufnehmen, zumal die Verderbnis durch das folgende κατακλίνεσθαι hinreichend erklärt ist.

E. Sonstige seltene Wörter.

αἱματώδης Thuk., Ari. — VI 4, 6; IX 1, 1.

ἄμβλωσις Lys., Ari. — C. V 9, 13.

ἀμπελουργέω Aeschin. — C. III 7, 5; 14, 1; 15, 1.

ἀμφίβια Demokr., (Ps.-Pl.), Ari. — I 4, 3,

ἀναβλαστάνω Hdt., Pl. — II 3, 3; III 1, 6; 9, 5; 17, 3; IV 2, 8; 14, 12, 13; VI 2, 3; 4, 2; VII 10, 1; VIII 11, 9; C. II 16, 3; 17, 3; IV 11, 4; V 13, 4.

ἄνδηρα, τά, Bakchyl., Hypereid. nach Harpokr. — VII 15, 2; C. III 15, 4.

ἄνοιξις Thuk. — C. II 9, 8.

ἀντιπληρόω Thuk., Xen. — C. I 13, 3; II 1, 2.

ἀντιστατέω Hdt., Pl. — I 7, 1.

ἀπογεννάω Hip., Dem. — C. I 16, 2.

ἀπόληψις Hip., Thuk. — C. III 21, 1.

ἀσπάλαθος Hip., Theogn., Ar., Pherekr., Pl. — IX 7, 3.

ἄσπορος Dem. — VIII 11, 9.

ἀτεράμων Pl., Ar. — VII 13, 1, 2, 4—8; VIII 8, 6, 7; C. IV 7, 2; 12, 1—4, 6—13; 13, 1.

βλάστη Soph., Antiphan., Pl. — C. I 6, 3; 12, 7; II 4, 3; 15, 4; IV 7, 1, 7; 10, 3; V 6, 9; 7, 1; VI 11, 8.

βόθυνος (gemeingriech. für βόθρος; vgl. Schmid, Attic. IV 282) Xen., Kratin., Lys., Ari. — IX 2, 3.

γεροντικός Apollod., Pl. — V 7, 7.

γωνιώδης Hip., Thuk. — I 13, 2; γωνοειδής I 10, 1; III 13, 5; 18, 6; C. VI 1, 6; 10, 3.

διαβιβρώσκω Hip., Pl. — IV 6, 10.

διαζώννυμι Thuk. (ari.) — IV 8, 10.

διακαθαίρω Ar., Pl., — II 6, 5; 7, 1; C. III 7, 10.

διαμφισβητέω Ari., Dem. — II 6, 3; III 3, 4; 9, 4; C. II 9, 9; III 6, 1; VI 8, 2.

δριμύτης Hip., Mnesith., Pl. — V 9, 7; VII 9, 4; IX 5, 3; C. I 4, 3; 12, 2; 14, 4, 6; 16, 9; II 5, 4; 15, 6; 18, 4; III 1, 4; 24, 4; IV 2, 1; 15, 3; V 7, 1; 9, 4; VI 5, 4; 10, 7, 8; 12, 2, 8; 15, 4.

δύσπεπτος Mnesith., Pl., Ari. — C. II 17, 7.

ἐγγώνιος Hip., Thuk. — I 10, 1; III 15, 4.

ἔγκαρπος Soph., Phryn. com., Pl. — C. II 4, 2; III 14, 3; 23, 3.

ἐγκαταμείγνυμι Isokr., Ari., — C. III 10, 1; 12, 2.

ἔγχυμος Hipp., Pl., Ari., die Form ἔγχυλος Alexis. — ἔγχυλος III 7, 2; VII 9, 5 (W);

VIII 4, 1; 11, 3; C. I 17, 10; IV 12, 11; 13, 3; VI 6, 4; 14, 7; 17, 6; 19, 4; ἔγχυμος C. V 4, 3; VI 3, 2; 6, 5; 11, 2; 12, 4, 11; 19, 2.

ἐκβιάζομαι Soph., Pl. (ari.) — I 8, 4; VIII 10, 4; C. III 23, 1.

ἐκβλαστάνω Hip., Eur., Pl. — V 9, 8; VI 6, 8; VII 1, 7; 2, 3; C. I 2, 1; 3, 5; 10, 3; II 12, 3; III 5, 1; 7, 3; 23, 1; IV 3, 2; 6, 1, 2; 7, 3, 4.

ἐκδρομή Thuk., Xen. — II 1, 3.

ἐκθερίζω Eur., Dem. — C. IV 6, 1.

ἐκφανής Aesch., Pl. — I, 6, 8; 10, 2; VIII 7, 1.

ἐλαιηρός Hip., Pind., Pl. — II 3, 8.

ἔμμονος Xen., Pl. — C. I 6, 7; V 14, 6, 7.

ἐναποθνῄσκω Hdt., Thuk., Phryn. com. — II 8, 2; IV 4, 12.

ἐξαναπληρόω Dem. — III 17, 1.

ἐπίζευξις Aeschin. — II 6, 1.

ἐπιθάνατος Hip., Dem. — C. VI 4, 5.

ἐπικαιρία Hip., Demokr. bei Diog. Laert. — C. II 14, 1.

ἐπίκηρος Isokr., Ari. — VI 7, 3; VII 5, 1; C. I 10, 4; 20, 3; II 12, 5; III 22, 2; IV 14, 4; V 14, 6.

ἐπικινδυνεύω Dem. — V 8, 2 (W).

ἐπικλινής Thuk., Ar. — C. III 22, 1.

ἐπικοιμάω Hip., Pl. — VIII 7, 7.

ἐπιμαρτυρέω Hdt., Pl. — VI 7. 2; C. III 1, 6.

ἐπιμήκης Demokr. bei Sext. Emp. — I 2, 5.

ἐπωτίδες Thuk., Eur. — V 7, 3,

ἐργάσιμος Xen., Pl. — III 8, 2, 4; VI 3, 5; 5, 2; C. IV 12, 6.

εὔκρας Eur., Pl. — VII 1, 4.

εὐοδέω Dem., Ari. — I 6, 4; C. V 6, 7, 8.

ζευγίτης Dem., Ari. — IV 11, 3, 5.

ἡμίεκτος Hip., Dem., Krates.; die Form ἡμιεκτέος Ar., Plat. com., auch S. J. I 10, 26; II 501, 4; 570, 11. — II 6, 2.

θερισμός Hdt., Eupol. Aeschin., — C. II 17, 6.

καθαρότης Hip., Pl. — C. IV 16, 2.

κατακορής Hip., Pl., Ari. — C. III 9, 2.

κατάκορος Hip., Pl. — IV 8, 8.

κατακρούω Hip., Pl., auch S. J. 542, 14 (att.; 338—322 v. Chr.). — VII 3, 5; C. V 6, 7 (Schn.).

καταξηραίνω Mnesith., Pl., Ari. — C. I 12, 9; 18, 2; 19, 5; III 16, 4; 17, 1; IV 5, 7; 8, 4; V 7, 2; VI 12, 9; 14, 12; 19, 1.

κατασείω Thuk., Xen. — II 8, 4; C. III 18, 1.

κατατομή Hypereid. bei Harpokr. — IV 8, 10.
κεραμέος Com., die Form κεραμεοῦς Pl., auch auf Papyri (s. Crönert a. a. O. S. 178). — V 3, 2; C. IV 12, 4[1]).
κρόκινος Demokr. — I 13, 1; III 4, 5, (W).
κύκλωθεν Hip., Lys. — IV 6, 10.
λάπαθον Demokr. — VII 1, 2; 2, 7, 8; 4, 1; 6, 1; 7, 2; C. III 1, 4; die Form λάπαθος I 6, 6.
λεπτόγεως Thuk., so att. -εως, εων, -εω (plur.) VIII 2, 11; 6, 6; 8, 6; λεπτόγειος, -είῳ, -είων, -είοις I 9, 7; II 8, 1; VI 5, 2; VIII 7, 6; C. I 6, 9; 18, 1; II 9, 7; III 6, 8; 21, 2; IV 9, 4; 12, 3; VI 17, 4.
λοχμώδης Thuk. — IV 8, 1; 11, 11, 13.
μάραθον Hip., Com., Dem., (daneben auch μάραθος). — I 11, 2; 12, 2; IV 6, 3; VI 1, 4; 2, 9; VII 3, 2; C. VI 9, 3 (nie μάραθρον: Mayser a. a. O. S. 188).
μασχαλίς Ktes. — III 7, 5.
μεταίρω Eur., Dem. — C. I 4, 2; 22, 2.
μοσχεύω Dem. — II 2, 5; 5, 3; C. III 5, 1, 3; 11, 5.
ναματιαῖος Aeschin. — II 6, 5; IV 2, 9; VIII 7, 3; C. I 19, 5; II 5, 5; 6, 3.
ὁλόσχοινος Aeschin. — IV 12, 1, 2.
ὄλυρα Il., Hdt., Dem. — VIII 1, 3; 4, 1; 9, 2.
ὁμοιομερής Anaxag., Ari. — I 1, 12; 2, 1; C. V 2, 1.
ὄροβος Hip., Dem., Ari. — II 4, 2; III 13, 6; VII 5, 4; 6, 3; VIII 1, 4; 2, 5; 3, 2; 5, 1—3; 8, 4; 10, 1; 11, 2, 6; C. II 18, 1; III 10, 3; IV 2, 2; 11, 1; V 15, 5.
οὖον Hip., att. ὄον bei Pl. Conviv. 190 D; jenes C. II 8, 2, 3.
παρακαταπήγνυμι Thuk. — VIII 3, 2.
παρεισδύνω Hip., Dem. (ari.) — C. IV 13, 6.
παρεκτείνω Demokr., Ari. — C. I 13, 9; 17, 9.
παροχετεύω Pl., Eur. — C. V 17, 4.
πέλιος Hip., Dem. — III 17, 5.
περικλείω Hdt., Thuk. — IV 4, 1.
περικοπή Thuc., Andokid. — C. V 4, 7.
περιορύττω Hdt., Pl. (ari.) — II 7, 7; C. V 6, 3.
περιπλύνω Dem., Ari. — C. IV 14, 4.
πικρία Dem. — C. VI 10, 7.

[1]) An beiden Stellen ist wohl für κεραμέας bezw. κεραμέᾳ zu akzentuieren κεραμεᾶς, κεραμεᾷ, vgl. noch Meisterhans[3] S. 149, 4, allerdings auch Mayser a. a. O. S. 293.

πίτυρον Hip., Dem. — VIII 4, 4.
πολυζίτων Demokr. ad Hip. — C. III 21, 2; IV 6, 3; 11, 10; 15, 3; 16, 2; V 18, 2.
προcεναλαμβάνω Dem. — V 7, 7.
προcτερονάω Xen., Pl. — II 8, 3.
πρότηιτα Thuk. — C. III 6, 2.
ῥοδωνία Kratin., Dem. — I 9, 4; 13, 3; II 2, 1; VI 1, 1, 3; 6, 1; 8, 5; C. I 4, 4; III 19, 1; VI 10, 5.
cικύα Hip., Ari., übertragen bei Pl. Com. — I 11, 4; 13, 3; VII 2, 9; 3, 5; C. I 10, 4; II 11, 4; 18, 2.
cκάνδιξ Ar., Andokid. bei Suid. — VII 7, 1; 8, 1.
cτερέωμα Anaxag., Ari. — V 7, 3.
cτύραξ; das δένδρον oder θυμίαμα Hdt., Ari. — IX 7, 3.
cυγκάω Hip., Pl. — I 13, 3; C. V 9, 8.
cυμμεταβάλλω Aeschin., Ari. — C. II 14, 3; III 17, 7.
cυμπιραμένω Hip., Thuk. — IV 11, 3.
cυμπατέω Kratin. bei Poll., Aeschin. — VIII 7, 5.
cυνεξάγω Hdt., Pl. — C. I 1, 3; IV 13, 5, 6; V 12, 4.
cφαιρον Demokr. bei Ari., Pl. epist. — III 7, 4, 5; C. I 5, 1.
τετραετής Hdt., Pl. — II 8, 7.
τραπεζίον Lys. bei Poll. (ari.) — IV 2, 5.
τρίcτοιχος Od., Ktes. bei Ari. — VIII 4, 2.
τρυγητός Thuk. — V 1, 2.
ὑδρεία Thuk., Pl. — II 6, 3; 7, 1, 3; C. III 9, 3.
ὑλώδης Thuk., Xen. — C. I 5, 2; V 14, 5; VI 17, 9.
ὑπολιπής Theopomp. bei Phot. — III 13, 2.
ὕφυδρος Hip. (bei Gal.), Thuk. — C. III 6, 6.
φελλός Aesch., Pind., Alexis, Pl. — I 2, 7; 5, 2, 4; II 4, 2; III 15, 3; 17, 1, 2; 18, 5; IV 4, 9, 10; 15, 1; V 3, 6; VIII 1, 4; 3, 2, 4; 5, 1—3; 8, 3, 4, 6; C. IV 12, 1, 13; 15, 2, 4; V 6, 11; 15, 5; VI 9, 3.
φυκίον Pl., Ari., Alexis. — IV 7, 3.
φυτεία Xen. (Oek.), Pl. — I 8, 2; II 2, 11; 5, 1, 6; 6, 1, 2, 12; III 8, 4; 10, 3; 17, 2; VI 6, 10; 7, 1, 6; C. I 1, 3; 4, 2; 6, 1, 3, 10; 8, 3; 9, 1; 12, 2; 13, 3; III 2, 5; 3, 2—4; 4, 1, 4; 5, 5; 8, 1; 11, 5; 12, 3; 20, 7; V 15, 3; 17, 6.
ψωράω Hip., Pl.[1]). — IV 14, 3, 4; VIII 10, 1; C. V 9, 10.

[1]) Über die Schreibung s. Lobeck, Phryn. S. 80.

F. Bekannte Wörter in ungewöhnlicher Bedeutung:

αἰγίς = Kern der Kinnfichte. — III 9, 3, 7, 8; V 1, 9.

ἄκοπος = vom Wurm nicht angestochen. — IV 4, 2; C. IV 13, 7; 16, 2; VI 10, 6.

ἀναχωρέω : χώρα ἀνακεχωρηκυῖα = das zurückgelegene Land, im Gegensatz zu der Meeresküste, so auch bei Späteren. — IX 7, 4.

βρόμος; als Pflanze nur noch bei Philox. — VIII 4, 1; 9, 2; C. IV 4, 5; 5, 2; 6, 3.

διώκω fast ebenso wie φιλέω. — I 4, 1 διώκειν τοὺς τόπους; C. I 16, 9 διώκει τὴν ξηράν (hier Gegensatz φεύγει), s. auch C. II 18, 2; IV 3, 2; vgl. Ari. De animal. hist. 597 a 16 ἰχθύες τὴν ἀλέαν διώκοντες.

δόλιχος; als Pflanze nur noch bei Anaxandr. — VIII 3, 2; 11, 1; C. II 18, 3.

ἐπιβάλλομαι : ἐπιβάλλεσθαι βλαστούς = weitere Sprossen treiben III 5, 1.

ἑσπερίς; als Pflanzenname zuerst bei Theophr. — C. VI 17, 3.

θησεῖον; als Pflanzenname nur bei Theophr. — VII 12, 3.

θῦμα; als Pflanze nur bei Theophr. — IV 7, 1.

ἶρις; als Pflanze auch bei Hip., Philox. — I 7, 3; IV 5, 2; VI 8, 3; VII 13, 1, 2; IX 7, 3, 4; C. VI 11, 11, 13; 14, 8; 18, 12.

καρδία = ἐγκάρδιον. — I 2, 6; III 10, 2; 14, 1; 17, 5; V 5, 4; IX 2, 7.

κόμη = Laub, so Hom. — II 6, 4, 10.

κρηπίς; als Pflanze nur bei Theophr. — VII 8, 3.

κῦμα = κύημα junge Pflanze, ähnlich bei Aesch., Eur. — I 6, 9.

κώνειον; sonst zur Bezeichnung des Schierlingstrankes, als bloßer Pflanzenname auch bei Hip. — I 5, 3; VI 2, 9; VII 6, 4 [1]).

μήτρα; bei Theophr. = Mark der Bäume (so auch ari. De plant.). — I 1, 11; 2, 1, 6; 6, 1, 2; II 7, 3; III 9, 3; 10, 5; 16, 3; IV 16, 4; V 1, 11; 2, 2; 3, 1; 5, 2, 4, 6; C. I 6, 7; III 11, 1; 14, 4—7; IV 11, 1; V 5, 3; 6, 13; 17, 1.

παρθένιον; als Pflanze auch bei Hip. — VII 7, 2.

[1]) In unserer Sprache haben wir umgekehrt die Übertragung des Namens eines Getränks auf das erzeugende Gewächs in Redensarten wie 'der Wein wächst, der Wein blüht' usw.

πόθος; als Pflanzenname zuerst bei Theophr. — VI 8, 3.

ῥοώδης; bei Theophr. = abfallend. — III 18, 13[1]).

στύγες = Kälte. — C. V 14, 4.

φάσγανον; als Pflanze zuerst bei Theophr. — VII 12, 3; 13, 1, 4.

φλόξ; als Pflanze zuerst bei Theophr. — VI 6, 2, 11.

χάλκειος; als Pflanzenname nur bei Theophr. — VI 4, 3.

ψυχή = Schmetterling, so auch bei Ari. — II 4, 4; C. V 7, 3.

G. Dialektische Formen.

ἀλήθω = ἀλεῶ, so auch bei Hip., Pherekr. (Suid.), vgl. Lobeck, Phryn. S. 151. — C. IV 12, 13.

αὖλαξ poet. = ἄλοξ att. — VIII 8, 7; C. IV 12, 1, 5.

βέρεθρον = βάραθρον att.; die erste Form auch bei Hom. (dann Koine). — III 1, 2; V 4, 6.

λιθιάω = λιθάω att. (s. Lobeck, Phryn. S. 80), auch bei Hip., Pl. — VII 6, 3.

μελέϊνος, bei Hom. μέλινος. — V 7, 8.

νεόδορτος = νεόδαρτος att. — IX 5, 3.

πρίζω = πρίω att., auch bei Ps.-Pl. Theag. 124 A. — V 5, 6.

πρώϊνος spätere Form für πρώϊος, vor Theophr. nicht belegt. — C. III 20, 4; 24, 2.

Wörter, die sich zuerst oder allein[2]) bei Theophrast finden[3]).

I. Bildungen durch Komposition.

A. Durch Vorsilben:

I. Mit Suffixen:

Mit α privativum sind gebildet:

a) Adjektiva (auch Adj. verb.)[4]):

ἀβλαστής II 2, 18; VII 4, 10; VIII 11, 9; C. I 10, 6; II 4, 1; 6, 2; IV 12, 10; V 13, 6; VI 17, 13.

[1]) Über ῥοώδης von ῥοά abgeleitet s. unter den Neubildungen.

[2]) Diejenigen Wörter, die auch in der Literatur nach Theophr. nicht vorkommen, sind mit ! bezeichnet.

[3]) Nomina propria und davon abgeleitete Adjektiva (wie κασταναϊκός) sind nicht besonders aufgezählt.

[4]) Die Adjektiva stelle ich deshalb voran, weil vielfach von ihnen erst wieder die neugebildeten Substantiva und Verben abgeleitet sind.

ἀβλάστητος! C. I 3, 2.
ἄβλαστος! I 2, 5.
ἀγεώργητος C. I 16, 2; II 11, 3[1]).
ἀγίγαρτος C. I 21, 2.
ἄγωνος VII 6, 2.
ἄδᾳδος (= ohne Kienholz) V 1, 5.
ἄζῳος C. IV 15, 3.
ἀθέριστος VIII 11, 4.
ἀθριπήδεστος! V 1, 2.
ἄνικμος (ari.) C. III 23, 1; VI 20, 2.
ἄϊνος! I 5, 3; VIII 3, 1.
ἀκαμπής III 10, 4; 11, 1.
ἀκάρδιος III 12, 1.
ἀκέλυφος! C. I 17, 8.
ἄκλων VI 6, 2.
ἄκνισος C. II 4, 6.
ἄκολλος C. VI 10, 3.
ἀκονίατος VIII 11, 1; C. IV 16, 1.
ἀκόπριστος! C. IV 12, 3.
ἀλιπής IX 1, 3.
ἀλόπιστος! (ἀλέπιστος Geop.) V 1, 2.
ἄμισχος I 10, 7; III 7, 5.
ἀνέλαιος C. II 3, 8; VI 8, 7.
ἀνερίναστος II 8, 3; C. II 9, 12.
ἄνουλος! III 11, 3.
ἀνύδρευτος! VII 4, 6.
ἄνυλος! C. I 5, 2.
ἄοζος I 5, 4; III 7, 1; 15, 1; V 2, 1; 8, 2; ἄνοζος: I 8, 1, 2; 9, 2; III 10, 1; 11, 3; 13, 3; 17, 5; IV 1, 4.
ἀπελέκητος III 8, 7.
ἀπέπαντος C. II 3, 8; 8, 4.
ἀπερίττωτος! C. VI 10, 3; 17, 9.
ἀπήρωτος C. III 5, 1.
ἀπνεύματος (ari.) C. I 8, 3; III 24, 4.
ἄπευκος! III 9, 3, 5.
ἄρριζος (ari.) C. I 12, 2; III 5, 4.
ἀστελέχης I 3, 3.
ἄστοιχος VIII 4, 2.
ἄφλεβος I 5, 3; VIII 3, 1.
ἄφλοιος IV 8, 12; V 1, 2; VII 9, 4; 12, 3.
ἀφυλλάκανθος und ἀφυλλανθές s. unten.
ἀώριος C. II 2, 2.

b) Substantiva:

ἀγεωργησία! C. II 15, 1.
ἀγνόημα IX 4, 8.
ἀοσμία! VI 6, 5; C. VI 12, 6; 14, 2.
ἀτεραμνότης! C. IV 3, 2.
ἀτροφία (ari.) C. I 21, 3; II 6, 3; V 9, 9.
ἀχυμία (ari.) C. VI 12, 6 (W).

c) Verba:

ἀβλαστέω C. I 20, 5.
ἀκαρπέω III 3, 4; C. I 17, 9; 20, 5; II 16, 8; III 18, 2; V 9, 9, 10.
ἀτροφέω (ari.) VIII 6, 7; C. IV 5, 6, 7; 9, 9.

[1]) Mayser führt a. o. O. S. 480 dies Adj. und ἀθέριστος als Neubildungen an.

Bildungen mit δυc:

a) Adjektiva:

δυcαυξήc (ari.) III 6, 1; C. I, 8, 4; 17, 9; III 5, 4.
δυcαύξητοc! C. I 8, 2.
δυcβλαcτήc! VIII 6, 1; C. I 3, 1; IV 3, 3[1]).
δυcέργαcτοc C. I 17, 7.
δύcεργοc V 1, 1; 2, 3; 5, 1.
δύcθλαcτοc! VIII 4, 1.
δυcμανήc! VII 5, 2.
δυcξήραντοc VII 3, 3.
δύcπριcτοc! V 6, 3.
δύccχιcτοc! C. V 16, 4.
δύcτομοc III 14, 1; V 1, 3.
δύcτροφοc C. I 8, 4.
δυcτρύπητοc! V 6, 3.
δύcφθαρτοc VIII 11, 9.
δυcχειμέρινοc (sonst δυcχείμεροc) VIII 8, 1.
δυcώλεθροc! (s. Lobeck, Phryn. S. 705.) III 6, 5; IV 10, 5; 11, 13; 13, 5; VI 5, 4; VII 11, 3; C. I 3, 3.

Doppelt zusammengesetzte:

δυcαπόπτωτοc! C. I 11, 8.
δυcδιαίρετοc (ari.) VII 1, 3.
δυcδιάπνευcτοc C. I 2, 4.
δυcδιάτηκτοc! C. II 15, 2.
δυcκάτακτοc III 7, 4.
δυcκατάπεπτοc[2]) C. I 14, 4.
δυcπερικαθαίρετοc! (oder δυcπερικάθαρτοc) V 1, 1 (Schn.).

b) Substantiva:

δυcείδεια V 1, 1.
δυcκραcία C. V 8, 2.
δυcφυΐα! C. IV 8, 2.
δυcχυμία! C. VI 12, 12.

---

[1]) Fehlt bei Liddel und Scott, bei Steph. ohne Quellenangabe.

[2]) Doch glaube ich, daß δυcαπόcπαcτοc der codd. wiederherzustellen ist: δυcκατεργαcτότεροι γὰρ οἱ τοιοῦτοι (i. e. οἱ ξυλώδειc, γεώδειc κτλ.), δι' ὃ καὶ προανθοῦντα ἔνια τὸν καρπὸν ἔχει πολὺν χρόνον ὥcπερ ἀμυγδαλῆ· δυcαπόcπαcτοc γὰρ ὁ ξυλώδηc. Die Lesung der codd. paßt gut: Einige Bäume behalten infolge ihrer schweren Säfteverarbeitung die Früchte lang, so die Mandel; denn die holzige Frucht ist schwer abzutrennen. Wimmer ist durch den Schluß von § 3 auf seine Konjektur gebracht worden: αὕτη δ' ἡ τῶν καρπῶν πέπανcιc, εἰc ἣν πλείονοc δεῖται δυνάμεωc καὶ κατεργαcίαc. An unserer Stelle wird indes nur einfach hinzugefügt, daß sich die ἀπεψία äußerlich an der festen Anfügung der Frucht erkennen läßt. Der enge kausale Zusammenhang zwischen κατεργαcία und πεψία braucht hier nicht nochmals betont zu werden.

II. Mit Präpositionen:

a) Adjektiva:

ἀμφίδοξος (Ps.-Eur., ari.) C. I 22, 2.
ἀμφίεργος! C. III 23, 1.
ἀμφίκαρπος! I 6, 12.
ἀντιληπτικός[1]) C. I 6, 4.
ἀποβλητικός C. II 9, 3.
ἀπόκαυλος! VII 2, 4.
διαδυτικός! C. V 14, 1.
διάκοπρος! C. IV 12, 3.
διανθής I 13, 2.
διατενής! C. II 15, 2.
διάτονος C. II 3, 1.
διαυγής (ari.) III 7, 5.
διειδής C. VI 19, 2.
ἐγγωνοειδής III 12, 5.
ἐγχλωρός III 5, 2; 12, 5.
ἔκλιμος C. II 4, 6.
ἐκνέφελος VIII 10, 3.
ἐκπηκτικός C. V 14, 7.
ἔλλοβος III 14, 4: IV 2, 4, 8; VIII 5, 2.
ἐλλοβώδης! VIII 2, 5.
ἔμβιος C. I 1, 3; 3, 3; 4, 3; III 5, 3; V 4, 5; 6, 5.
ἔμβοθρος! IX 3, 1.
ἐμβύθιος IV 2, 2 (W).
ἐμπύρηνος! I 11, 3.
ἔμφλοιος! V 1, 2.
ἐναίθριος (sonst ἐναιθέριος) C. V 14, 2.
ἔναυρος! VIII 11, 6; C. III 13, 1.
ἔνδᾳδος I 6, 1; III 9, 3, 7; IV 5, 3; V 1, 5; 4, 2, 4.
ἔνσχιστος! C. V 17, 2.
ἔξορρος! I 11, 3.
ἐπίβαρυς! III 13, 6.
ἐπιβλαστικός! C. I 13, 8, 10 (Schn.).
ἐπίγλυκυς! III 18, 10.
ἐπίδασυς! III 18, 5.
ἐπίδροσος! VII 14, 1 (W).
ἐπίλευκος! III 7, 5; 14, 2.
ἐπιμέλας! III 8, 7; VI 5, 3.
ἐπίμετρος (auch S. J. 587, 254, 281, 285 aus dem Jahre 329/28 v. Chr.) C. IV 13, 7.
ἐπινεφής (ari.) C. II 9, 4; V 12, 2.
ἐπινοητικός C. II 1, 1.
ἐπίπικρος VI 4, 10.
ἐπίπλατυς VIII 5, 3.
ἐπιπορφύρος IV 6, 7.
ἐπίπυρρος (ari.) IV 10, 4.
ἐπίσαπρος III 7, 5.

[1]) Bei Wörtern wie ἀντιληπτικός, ἀποβλητικός, διαδυτικός usw. liegt die Neubildung eigentlich nicht in der Präposition, sondern in der Endung. Ich habe indes, weil sich manchmal eine bestimmte Entscheidung nicht treffen läßt, diese Wörter zunächst hier eingereiht und sie dann in dem Abschnitt, der die Neubildungen durch Endungen behandelt, nach Stämmen geordnet, ohne Stellenangabe nochmals aufgezählt.

ἐπισινής VIII 6, 1.
ἐπίτομος III 13, 1; V 1, 12.
ἐπόμβριος! VIII 7, 6.
ἔπουλος! III 10, 5.
ἔφαμμος! C. II 4, 4; III 6, 3.
ἔφυγρος (ari.) V 1, 12; C. II 4, 7.
κατάρριζος! I 6, 8.
κάτεργος C. V 14, 5.
κατωφελής C. IV 11, 4.
παραβλαστητικός! I 3, 3; 5, 1; 6, 5; 8, 6; IV 2, 4; VII 11, 3; VIII 4, 2.
παραβλαστικός! VII 8, 2; C. V 6, 3.
παραπλάγιος IV 12, 2.
πάρωρος C. III 23, 3; IV 13, 4; V 1, 2—4; 6, 1.
περίκομος! III 8, 4; 12, 5; 17, 5.
περίμητρος! III 9, 2, 6.
περισκεπής VII 1, 4.
περισταχυώδης! IV 12, 2.
πρόβλαστος C. V 1, 6.
προπερύσινος! III 12, 4.
πρόσδενδρος! C. II 18, 2.
συμπλήρης (Ps.-Pl.) IV 11, 10.
συμπτωματικός VII 15, 1.
σύνοξυς! I 6, 8.
σύνταρρος! C. III 7, 2; 10, 7.
ὑπάργιλος! IX 4, 8.
ὑπερβλαστής! C. I 20, 6.
ὑπέρπυρος (ari.) C. I 21, 5.
ὑπόλεπρος! III 14, 2.
ὑπολίπαρος III 12, 9.
ὑπόπικρος III 11, 4.
ὑπόπρεμνος! II 1, 3; 5, 4.
ὑποστρόγγυλος VIII 8, 8.
ὕφαμμος[1]) I 6, 12; VI 5, 2; VIII 6, 2; 11, 8; C. II 16, 8; IV 7, 3.

Doppelt zusammengesetzte:

ἀδιάφρακτος! I 5, 1; VI 5, 3; VIII 5, 2.

---

[1]) C. III 21, 3 findet sich ἀνύφαμμος, sonst nirgends belegt: καὶ ἡ ἀνύφαμμος δὲ καὶ πηλώδης τὰ ὀλιγότροφα καὶ ξηρά. Daß ἀνύφαμμος hier nicht paßt, ist klar. Man erwartet das Gegenteil: trockene Pflanzen wollen auch trockenen Boden, und durch das Folgende tritt es geradezu in Widerspruch zu καὶ γὰρ λευκαίνει μᾶλλον ἐκπέττουσα τὰς τροφάς. C. IV 7, 3 διὰ τοῦτο δ' ἔοικεν οὐδὲ τὴν ἀγαθὴν χώραν φιλεῖν ἀλλὰ τὴν ὕφαμμον· εὐθερμαντοτέρα γὰρ αὕτη καὶ οἷον εὐκατεργαστοτέρα. Es würde also hier dem ὕφαμμον dieselbe Wirkung zugeschrieben wie an unserer Stelle dem ἀνύφαμμον. Auch wird C. III 21, 3 weiter unten gesagt: ἐν δὲ τοῖς εὐγείοις καὶ πίοσιν οὐχ ὁμοίως; also muß auch zuvor von trockenem, dürrem Boden die Rede gewesen sein. Für πηλώδης, das ebensowenig zu halten ist, schlug Schneider ἡλιώδης vor, das sich zwar bei Plat. und Aristot. findet, aber den hier geforderten Sinn 'trocken' nicht haben kann. Ich schlage vor: ἡ ὕφαμμος δὲ καὶ ἁλμώδης; diese beiden sind auch C. III 6, 3 ἐὰν δὲ ἐφάμμῳ (gleichbedeutend mit ὕφαμμος) ἢ ἁλμώδει zusammengestellt.

ἀδίαρθρος! III 10, 5 (bei ari. ἀδιαρθωτός).
ἀναπόμεικτος! C. VI 8, 4[1]).
ἀνεπίδοτος! VII 4, 8; C. IV 6, 3.
ἀπαράβλαστος! I 2, 5; 5, 1; 6, 5; 8, 6; III 7, 2; 17, 2; VII 4, 5; 8, 2; VIII 2, 3; C. I 1, 3; 2, 1; 3, 3; V 17, 4.
ἀπεριφερής! C. VI 10, 3.
ἀπεμφερής! VIII 8, 5.
προαπόπτωτος! III 3, 8 (vgl. προαποπίπτω unten).
ὑποπαράβορρος! V 1, 11[2]).

b) Substantiva:

ἄμφαυξις III 7, 1, 2; 9, 8.
ἀμφιφύα! III 7, 1 (dialektisch).
ἀναβλάστησις VIII 1, 6; C. V 13, 5 (W).
ἀνάδηξις! C. III 17, 5.
ἀνάδοσις (ari.) C. I 13, 6; II 1, 4.
ἀνάμειξις (ari.) C. IV 15, 4.
ἀναξήρανσις! III 1, 2.
ἀνάστημα II 6, 9.
ἀναστόμωσις C. III 17, 5.
ἀπαγρίωσις! C. IV 5, 6.
ἀπάνθησις IV 14, 6, 9; VII 7, 4; VIII 2, 6; 6, 5; C. II 2, 1; 9, 4; V 9, 13.
ἀπέρασις C. II 8, 4; 9, 8; 11, 11.
ἀπόκνισις! C. V 9, 11.
ἀποπνοή IX 7, 2; C. II 15, 4; VI 7, 4; 14, 9, 11; 16, 6, 8; 17, 9.
ἀποστέγασμα C. V 13, 3.
ἀπόχυσις VIII 3, 4; 10, 4; C. IV 14, 1.
ἀποψίλωσις! C. V 9, 11.
ἄφεδρος V 9, 8 (Lob.)?
ἀφέλκωσις! C. V 5, 3.
ἄφεψις! IX 2, 5.
διαβλάστησις! C. II 17, 10; IV 6, 2; V 18, 2.
διάκοψις! C. V 9 11.
διαμονή (ari.) VII 5, 5; VIII 11, 3; C. I 4, 1; 10, 4; 16, 1, 13; 19, 3[3]); 22, 7; II 17, 4, 5, 7, 8; IV 2, 12; 3, 4; 6, 2, 8; 11, 5; 12, 9; 16, 3, 4.
διάρκεια C. I 11, 6.
διατορία! IV 11, 4.
διήθησις C. VI 1, 1.
δίοιξις C. II 19, 3.
ἐγκοίλιον (auch S. J. 522, 14, Keos) IV 2, 8.
ἐγκύησις! C. I 6, 3.
ἐκκαύλησις! C. IV 3, 5.
ἐκβλάστησις VII 4, 10; C. I 15, 1.

---

[1]) Dafür schreibe man mit Schneider ἀνεπίμεικτος, das sich auch bei ari., Plut., Diosk. findet.

[2]) Wimmers Vermutung, daß entweder παράβορρος oder ὑπόβορρος zu schreiben sei, hat nichts für sich, da diese beiden Wörter ebenso unbekannt sind wie die doppelte Zusammensetzung.

[3]) Siehe über diese Stelle S. 36 f.

ἔκπηξις! IV 14, 11, 13; C. V 12, 9; 13, 4; 14, 1.
ἐκτελείωσις! C. I 9, 3.
ἐκτρύπημα! V 6, 3.
ἐμβλάστησις! C. V 4, 5.
ἔνθεμα C. I 6, 7, 8; 9, 1.
ἐνοφθαλισμός II 1, 4; C. I 6, 1, 2, 4, 6; II 17, 6.
ἐξάτμισις C. VI 15, 2 (W).
ἐξεργασία C. III 1, 6.
ἐξομοίωσις C. IV 1, 3.
ἐπιβλάστησις! III 5, 5; 6, 2; C. I 6, 3; 10, 6; 11, 8; 12, 8; 13, 3, 6, 10; III 2, 7; V 2, 3; 9, 2; 17, 7.
ἐπιβόσκησις! C. V 17, 6.
ἐπίκνισις! C. V 2, 4.
ἐπικόλλημα! IV 3, 4.
ἐπικοπή IV 16, 1; C. V 17, 3.
ἐπίσαξις! C. V 6, 3.
ἐπίσπασις (ari.) C. I 17, 6; V 1, 10.
ἐπισπορά C. II 17, 10.
ἐπιχρόϊσις! C. II 5, 4.
ἐποίδησις![1]) III 5, 5.
ἔφαλμα! (ἔφαλμος Plut.) C. V 9, 6[2]).
κατάκαυσις C. VI 3, 2.
κατακοπή C. II 12, 6.
κατάμειξις (ari.) C. VI 7, 7; 9, 2; 10, 3; 17, 7, 8.
καταπίεσις! C. II 1, 4.
κατάπνιξις (ari.) V 9, 4.
κατάσπασμα IV 11, 5.
καταύλησις IV 11, 5.
κατόρυξις! V 7, 7.
μέταρσις! C. I 4, 2.
μετασχηματισμός C. II 16, 4.
μεταφυτεία! VII 5, 3; C. II 16, 5.
παραβλάστη! I 2, 6.
παραβλάστημα IV 9, 2.
παραβλάστησις! IV 9, 3; 13, 5; V 1, 8; VII 1, 8; C. I 3, 3; II 11, 5.
παρακόλλημα V 7, 6.
παρασημασία III 12, 3.
παρασπάς II 1, 1, 3; 2, 3, 4; III 1, 1; 12, 2, 6, 9; VI 7, 3, 4; VII 2, 1; C. I 1, 3; 3, 1, 2; 4, 2.
παρατήρησις C. III 14, 4.
περιαίρεσις IV 15, 4; C. V 16, 1; 17, 1.
περικάθαρσις! (nur noch Hesych s. v. καπροσύρη) C. V 9, 11.
περικεφαλαία (auch S. J. 522, 29, Keos) III 8, 7; 13, 4.
περιοχή C. I 17, 5; 19, 2.
περίπνους! V 1, 11.
περίσαξις! C. V 6, 6.
περιφλοισμός C. V 15, 1.
προβλάστημα! C. V 2, 2.
σύμφραξις! C. V 11, 3.

[1]) Haben die Lexika nicht.

[2]) ἔφαλμα kommt sonst nirgends vor; Wimmer übersetzt es an unserer Stelle mit iactura, was aber nicht angeht. Nach Schneider schlägt 'Robert Constantinus in Lex. Crispin.' ἄναλμα vor. Ich gebe die Lesung τὸ γὰρ ἄναλμον οἷον σφακελίζειν ἐστίν zur Erwägung. Ἄναλμος findet sich auch bei Xen.

cυνάγκεια C. II 4, 8.
cυρροή (cύρροια Hip. bei Alex. Trall.) VI 6, 8; VII 15, 2; IX 3, 1; C. I 1, 2; 3, 4, 5; 5, 2; 11, 4; III 4, 3; 6, 4; V 14, 5.
ὑποκόνιcιc! C. III 16, 3.
ὑποτομή (auch S. J. 540, 113, Koine) IX 2, 7.
ὑπόφυcιc IV 15, 1.

Doppelt zusammengesetzte:

ἀποκάτωρυξ![1]) C. V 9, 11.
διεκπνοή C. IV 12, 12.
ἐναπόμιξιc! (Lexika unter ἐναπόμορξιc) C. VI 3, 1.
παρείcδυcιc C. I 7, 2; V 12, 5.
περικατάληψιc VII 10, 3.
προκαταύληcιc! IV 11, 4.

c) Verba:

ἀναβάπτω III 13, 6 (?).
ἀναγλυκαίνω C. III 22, 3.
ἀναζυμόω C. II 1, 3; III 2, 3, 4; V 9, 12; 13, 1; VI 1, 5.
ἀναθεραπεύω! IV 13, 3.
ἀναθεωρέω I 5, 1; VIII 6, 2.
ἀνακολυμβάω IV 6, 4.
ἀναπιδύω C. VI 4, 1.
ἀναcκάπτω (ari., O. J. 8, 5, Eresos, Ende 4. Jahrh., dialektisch; dann Polyb.) C. I 15, 1.
ἀντιπίπτω (ari.) C. I 13, 6; V 6, 4.
ἀπαρρενόομαι! VII 4, 3.
ἀπερυcιβόω! (auch das Simplex von Theophr. zuerst eingeführt) C. V 9, 13; 10, 3.
ἀπεχυρόω IV 7, 7.
ἀπικμάω C. IV 16, 2.
ἀποβρέχω V 9, 5; C. II 5, 5 (Schn.).
ἀπογωνιόομαι! C. II 16, 4.
ἀποδενδρόομαι I 3, 2; III 17, 2; 18, 9; C. II 4, 6.
ἀποθηλύνω VII 4, 3; C. IV 5, 6.
ἀποκιττόομαι III 18, 7, 8.
ἀπολιθόω! (ari.) IV 7, 12.
ἀπολοχμόομαι! VI 6, 6.
ἀποπαππόομαι! VII 11, 4.
ἀποπηνίζω VIII 10, 4 (?).
ἀποcταφιδόομαι C. II 8, 3.
ἀποτραχύνω VI 4, 2.
ἀποφυλλίζω VII 12, 2.
ἀφαδρύνω! C. IV 6, 8 (Heins.).
ἀφερπυλλόομαι! C. V 7, 2.
διαβλαcτάνω VII 5, 2; 12, 2; C. I 7, 3; III 20, 6; 23, 3; IV 3, 1; 6, 7; 8, 1; 11, 10; 13, 1; V 4, 3; 13, 3.
διαθηλύνω! C. I 16, 6.
διακαυλέω! C. II 12, 4.
διακαυλίζω! VII 2, 4.
διαλλοιόω! C. V 6, 12.
διαμαcάομαι II 6, 8; IX 4, 7; C. VI 9, 1, 3; 10, 6.
διαπιαίνω C. VI 11, 7.
διαcήπω V 7, 5.

[1]) ἄπωρυξ Geop., κάτωρυξ Aesch. Soph.; vermutlich ist obiges Wort aus einer varia lectio zu einem der beiden entstanden.

διατελειόω! C. II 3, 7 [1]).
διαφιλοτιμέομαι IV 4, 1.
διαφράγνυμι VIII 5, 2 (Schn.).
διηλιόω! C. IV 12, 12.
διημερόω! C. III 20, 6.
διικμάζω! C. III 4, 3.
διικμάω! C. IV 12, 9.
ἐγκεντρίζω (ari.) II 2, 5; C. II 14, 4.
ἐγχυλίζω C. VI 11, 14.
εἰσλάμπω C. II 7, 4.
ἐκβόσκω C. II 9, 6, 12.
ἐκγαλακτόομαι VIII 6, 1; C. III 23, 1.
ἐκδιψάω C. V 9, 3.
ἐκζῳόομαι! C. IV 8, 4.
ἐκθαμνόομαι! I 3, 3.
ἐκκαυλέω (ari.) I 2, 2.
ἐκκληματόομαι C. III 15, 4.
ἐκκοιλαίνω III 16, 4.
ἐκλαχανίζω! VII 11, 3.
ἐκλευκαίνω C. V 9, 9.
ἐκλοχμόομαι! C. III 19, 1.
ἐκμεθύσκω C. V 15, 3.
ἐκξυλόομαι! I 2, 7.
ἐκπαππόομαι III 16, 6; VI 4, 8.
ἐκπαχύνω! C. IV 1, 4.
ἐκπελεκάω! IX 2, 7; 3, 4.
ἐκπεπαίνω V 1, 1; C. I 16, 2; VI 16, 2.
ἐκπήγνυμι IV 14, 3; VIII 7, 5; C. I 21, 6; 22, 7; III 20, 5; IV 16, 4; V 12, 2, 4, 8, 9, 11; 13, 4, 6; 14, 2, 4—6.
ἐκπνευματόομαι (ari.) VII 4, 11; C. II 9, 10; IV 9, 3.
ἐκσαρκόομαι C. I 19, 5.
ἐκσήπω! C. I 6, 6; III 11, 5; 12, 1; V 16, 2.
ἐκσπερματόομαι! VII 1, 7.
ἐκτελειόω C. IV 1, 4, 5; 6, 3, 4; 8, 1.
ἐμβιόω III 6, 4, 5, 7; VI 7, 3; C. I 2, 1; II 17, 2.
ἐμβλαστάνω! C. V 15, 4.
ἐνδᾳδόομαι IX 2, 7; C. VI 11, 9.
ἐνοφθαλμίζω! C. I 6, 4; 9, 1; II 14, 4, 5; V 5, 4.
ἐξαιγειρόομαι! C. II 16, 2; V 7, 2 (W).
ἐξαιρόομαι! C. II 16, 2; IV 1, 7; 5, 4.
ἐξακανθόομαι VI 4, 2.
ἐξαλλοιόω! C. II 13, 2; 15, 2; III 17, 7; IV 4, 10; VI 3, 2.
ἐξαυξάνω! VI 6, 6; C. I 22, 1; IV 11, 5.
ἐξαυχμάω C. V 9, 8.
ἐξελαιόω! C. VI 7, 4; 8, 1.
ἐξηθέω C. VI 13, 1.
ἐξοξύνομαι C. VI 7, 7.
ἐπακανθίζω! III 10, 1; 11, 3; 16, 1; IV 8, 8; VI 4, 1; 5, 2; IX 4, 3.
ἐπιβλαστάνω I 9, 7; III 6, 3; VII 2, 3; 3, 1; C. I 10, 6; 11, 7; 13, 3; II 2, 1; III 3, 3.

---

[1]) Wimmer διατελειοῖ τὰ an Stelle des überlieferten διὰ τελειότητα, was keinen Sinn gibt. διατελειοῦν sonst nicht bei Theophr.; er hat augenscheinlich wegen des Hiates ἤδη ἐκτελειοῖ hier dies ihm sonst geläufige Kompositum vermieden.

ἐπιβόσκω III 6, 3.
ἐπιβρέχω (S. J. 531, 36, Amorgos, 3. Jahrh. v. Chr.) II 6, 5; V 3, 3; 6, 3.
ἐπιγλυκαίνω C. VI 15, 4.
ἐπιδοξάζω! C. I 5, 5.
ἐπικαρπίζομαι! VIII 9, 3.
ἐπικνίζω IV 2, 1; C. I 17, 9; II 8, 4; III 14, 8; V 1, 4; 2, 4.
ἐπικολλάω C. I 6, 6[1]).
ἐπικυλινδρόω! C. V 6, 7.
ἐπιπορφυρίζω (ari.) III 18, 2; VI 2, 1; 4, 2; VII 3, 1; 9, 2; VIII 4, 2.
ἐπιστίζω III 7, 5.
ἐπισχίζω III 7, 5; C. V 15, 4.
ἐπιφράττω IX 3, 2.
ἐπιχαράττω VI 2, 5.
ἐπιχώννυμι IX 3, 2.
ἐφυδρεύω! II 7, 1.
κατακολουθέω C. I 12, 1; III 2, 3.
καταπεπαίνω III 13, 6.
κατασάττω! C. V 6, 2.
κατασκεπάζω IX 3, 2.
κατασκληρύνομαι! C. IV 12, 9.
καταστομνίζω C. II 18, 4.
κατασχάζω (bei Hip. κατασχάω) II 7, 6; C. I 17, 10; II 14, 1.
καταχασμάομαι C. IV 12, 11.
μεταβλαστάνω II 4, 4.
μεταφυτεύω II 2, 12; 4, 1; 5, 2; 6, 3; VI 6, 6; 7, 4 (Schn.), 6; VII 2, 9; 3, 5; 4, 8; 5, 3; C. I 2, 1; II 16, 2; V 6, 7; 7, 1; VI 18, 4.
παραθριγκάζω! III 18, 12.
παρακανθίζω! I 10, 5, 6, 8; III 6, 1.
παρακαυλίζω! VI 2, 8.
παρακεντέω V 9, 4.
παραλιθάζω! III 8, 3.
παρανθέω VII 11, 3, 4; VIII 2, 5.
παραπάττω VIII 11, 7; C. V 6, 10.
παραπελεκάω IV 16, 2; C. V 4, 7.
παρασκάπτω[2]) IV 13, 6.
παρασπείρω (Ps.-Pl.) C. III 10, 3.
παραυαίνω C. III 7, 11.
παραφυτεύω C. II 9, 5; III 10, 3; V 15, 4; VI 19, 1.
παροχλέω C. III 10, 5.
περιβιβρώσκω C. V 13, 1.
περικλάω (ari., De plant.) IV 6, 10.
περιλοπίζω! III 15, 2.
περισάττω (ari.) C. V 6, 5.
περισήπω! III 9, 3.
περισκάπτω IV 14, 7; C. V 9, 3.
περισκεπάζω IV 5, 3.
περιχαράττω III 12, 5; 14, 1.
προαλλοιόω! C. I 17, 1.
προανθέω VII 13, 7; C. I 10, 2; 13, 12; 14, 4.

---

[1]) ἐπικολλῶσι schlägt Passow vor; die codd. haben ἐπικολλαίουσι. Danach schrieben Schneider und Wimmer ἐπικολλαίνουσι; allerdings ist κολλαίνω bisher nicht belegt.

[2]) Fehlt in den Lexicis; doch auch S. J. 531, 45, 3. Jahrh. v. Chr., Amorgos.

προβλαστάνω C. I 12, 9; 13, 12; V 1, 12; 9, 13.
προγεννάω C. I 20, 3.
προμοσχεύω! II 5, 3; VI 7, 3; C. III 5, 3.
προορύττω II 5, 1; C. III 4, 1.
συμπνίγω C. VI 11, 6.
συμπυκνόω C. V 4, 2.
συναλλοιόω (ari.) C. II 14, 3; V 17, 5.
συνημερόω VI 3, 3.
συνηρεφέω III 1, 5.
συνικμάζω! C. IV 13, 6.
συνταρρόομαι C. III 7, 7.
(συντροφέω! C. III 5, 2 verderbt).
συσκάπτω! C. III 12, 1.
συσκεπάζω C. II 7, 4.
ὑπαρόω VIII 11, 8; C. III 20, 8.
ὑπερβλαστάνω! C. I 20, 6.
ὑπερισχύω C. I 15, 3; III 18, 2.
ὑπερκαρπέω! C. 11, 2, 3.
ὑπερπαχύνομαι C. V 11, 3.
ὑπερτοκέω! C. II 11, 4.
ὑποβιβρώσκω IV 7, 5.
ὑποκονίω II 7, 5.
ὑπολοπάω! V 1, 4.
ὑπονεάω III 1, 6.
ὑποπτάω! IV 8, 13.
ὑποσήπω! C. VI 11, 2.
ὑποτίλλω! II 7, 5.
ὑποφυτεύω C. III 10, 5.

Doppelt zusammengesetzte:

διαπόλλυμι VII 10, 3.
διεκπνέω (ari.) C. II 9, 6, 7.
ἐγκαταμένω I 3, 4.
ἐμπεριέχω I 11, 1.
ἐπισυμμύω! C. I 6, 3.
ἐπισυνδέω C. II 17, 7.
ἐπισυνίστημι C. V 2, 1.
παραφίημι VII 4, 12.
παρεισπίπτω C. V 16 1.
περικαταλαμβάνω (ari.) III 4, 5; 16, 1; IV 2, 5; VII 10, 4; C. II 8, 1.
προαποπίπτω! III 7, 3, 4.
προαπορρέω! C. I 6, 8.
προαποτέμνω C. I 6, 8.
προαφαιρέω III 4, 5; VII 3, 4.
προαφέψω VII 12, 2 (Schn.).
προεκπηδάω C. I 19, 1; IV 6, 7.
προεκτρέχω C. II 1, 6.
προκαταβάλλω III 1, 3.
προκατεργάζομαι C. III 20, 8; IV 3, 6; V 1, 11.
προσαπαιτέω C. I 16, 12; VI 18, 6.
προσεπιβλαστάνω! C. III 7, 7.
προσεπιζητέω C. II 1, 4.
προσεπιγεννάω! C. I 11, 6.
προσεπιλέγω C. I 11, 8; 21, 7; 22, 4.
προσυλλέγω C. I 20, 3.
συγκαταρρέω C. I 19, 1.
συγκατασκάπτω! C. II 9, 15.
συμπαραβάλλω II 6, 3.
συμπεριΐστημι V 3, 2.
συναναβλαστάνω III 4, 2.
συναναμείγνυμι VII 5, 1; 8, 3.
συναναπληρόω IV 13, 4.
συνανέλκω C. V 6, 3.
συναποβάλλω I 13, 3.
συναπολείπω C. II 19, 3.

cυναπορρέωC. VI 17, 1.
cυνδιατηρέω C. VI 10, 6.
cυνεκπέττω (ari.) C. VI 12, 12.
cυνεκραίνω! III 13, 2.
cυνεκτελέω C. I 13, 9.
cυνεμφαίνω I 13, 2; III 8, 1; C. VI 9, 1.
cυνεξαυαίνω! C. II 11, 2.
cυνεξομοιόω C. I 9, 3; III 9, 4; IV 11, 5.
cυνεπιμαρτυρέω (ari.) C. V 14, 2; VI 16, 6.
cυνεπικμάω! C. V 17, 6.
cυνεπιλάμπω! C. IV 4, 13.

III. Mit Adverbien: (ἀει-, ἀρτι-, εὐ-, ὀπιcθο-, ὀψι-, πρωι-, χαμαι-):

a) Adjektiva:

ἀειβλαcτήc! C. I 11, 6.
ἀείκαρποc! C. I 22, 4.
ἀρτιβλαcτήc! C. II 1, 7; 3, 1.
εὐαφήc C. II 17, 10.
εὐβλαcτήc II 5, 5; C. I 6, 4; 8, 1; 10, 2; 12, 7; 13, 10; 20, 5; II 1, 2; 3, 3 (aktiv); III 2, 6; 3, 1; IV 3, 3; V 16, 2.
εὔβλαcτοc II 7, 1; C. I 8, 2; 15, 2; II 12, 1; III 5, 1; 14, 1[1]).
εὔγειοc IV 11, 1, 8, 9; VI 5, 2; C. I 6, 9; 10, 3; III 6, 8; 21, 3.
εὐέψητοc C. IV 12, 12.
εὔζῳοc IV 11, 13; VI 6, 10; C. I 3, 5; 6, 4; IV 4, 10; V 4, 3; 13, 2.
εὐθέρμαντοc! C. IV 7, 3.
εὔινοc III 10, 1; 11, 13; 14, 1.
εὐκηπευτόc VII 7, 2.
εὐμέριcτοc! C. VI 10, 8.
εὔξυλοc IV 4, 6.
εὐπελέκητοc! V 6, 4.
εὐπληθήc! IV 11, 4.
εὐπύρωτοc! C. I 22, 5.
εὔριζοc IV 2, 5.
εὐcκεπήc! IV 1, 1; C. I 13, 11, 12.
εὐcύμφυτοc C. III 7, 10.
εὔcχιcτοc V 6, 3.
εὔψυχοc (von ψῦχοc)! C. V 14, 1.
εὐτρύγητοc! III 7, 4.
εὐχώριcτοc! C. IV 6, 8.
ὀπιcθοκάρπιοc! C. V 2, 3.
ὀψιανθήc! VI 4, 4 (Bod.); 6, 10.
ὀψιβλαcτήc! I 14, 3; VI 5, 3; 6, 10; VII 10, 3; C. I 10, 5, 7; 17, 8; IV 11, 5.
ὀψίβλαcτοc! III 4, 2; C. I 10, 7.
ὀψίκαρποc! I 14, 3; III 4, 1, 6; V 1, 3; VI 4, 6; C. I 10, 7; 17, 5, 6, 8, 9; 22, 4; II 2, 1; 8, 3; III 7, 10; VI 7, 8.

[1]) Es findet sich an allen Stellen allein der Komparativ; Theophrast geht also nur der unschönen Bildung εὐβλαcτέcτεροc aus dem Wege, im Positiv kennt er εὔβλαcτοc nicht.

ὀψίσπορος! VIII 1, 4; C. II 12, 4.
ὀψίτομος! C. III 2, 3.
ὀψίφορος C. I 17, 9.
πρωϊανθής! VI 6, 10; VII 11, 4; C. V 1, 12.
πρωϊβλαστής I 14, 3; II 11, 7; C. I 10, 5, 7; 11, 5; 17, 7; 21, 7; 22, 4; V 1, 12.
πρωΐβλαστος III 4, 2; C. I 15, 1.
πρωΐκαρπος! I 14, 3; C. I 10, 7; 11, 5; 17, 1, 4, 7; 21, 7; II 2, 3; 11, 7, 9; III 10, 6; V 9, 2.
πρωΐσπορος VIII 1, 3.
χαμαίκαυλος! VI 5, 2; C. II 18, 2.
χαμαιρριφής II 6, 11.
χαμαισχιδής C. IV 14, 4.
(χαμαίβατος und χαμαιδάφνη s. unten.)

Doppelt zusammengesetzte:

εὐαπόπτωτος! C. II 9, 3.
εὐδιάχυτος (ari.) C. III 2, 6; IV 12, 2, 11.
εὐδίοδος I 7, 1; II 5, 2; C. I 10, 3; 12, 7; 15, 4; II 4, 3, 9, 12; 12, 5; III 4, 1; 5, 2; 6, 5; 21, 3.
εὐπεριαίρετος! III 5, 3; V 1, 1.
εὐπρόσφυτος! C. I 6, 2.
εὐσύμφυτος! C. III 7, 10[1]).

b) Substantiva:

ἀειβλάστησις! C. I 11, 6.
ἀειφυλλία! C. II 17, 2.
εὐβλαστία! C. I 20, 6; II 1, 2, 5, 6; III 17, 1; V 6, 10; εὐβλάστεια C. I 20, 5; III 6, 1; 7, 5; V 8, 3; 9, 10.
εὐκτηδών! V 1, 11.
εὐσηψία! VIII 9, 1.
ὀψικαρπία! III 2, 1; C. I 17, 8.
πρωϊβλαστία! C. I 21, 3.
πρωϊκαρπία! C. I 17, 8.

c) Verba:

εὐβλαστέω! C. I 20, 5; III 7, 11; 24, 2; IV 3, 3; 7, 2.
εὐγονέω! C. I 14, 1.
εὐθετέω V 7, 4.
εὐοσμέω! C. VI 16, 1.
ὀψιανθέω! VI 2, 6.
ὀψιβλαστέω! I 9, 6; VI 2, 6.
ὀψικαρπέω! C. I 17, 9.
ὀψισπορέω! VIII 1, 7; 6, 5.
πρωϊβλαστέω! I 9, 6; C. I 10, 2, 7; V 6, 6.
πρωϊκαρπέω! C. I 13, 9.
πρωϊσπορέω! VIII 1, 2, 4, 7; C. II 12, 5; III 21, 4; 24, 3; IV 7, 1, 2; 11, 4, 5.

---

[1]) Von den obigen 20 einfachen Bildungen mit εὐ- sind 10, von den 6 doppelt zusammengesetzten 5 nichts weiter als Zusammenschreibungen von εὖ und einem Adj. verb.

IV. Mit Zahlwörtern:

1. Mit Zahladverbien (δι-, ἡμι-, τρι-):

a) Adjektiva:

διενος (nur noch Hesych) VII 1, 7; 5, 5; VIII 11, 5.
δίκαρπος III 4, 5.
δίξοος V 1, 9, 10.
δίοζος I 8, 3.
διπηχυιαῖος[1]) IV 4, 5, 6 (att. δίπηχυς).
ἡμιβρεχής C. III 23, 1.
ἡμίβροχος! VIII 6, 1.
ἡμίειλος! C. III 23, 1.
ἡμιχοαῖος IX 6, 4.
ἡμιχοίνικος (bei Hip. ἡμίχοινιξ) VIII 4, 5.
τρίενος IV 11, 5; VII 5, 5; VIII 11, 5.
τριμηνιαῖος C. III 24, 2.
τρίοζος! I 1,8; VIII 8,3; IV 4,12.
τρίσλοπος! III 5, 1.
τριφυής II 6, 9.

Doppelt zusammengesetzt ist

τρισάλυπος! II 4, 2.

b) Substantiva:

διστοιχία IV 8, 6.
ἡμιπόδιον II 5, 2; VII 2, 7.
τριετία C. I 20, 4.

c) Verba:

δικαρπέω C. I 13, 9.
δικαυλέω! VI 6, 8.
διφορέω III 16, 1; VIII 2, 10; C. I 13, 9; 14, 1; II 9, 13.
τριγονέω! C. I 9, 3; II 13, 3.
τριφορέω C. II 9, 13.

2. Mit Kardinalzahlen:

a) Adjektiva:

δωδεκάφυλλος! VI 6. 4.
εἰκοσίφυλλος! VI 6, 4.
ἑκοντάφυλλος! VI 6, 4.
ἑκοντάχοος! VIII 7, 4.
ἐνάενος! VIII 11, 2.
ἐνδεκήρης! V 8, 1.
ἑξάστοιχος (die Form ἑξάστιχος bei Hesych und Phot.) VIII 4, 2.
ὀκτάπηχυς II 5, 2.
πεντάστοιχος VIII 4, 2.
πεντεγκέφαλος! II 6, 9.

[1]) Über die Schreibung s. Lobeck, Phryn. S. 549.

πεντηκοντάχοος! VIII 7, 4.
τετράζοος! V 1 9, 11.
τετταράστοιχος VIII 4, 2.
τριακοντάχοος! VIII 2, 8.
τρισκαιδεκαόργυιος! V 8, 1.

b) Substantiva:

τετραγωνία! III 4, 2, 6.
τετραετία C. III 7, 7; IV 3, 4.
τετραστοιχία III 18, 13.

B. Bildungen durch Zusammenfügung zweier Wortstämme:

I. Nomina mit Nomina:

1. Eines Substantivs mit einem Substantivstamm:

a) Adjektiva:

ἀλίφλοιος! III 8, 2, 3, 5, 7; V 1, 2.
γωνιόφυλλος! I 10, 5.
δροσοβόλος C. III 24, 4; IV 14, 3; VI 18, 3.
ἡλιοβόλος C. IV 12, 3.
καλαμόφυλλος I 10, 5.
κεφαλόρριζος! I 14, 2; II 2, 2; VII 1, 2; 12, 1; 13, 4; C. I 4, 1; 8, 1; II 12, 2; VI 12, 1; 20, 2.
κοκκοβαφής III 7, 5.
κολοβοανθής! VI 5, 3; κολοβανθής VIII 3, 3.
μυοδόχος! V 4, 5 (W)[1].
νευρόκαυλος! VII 2, 8; 8, 1.
παπποσπέρματος! VII 3, 2.
πτορθάκανθος! VI 1, 3; 5, 3.
ῥιζοκέφαλος! C. I 10, 5.
ῥιζόφυλλος! VI 4, 9; VII 11, 3.
σαρκόρριζος! VII 12, 1.
σαρκόφυλλος! I 10, 4; VII 13, 9; C. VI 11, 11.
σκωληκόβορος! III 12, 8.
στελεχόκαρπος! IV 2, 4.
ταξίφυλλος! I 10, 8; III 18, 8.
τριχόφυλλος! III 9, 4; IV 6, 3; VI 6, 10.
φυλλάκανθος! I 10, 6, 7; VI 1, 3; 4, 1, 3, 8, 11; 5, 3; VII 8, 3.
φυλλοβόλος I 3, 4; 4, 2; 9, 3; 14, 3; III 2, 1; 18, 3; IV 2, 5; C. I 11, 6; II 17, 2; 18, 1.
χειμόσπορος! C. IV 11, 1.
χειροπληθιαῖος IX 4, 10.

Doppeltzusammengesetzt sind:

ἀφυλλάκανθος! VI 4, 8.
ἀφύλλανθες! VII 8, 3.
ἐγγειόφυλλος! VI 6, 7.
ἐγγεοτόκος I 6, 9.
ἐλλοβόκαρπος! VI 5, 3 (Schn.).
ἐλλοβοσπέρματος! VII 3, 2.
ἐμπεδόκαρπος! C. I 13, 2.
ἐμφλοιοσπέρματος! VII 3, 2, 4.

[1]) Doch ist die Stelle kaum so richtig gestellt; vgl. Schneider III 434.

ἐναγγειόσπερμος! VIII 3, 4.
ἐννευρόκαυλος! VI 1, 4; 2, 9.
ἐνυμενόσπερμος! VIII 3, 4.
ἐπιγειόκαυλος! VI 4, 5; VIII 3, 2; 8, 1, 2; C. IV 6, 9.
ἐπιγειόφυλλος! VII 8, 3 (Schn.).
ἐπικαυλόφυλλος! VII 8, 3.
ἐπιφυλλόκαρπος! I 10, 8; III 17, 4.
περικαρπιάκανθος! VI 1, 3; 5, 3 (Schn.).
προσριζόφυλλος! V 6, 2.

b) Substantiva:

ἁμαξουργία! III 10, 1.
ἀμπελουργία C. III 14, 2; 15, 1, 5.
ἀστροβολία! C. V 9, 2.
ἀστροβολησία! C. V 9, 4.
βλαστολογία! C. III 2, 1; 14, 1; 16, 1, 2.
δᾳδουργός! III 9, 3.
δενδρολάχανον! I 3, 4.
διφρουργία! III 10, 1.
ζῳογονία (Ps.-Pl.) C. I 22, 2; V 9, 3.
καρπογονία C. I 5, 5; 10, 1; 13, 1, 3; 15, 2, 4; 20, 6; II 11, 3; V 8, 2; 9, 9; VI 11, 9.
καρποτοκία! I 2, 1; 14, 1; IX 1, 6; C. I 11, 4, 8; 22, 2; II 1, 1, 2; 4, 12; 10, 1; 11, 1; III 10, 5; V 1, 2, 3, 11; 2, 4; 9, 7; 13, 5.
ὀρείτυπος! C. V 11, 3.
ὀρεότυπος! III 3, 7; 12, 4; IV 13, 1.
πυροτομία! V 1, 2.
πωγωνόσπερμα! VI 4, 5.
ῥιζοτομία VI 3, 2.
σιδηρουργός IV 8, 5.
φυλλοβολία I 9, 6; III 5, 5; C. II 9, 7.
φυλλορροία! III 13, 4; C. II 19, 2.
φυτουργία C. III 7, 5.
χαλαζοκοπία! C. V 8, 2.

c) Verba:

ἀστροβολέομαι IV 14, 2, 6; C. V 9, 7; 12, 1.
βλαστολογέω C. III 16, 1.
βλαστοτοκέω! IV 14, 6; C. V 9, 13.
δᾳδοκοπέω! C. V 16, 2.
δᾳδουργέω! IV 16, 1; C. V 16, 2.
ζῳοτροφέω C. II 17, 8.
καρπογονέω IX 1, 1; C. I 11, 7; III 9, 2; V 2, 5; 9, 13.
καρπολογέω! C. I 15, 1.
καρποτοκέω VII 14, 3; C. I 11, 1; 15, 4; 17, 10; 20, 6; II 4, 3; V 2, 2, 3; 6, 5.
σπερμογονέω! VII 14, 3.
σπερμοτοκέω! VI 4, 8 (Schn.).
σταχυοβολέω! C. I 20, 2.
χαλαζοκοπέομαι! IV 14, 1; C. V 8, 3.
χειμοσπορέω! C. IV 11, 3.

Doppelt zusammengesetzt ist

ἐκλιθολογέω C. III 20, 5.

2. Eines Adjektivs (auch ἄλλος, αὐτός, ἕτερος, πρῶτος) mit einem Substantivstamm:

a) Adjektiva:

ἀκρόβλαστος! I 14, 2.
ἀκρόκαρπος! I 14, 2; III 18, 12; VII 3, 4; VIII 3, 4.
ἀκρόφυλλος! I 14, 2.
ἀσθενόρριζος! C. IV 14, 4.
βαθυαγκής III 11, 4.
βραδύκαρπος! C. V 17, 6.
βραχύρριζος! VII 2, 9; C III 7, 1.
βραχυστελέχης! I 5, 1; IV 6, 10.
βραχύτομος! C. III 2, 3.
γυμνόκαρπος! C. I 17, 8.
γυμνόσπερμος! I 11, 1; VIII 3, 4.
γυμνοσπέρματος! I 11, 1; VII 3, 2; VIII 4, 1.
ἐρυθροκάρδιος! III 12, 3.
ἑτεροσχήμων I 10, 1.
ἑτερόχροος C. V 3, 2.
εὐθύκαυλος! VI 4, 5; VII 8, 2.
εὐθύρριζος! I 7, 2; III 6, 5.
ἡδύκαρπος! IV 4, 5.
ἰδιόμορφος II 6, 8.
ἰσοβαθής C III 4, 2.
ἰσόγεως C. III 7, 3 (?).
ἰσοχρόνιος C. IV 11, 2.
ἰσχυρόρριζος! C. II 12, 3, 4; IV 7, 2.
κακοβλαστής C. I 20, 6; III 2, 7; IV 7, 2.
κακόβλαστος IV 14, 1[1]).
κακόσπερμος! VII 4, 4.
καλλικόκκος! C. I 9, 2.
κοιλόμισχος[2]) III 7, 5.
κοιλόφυλλος! I 10, 8.
λειόκαυλος! VII 8, 2; 13, 3; VIII 4, 1.
λειόφλοιος I 5, 2; 8, 1; IX 4, 2, 3; C. V 7, 2.
λειόφυλλος! VII 4, 4.
λεπτόβλαστος! C. III 7, 11.
λεπτόϊνος! III 9, 3.
λεπτοκάλαμος VIII 9, 2 (Schn. aus Galen.)
λεπτόρριζος VIII 2, 3.
λεπτόφλοιος! I 5, 2; C. III 7, 12.
λεπτόφυλλος (ari.) III 9, 5; 12, 7; VI 2, 6.
λεπτόχυλος! C. VI 16, 5.
λευκόγειος C. II 4, 4.
λευκόκαρπος! III 18, 6.
λευκόκαυλος! VII 4, 5, 6.
λευκομφάλιος! C. V 1, 8.
μακρόλοβος! VIII 5, 2.
μακρόρριζος! I 6, 3; 7, 2; VII 11, 3; C. I 3, 3, 5; II 11, 7, 9; III 7, 1.
μακροστελέχης! I 5, 1.
μακρότομος! C. III 2, 3.
μαλακοπύρηνος! II 6, 6; C. I 21, 2; II 11, 7.
μαλακόφλοιος C. I 6, 4.
μανόσπορος! C. III 21, 5.

[1]) κακόβλαστος IV 14, 1 im Komparativ, vgl. S. 156 Anm. 1.
[2]) Dafür hat Scaliger κοιλόμυχος konjiziert, was die Lexika aufgenommen haben.

μανόφυλλος (μανίφυλλος bei Zonar.) VIII 6, 3.
μεγαλόκαρπος! IV 4, 5.
μεγαλόκαυλος! VII 6, 3.
μεγαλόσταχυς! VIII 4, 3.
μεγαλόσχημος (μεγαλοσχήμων Aesch.) C. VI 1, 6.
μεγαλόφυλλος! VII 4, 4; C. II 10, 2.
μικρόκαρπος C. II 10, 2; 11, 10; IV 15, 2; VI 18, 5 (W), 10.
μικροπύρηνος! C. I 16, 2.
μικρόσπερμος! VIII 3, 5.
μικρόσταχυς! VIII 4, 3.
μονοκάλαμος VIII 4, 3, 4; 9, 2.
μονόκαυλος IV 6, 5; VI 2, 7; 4, 4; 6, 8; VII 1, 8; 8, 2, 5; C. IV 7, 1.
μονόλοπος! I 5, 2.
μονόρριζος! I 6, 3, 6; 8, 6; III 15, 6; VI 2, 8; 4, 2; 5, 2; 7, 4; VII 2, 5, 7—9; VIII 2, 3; C. II 12, 2; III 10, 5; IV 7, 2; 8, 5; 15, 1; V 17, 3, 4.
μονοστελέχης! (μονοστέλεχος Phot.) I 3, 1, 4; 5, 1; 9, 1; II 6, 9.
μονόστροφος V 7, 6.
μονόφυλλος! I 13, 2; IV 11, 10; VIII 2, 3.
νεόκαυτος (ari., auch S. J. 462, 8, Kreta; J. O. 229, 48, Smyrna; beide 3. Jhd. v. Chr.) C. VI 17, 7.
ξηρόκαρπος! C. II 8, 1.
ὀλιγογόνατος! IV 11, 10, 11.
ὀλιγοέλαιος! C. VI 8, 5.
ὀλίγοζος! I 8, 2.
ὀλιγόϊνος! V 1, 5.
ὀλιγοκάλαμος! C. IV 11, 3, 4.
ὀλιγόκαρπος V 4, 1; C. I 18, 4; II 11, 1, 10; 12, 5; IV 1, 4; V 1, 3; 17, 6.
ὀλιγόκαυλος! VII 8, 2.
ὀλιγόκλαδος! I 5, 1; III 17, 1.
ὀλιγόπυρος! C. IV 11, 4.
ὀλιγόρριζος I 6, 3, 5; III 6, 4, 5; III 10, 5; IV 11, 3.
ὀλιγόϋδρος! VI 7, 6.
ὀλιγόφυλλος! I 10, 8; IV 11, 10.
ὀλόρριζος III 18, 5.
ὁμοβλαστής! C. V 5, 4.
ὁμοιοσχήματος! C. VI 2, 4[1]).
ὁμοιόφλοιος! C. I 6, 2, 4.
ὁμόστοιχος C. VI 6, 3.
ὁμοσχήμων IV 2, 4.
ὀρθάκανθος! III 18, 11.
ὀρθόκαυλος! VII 8, 1, 2; VIII 3, 2.
οὐλόφυλλος! VII 4, 4.
πάμμεστος! III 15, 3.
παχυκάλαμος VIII 9, 3; C. III 21, 2.
παχύκαυλος! VI 2, 6.
παχύρριζος III 11, 4; 13, 3; IV 11, 13; C. II 11, 7, 9; 12, 2.
παχύφλοιος I 5, 2.
πλαγιόκαρπος! I 14, 2; III 18, 12; VII 3, 4; VIII 3, 4.

---

[1]) Die Herausgeber wollen statt ὁμοιοσχήματα schreiben ὁμοιοσχήμονα; diese Form findet sich auch bei Aristot. Doch vgl. die Bildungen ἀπνεύματος, ὀλιγοσπέρματος usw.

πλαγιόκαυλος! VII 3, 2.
πλατύκαυλος! VII 4, 5.
ποικιλόκαυλος! VII 4, 6.
πολυάκανθος! VI 4, 3.
πολυάλφιτος! VIII 4, 2.
πολυάχυρος! C. IV 11, 4.
πολυβλαστής! VII 3, 3; C. III 7, 4; 19, 2.
πολύϊνος! III 10, 3; 11, 1; 17, 3; V 1, 5.
πολυκάλαμος VIII 4, 3; 9, 2, 3; C. IV 11, 3; 15, 1.
πολυκαμπής C. VI 10, 3.
πολύκαυλος! IV 6, 8; VI 4, 4; VII 2, 7—9; 8, 2; VIII 2, 3.
πολύκλαδος I 5, 1; 9, 1; IV 3, 4; VII 2, 7; 4, 4; VIII 2, 3; IX 4, 2; 5, 1; 6, 1; C. II 10, 3; III 7, 4.
πολύκλωνος (ari.) VI 2, 6.
πολύλοπος! I 5, 2; V 1, 6; VIII 4, 1; C. IV 11, 5; V 18, 2.
πολυμάσχαλος! III 8, 4; 10, 2; 12, 3; 17, 3.
πολύοπος! IV 2, 2.
πολύοσμος C. VI 16, 6.
πολυπύρηνος! C. IV 4, 12.
πολύρριζος I 6, 3, 5; 9, 1; III 6, 4, 5; 12, 5; 13, 3; 16, 1; 18, 9; IV 10, 5; 11, 13; VI 4, 2; 5, 1; VIII 2, 3; 9, 2, 3; C. II 7, 4; 12, 4, 5; 16, 5; III 10, 7; IV 5, 1; 11, 3, 4; 15, 1.
πολυσπέρματος! (πολύσπερμος s. unter Ari.) VII 3, 4.
πολυστελέχης! (πολυστέλεχος Anth. Pal. IX 312) I 3, 3; 5, 1.
πολύτροφος C. III 21, 2; IV 3, 5; V 15, 4.
πορφυρόκαυλος! VII 4, 6.
πρωτότομος IV 14, 6; C. III 2, 3.
πυκνόβλαστος! C. III 7, 11.
πυκνόσπορος! C. III 21, 5.
πυκνόφυλλος (ari.) III 18, 8.
σκληρόφυλλος! III 9, 2.
σκολιόκαυλος! VII 8, 2.
στενόφυλλος I 9, 4; 10, 4; VII 12, 1; VIII 4, 1; C. II 16, 7.
στρογγυλόκαυλος! VII 4, 5.
στρογγυλόλοβος! VIII 5, 2.
ταχύβλαστος! C. IV 1, 3.
ταχύγονος! C. IV 3, 6.
τραχύφλοιος! I 5, 2; III 14, 3.
φιλόκοπρος II 7, 1; V 7, 6; VII 1, 8; 5, 1, 4.
φιλόσκεπος! C. II 7, 3.
φιλόσκιος VI 7, 6 (Scal.); C. III 7, 1.

Die Bildungen auf -οειδής s. unter II b.

Doppelt zusammengesetzt sind:

ἐπαλλόκαυλος! III 18, 9, 11.
ἐπετειόκαυλος! VI 2, 8; 3, 1; 4, 2; VII 2, 1—3; 7, 2; IX 1, 1; C. I 4, 2.
ἐπετειόφυλλος! VII 11, 3.
ἐπιπολαιόρριζος! I 6, 4; II 5, 1; III 6, 5; 13, 3; C. II 7, 1; III 4, 2.
παρισόχρονος! C. I 18, 3 (Schn.).
περιαλλόκαυλος! VII 8, 1; C. II 18, 2.

Anhang: Adj. mit Adj. haben wir in:

φιλόθερμος C. II 3, 3.
φιλόψυχρος III 2, 4; 3, 2; III 1, 3; 5, 1; C. II 3, 3.

b) Substantiva:

βαθυρριζία! I 7, 1.
βραχυρριζία! C. III 7, 2.
κακοκαρπία! I 4, 1; C. IV 1, 6.
κακοτροφία! V 2, 3.
καλλικαρπία I 4, 1.
μακρορριζία! I 7, 1.
μεσογονάτιον! IV 11, 6, 7.
μικροκαρπία C. VI 18, 8.
ὀλιγοτροφία C. VI 16, 4.
ὀλιγοχρονιότης I 3, 4; C. II 12, 1.
πολυβλαστία! C. III 7, 5.
πολυοζία! V 2, 2.
πολυοσμία! C. VI 16, 6.
πολυρριζία! C. III 10, 6; IV 8, 2.
πολυτροφία C. I 10, 2; 19, 5; V 15, 4; VI 16, 4; 19, 1.
πολυϋδρία! C. II 1, 2, 5; 14, 1—3; IV 4, 13; V 9, 9; VI 18, 7.
πολυχοΐα I 14, 5.
πολυχρονιότης I 3, 4.
στενοφυλλία! C. VI 18, 8.
ταχυβλαστία! C. IV 1, 3; 8, 1.
ψυχροϋδρία! C. II 14, 2.

c) Verba:

αὐταρκέω IV 13, 5; VIII 6, 1[1]).
βραχυτομέω C. III 14, 2, 3, 5.
γλυκυκαρπέω! C. II 3, 7.
ἰσοχρονέω C. IV 11, 9.
κακοβλαστέω C. IV 7, 2.
κακοτροφέω V 2, 2.
καλλικαρπέω III 15, 2; C. I 6, 10; 9, 3; II 3, 7; III 1, 2.
μακροτομέω C. III 14, 2, 3, 5.
μανοσπορέω! VIII 6, 2.
ὁμοβλαστέω! C. I 11, 1.
ὁμοκαρπέω! C. I 11, 1.
πυκνοσπορέω! VIII 6, 2; 7, 2; C. IV 14, 2.
τελειοκαρπέω! I 13, 4, 5; IV 8, 8; VIII 7, 2; C. III 6, 9; VI 4, 3.
τελειουργέω C. II 9, 6.
τελειογονέω C. I 11, 3; III 18, 1.

II. Nomina mit Verba:

1. Eines Substantivs mit einem Verbalstamm:

a) Adjektiva:

ἀκανθοφόρος III 18, 2.
ἀμπελοφόρος VIII 2, 8; C. II 4, 4.
βρυοφόρος! C II 11, 4.
δενδροφόρος C. II 4, 2, 10.
ἐριοφόρος! IV 7, 7; VII 13, 8.

[1]) U an beiden Stellen ἀνταρκέω; vgl. Schmid, Atticism. I 381, II 78.

ζῳοποιός C. II 9, 6.
καχρυοφόρος III 5, 6.
κεραυνοβλής III 8, 5.
κριθοφόρος VIII 8, 2; C. III 21, 2.
κουκιοφόρος! IV 2, 7.
κωνοφόρος I 12, 2; II 2, 2, 6; III 9, 4; C. I 9, 2; 19, 1.
ὀλυνθοφόρος! (ὀλυνθηφόρος Zenob.) C. V 1, 8.
ῥιζοφίτυτος! V 9, 5; überliefert ῥιζοφοιτήτους im Zitat aus Chairemon (siehe Nauck, Fragm. Trag. Graec. Frg.[2] 39) von Schneidewin notwendig zu ῥιζοφιτύτους emendiert.
ῥιζοφυής! VII 10, 1; C. I 8, 1.
σκυτοδεψικός C. III 17, 5; V 15, 2.
σκωληκόβρωτος III 12, 6, 8; IV 11, 1; C. V 9, 1, 5.
σπερμοφόρος! I 3, 1; C. I 21, 1.
στερμοφυής! VII 10, 1.
ταξιόζωτος! I 8, 3.
φλοιορραγής! IV 15, 2; C. III 18, 3.
φοινικόφυτος II 6, 5.

Doppelt zusammengesetzt ist:
παρενιαυτοφόρος! C. I 20, 3.

b) Substantiva:

ἁμαξοπηγία! V 7, 6.
διφροπηγία! V 7, 6.
ζευγοποιΐα C. V 18, 2.
θυροπηγία! V 7, 6.
καρποφορία (ari. De plant.) C. I 18, 5.
κλινοπηγία! III 10, 1; V 7, 6.
σκυτοδέψης III 18, 5.

c) Verba:

βλαστοφυέω! C. I 11, 7.
δᾳδοφορέω IX 2, 8.
ἐνιαυτοφορέω! III 4, 1.
νεωλκέω V 7, 2 (νεωλκία Ari.).
ὀλυνθοφορέω! III 7, 3; C. V 1, 8.
πιττοκαυτέω! V 4, 5; IX 2, 2; 3, 4.
ῥιζοφυέω! C. I 2, 1.
σπερμοφορέω! I 2, 2; VI 7, 1.
σπερμοφυέω! VII 4, 7; C. I 16, 4, 7.
ὑλομανέω C. III 1, 5.
φυλλομανέω! VIII 7, 4.
φυλλοφορέω C. III 9, 2.

2. Zusammenfügung eines Verbal- und Substantivstammes:

λειψυδρία C. V 12, 1.
ῥηξίφλοιος I 5, 2 (Stackhouse).

3. Eines Adjektivs mit einem Verbalstamm:

a) Adjektiva:

ἀκροσχιδής! III 11, 1.
ἀκροφυής IX 5, 1.
μεσοσχιδής III 11, 1.
μονόξοος! V 1, 10, 11.

ὁμοιοφόρος! IV 13, 5.
ὀρθοφυής! I 5, 1; II 6, 4; III 8, 4; 9, 5; 10, 1, 2; 12, 9; 13, 1; 14, 2, 3; 18, 4; IV 1, 4; 2, 8; V 1, 7.
πλειστοφόρος! III 7, 6.
ὑψηλοφυής! III 12, 3.

Doppelt zusammengesetzt sind:

ἐπετειοφόρος! C. I 20, 3.
ἐπετειοφορέω! C. I 20, 3.

b) Substantiva:

ὀρθοφυΐα! III 8, 5; C. II 9, 2.

c) Verba:

(ὀρθοφυέω II 6, 4?)
πολυφορέω! C. V 5, 4.

III. Verba mit Verba:

φθειροποιός II 2, 6.
φθειροφόρος C. I 9, 2.

II. Neubildungen durch Endungen.

a) Adjektiva:

auf -ηρός:
λαχανηρός! I 11, 3; 13, 3; VI 1, 2; VII 1, 1; C. II 12, 4; III 19, 1; VI 9, 3.
μελιτηρός (μελιτήριος bei Ari.) III 7, 4.
σταχυηρός! I 11, 4, 5; VIII 2, 5; C. I 20, 2.
τυληρός! III 18, 11 (W).
Von einem Pflanzennamen abgeleitet ist καρυηρός! I 11, 3; III 11, 4

auf -ής:
βαθυ-αγκής.
ἀμβλωπής! C. III 15, 2.
ἰσο-βαθής.
κοκκο-βαφής.
ἀ-βλαστής.
δυς-βλαστής!
ὑπερ-βλαστής!
ἀει-βλαστής!
ἀρτι-βλαστής!
εὐ-βλαστής.
ὀψι-βλαστής!
πρωϊ-βλαστής.
ὁμο-βλαστής!
πολυ-βλαστής!
δυς-μανής!
χαμαι-ρριφής.
ἀ-στελέχης.
βραχυ-στελέχης!
μακρο-στελέχης!
μονο-στελέχης!
πολυ-στελέχης.

auf -(ι)αῖος:

δορατιαῖος! I 3, 2[1]).

λοχαῖος[2]) C. III 21, 5; 23, 5.

πυγωνιαῖος III 17, 6; IV 6, 8.

ἡμι-χοαῖος!

Von einem Pflanzennamen abgeleitet ist:

ὀροβιαῖος VIII 5, 1.

auf -ικός:

ἀκανθικός IV 6, 10.

ἀκρεμονικός! IV 6, 8; VII 1, 8; 8, 3; C. II 12, 2.

ἁμαξικός V 7, 6.

ἀνθητικός I 14, 2.

ἀνθικός! VI 6, 2, 11; 8, 2; VII 13, 7; C. IV 11, 10.

βλαστητικός! I 1, 4; 3, 3; C. I 3, 3; 4, 4; 11, 4, 5; II 4, 2; V 1, 3, 12; 4, 3; 17, 7; VI 17, 13.

παρα-βλαστητικός!

βλαστικός! III 12, 8.

ἐπι-βλαστικός!

ἀπο-βλητικός.

δενδρικός VII 10, 4; VIII 2, 2; C. IV 2, 1; 3, 1; V 18, 1, 4.

ἠθητικός! C. VI 16, 6.

καυλικός! VII 9, 1.

κεντητικός III 9, 6.

λεαντικός (ari.) C. VI 1, 3.

πηκτικός C. V 14, 3; VI 1, 3.

ῥαγικός! III 18, 12.

στεφανωματικός I 12, 4: VI 6, 1; 8, 6; C. III 19, 1; IV 3, 3; VI 14, 9.

στεφανωτικός I 13, 3; VI 1, 1; C. I 4, 2; II 2, 2.

ὑληματικός! C. VI 11, 10.

φρυγανικός I 3, 6; 5, 3; 6, 5; 9, 4; 10, 4; 13, 3; III 1, 3; VI 1, 1, 4; 2, 7; 5, 4; 6, 1; 8, 1, 6; 10, 5; VII 2, 3; C. I 10, 6; II 2, 2; III 7, 11; 19, 1.

φυλλικός! III 5, 5; 7, 5; 18, 11.

Von Pflanzennamen abgeleitet sind:

ἀκανικός! VI 1, 3; 4, 1; 6, 9; 8, 2; VII 7, 3.

μηκωνικός! I 9, 2.

auf -ιλος:

ἄργιλος (ari.) C. III 20, 3; VI 3, 2.

ὑπ-άργιλος!

auf -ιμος:

πλόκιμος! IV 11, 1.

φύσιμος C. IV 4, 7, 8; 6, 4; 16, 3.

auf -ινος:

Von Pflanzennamen abgeleitet sind:

ἄκτινος! V 3, 3.

ζύγινος! V 3, 3.

πτελέϊνος V 3, 5; 6, 4; 7, 8.

[1]) Dies Wort fehlt in unseren sämtlichen Lexicis; es ist wie ähnliche Ableitungen (χειροπληθιαῖος, σπιθαμιαῖος usw.) wohl der Volkssprache entnommen, vgl. im Deutschen Ausdrücke wie 'eine Hand breit, eine Spanne lang' usw.

[2]) Nach Lobeck, Phryn. S. 544 ist die Schreibung λοχιαῖος vorzuziehen.

τερμίνθινος IX 2, 2.
auf -ιος:
ἐμ-βύθιος.
ὀπισθο-κάρπιος!
ἐπ-όμβριος!
λευκ-ομφάλιος!
τρισκαιδεκα-όργυιος!
στημόνιος! III 18, 11.
auf -ώδης (oder -οειδής):
ἀθερώδης VII 11, 2.
ἀκιδώδης! IV 12, 2.
ἀνθώδης! I 13, 1; VI 6, 11.
ἀτμώδης (ari.) C. III 16, 4.
βαλανώδης III 10, 1; 16, 1; VII 9, 4! C. IV 3, 7; 7, 7.
γανώδης! VI 5, 4.
γονατώδης I 5, 3; 6, 7; IV 6, 6; 10, 6; 11, 13; VI 2, 7; VIII 3, 2.
γραμμώδης (ari.) IV 12, 2; VII 3, 2.
δᾳδώδης III 9, 7; V 1, 6; IX 2, 5, 7.
ἑρσώδης C. III 2, 6.
θαμνώδης I 5, 3; 6, 2; 9, 4; 10, 4, 7; 14, 2; II 6, 10; III 12, 1; 13, 4; 14, 1; 15, 1, 3; 17, 5, 6; IV 3, 3, 4; 4, 6; 10, 2; VI 1, 3; VII 2, 3; 8, 1; IX 4, 3; 5, 2; C. II 12, 6; V 12, 5; V 12, 5; VI 18, 9; die Form θαμνοειδής III 17, 3.
θολοειδής (von θόλος, nicht von θολόω) III 9, 7.
θυσανώδης I 6, 4.
καλυκώδης III 5, 6; 10, 4.
καυλώδης C. III 6, 9.
καχρυώδης! III 12, 8; 17, 3.
κελυφανώδης C. I 7, 2.
κιττηροειδής III 7, 5.
κορυνώδης! III 17, 3; VI 4, 2.
κυλινδρώδης VIII 5, 3.
κωρυκώδης! III 15, 4.
λαχανώδης (ari.) I 3, 4; 6, 6; 9, 7; 10, 8; 12, 2; 14, 2; VII 1, 1; 7, 3; VIII 3, 5; C. I 4, 3; 10, 3; II 5, 3; 8, 4; 15, 6; III 17, 8; IV 3, 1; 15, 2; VI 11, 10; 14, 12; 20, 1.
λιπώδης III 12, 1.
ἑλ-λοβοειδής!
ναματώδης! C. III 6, 3.
νιτρώδης C. II 5, 1; VI 3, 1.
ξιφοειδής VII 13, 1.
ὀζώδης I 5, 4; 6, 4; 8, 1, 2; III 3, 2; 8, 4; 10, 4; 11, 5; 12, 3; 17, 3; IV 1, 4, 5; V 2, 1, 2; 5, 1; 7, 7.
ὀμβρώδης! VIII 7, 1; C. III 21, 4.
ὀμιχλώδης C. V 10, 3; VI 18, 3.
παγώδης C. II 4, 12 (die Form παγετώδης Soph. und ari.).
παππώδης! VI 4, 11; 6, 6 (Schn.).
πλακουντώδης IV 10, 4.
πλευροειδής! III 10, 3; 17, 3.
πρεμνώδης! IV 10, 5; C. I 3, 3.
πριονώδης! I 10, 5.
πυρηνώδης I 11, 3; II 6, 4; C. I 7, 3; 21, 1; II 7, 4; 11, 7; III 7, 1.

ῥαγώδης VI 2, 9; VII 15, 4.
ῥιζώδης VII 2, 1.
σταχυώδης I 14, 2; VII 11, 1—3; VIII 3, 3.
σπερι-σταχυώδης!
στελεχώδης III 15, 1; 17, 1.
στροβιλοειδής III 12, 9.
σφηνοειδής C. I 6, 8.
ταρρώδης VI 7, 4; VIII 2, 3.
ὑδρώδης (Ps.-Eur.) C. V 13, 2.
φρυγανώδης I 3, 4; II 1, 3; 2, 1; VI 6, 2; IX 5, 2.
φυλλώδης I 13, 1; VI 3, 1; VII 3, 2; 8, 3; VIII 3, 3.

Von einem Tiernamen abgeleitet ist:

κωνωποειδής III 14, 1; 15, 4.

Von Namen einzelner Pflanzen sind abgeleitet:

ἀγνώδης! III 18, 4.
αἰρώδης! VIII 4, 6.
ἀκανώδης! I 10, 6; 13, 2; VI 4, 3, 8, 11; 6, 6 (Schn.).
ἀμυγδαλώδης IV 2, 5.
ἀνθερικώδης! VII 13, 2.
ἀνθηνοειδής! III 12, 5.
ἀνθρηνοειδής VII 13, 3.
ἀπιοειδής III 10, 3.
ἀρακώδης! I 6, 12.
ἀσφοδελώδης VI 6, 9.
βολβώδης I 10, 7; VII 2, 2; 9, 4; 13, 1, 9.
γιγαρτώδης III 17, 6.
δρυώδης! (auch bei Steph. ohne Stellenangabe) III 16, 1.
ἐρεβινθώδης! VI 5, 3.
θυμβρώδης! VI 7, 5.
θυμώδης! (von θύμον) VI 7, 2.
θυώδης (von θύα) III 15, 3; V 4, 2.
καρυώδης! C. I 19, 1; IV 7, 7; VI 6, 8; 8, 8.
κεγχραμιδώδης! I 11, 3.
κιττοειδής III 10, 5; die Form κιττώδης III 14, 2; 18, 8, 11.
κιχοριώδης! VII 7, 1, 3; 11, 3.
κνηκώδης! (auch bei Hesych) I 11, 3; VI 6, 6; C. V 18, 4.
κορωνοποδώδης! I 10, 5.
κυμινώδης VIII 7, 3.
κυτινώδης IV 10, 3.
λειριώδης! III 13, 6.
λωτοειδής! IV 2, 12.
μεσπιλώδης! III 15, 6; 17, 5.
μηλινοειδής! VI 2, 8; VII 3, 1; 11, 4.
μυρικώδης! IV 6, 7.
ναρθηκώδης! I 6, 10; VI 1, 4; 2, 7; 3, 1, 7; VIII 3, 2; IX 6, 6; C. II 12, 2.
πηγανώδης VI 5, 3.
ῥαφανιδώδης! VII 6, 2.
ῥοώδης! (von ῥόα) III 18, 13.
σελινοειδής III 12, 5.
σικυώδης! VII 13, 1.
σκανδικώδης! VII 7, 1; 11, 1.
σκιλλώδης C. I 7, 4.
σκολυμώδης! VII 4, 5.
σογκώδης! VI 4, 5.
συκαμινώδης III 7, 4.
ὠκιμώδης VII 7, 2.

Andere Adjektiva:

δοχός C. II 4, 12.

τεράμων[1]) VIII 8, 6, 7; 11, 1; C. III 21, 3; IV 12, 1—5, 7, 8, 10—12; V 6, 12; 18, 2.

τετανός III 11, 1; 12, 5; 15, 6.

Anhang.

Adverbia:

ἑλικηδόν III 13, 1.

κατωτέρωθεν C. III 20, 8.

κερμηστί! (nach U) V 2, 4.

b) Substantiva:

auf -άς:

κοπάς! I 3, 3.

πλοάς IV 10, 2, 6; 11, 1; 12, 4.

σποδιάς III 6, 4.

φοράς IV 16, 2.

auf -εια:

συν-άγκεια.

ἀνθρακεία! III 8, 7.

δι-άρκεια.

δυς-είδεια.

καμινεία! (so nach Passow zu schreiben) V 9, 6.

τανεία! IV 1, 2.

τορνεία! V 7, 3 (nach Wimmer zweifelhaft).

auf -ία:

αὐστηρία C. VI 12, 6.

εὐ-βλαστία!

πρωϊ-βλαστία!

πολυ-βλαστία!

ταχυ-βλαστία!

ἀστρο-βολία!

ἀστρο-βολησία![2])

φυλλο-βολία.

ἀ-γεωργησία!

ζῳο-γονία.

καρπο-γονία.

τετρα-γωνία!

ἁμαξο-εργία! (ἁμαξουργία).

ἀμπελο-εργία (ἀμπελουργία).

διφρο-εργία! (διφρουργία).

φυτο-εργία (φυτουργία).

τρι-ετία.

τετρα-ετία.

χαλαζο-κοπία!

πολυ-οζία.

ἁμαξο-πηγία!

διφρο-πηγία!

θυρο-πηγία!

κλινο-πηγία!

βαθυ-ρριζία!

βραχυ-ρριζία!

μακρο-ρριζία!

πολυ-ρριζία!

εὐ-σηψία!

σκαλοπιά! VII 12, 3.

τεκτονία V 7, 6.

πυρο-τομία!

δια-τορία!

τραπεζία! III 10, 1.

πολυ-ϋδρία!

ψυχρο-ϋδρία!

---

[1]) ἀτεράμων dagegen findet sich bei Pl., Ar.

[2]) Bei Ari. findet sich ἀμετα-βλησία.

λειψ-υδρία.
δυς-φυΐα!
ὀρθο-φυΐα!
ἀει-φυλλία!
στενο-φυλλία!
πολυ-χοΐα.

auf -ιον:

ἀγγείδιον IX 6, 4.
δενδρύφιον IV 7, 3.
θηρίδιον II 8, 3; III 15, 4; VIII 10, 1.
καχρύδιον (ari.) C. V 6, 3.
κλίνιον IV 2, 5.
κλωνίον III 13, 5; 18, 5; IV 2, 11; C. V 13, 4.
ἐγ-κοίλιον.
λιθάριον III 7, 5[1]).
ποάριον III 3, 6; die Form ποιάριον I 7, 3.
πυρήνιον! III 7, 4.
ῥαχίον III 8, 6.
σπερμάτιον III 10, 5; 14, 4; IV 12, 2.
σφυρίον V 7, 8.
τερέτριον! V 7, 8.
τορνευτήριον V 6, 4.
ψακάδιον C. II 9, 3, 9.
ψαλτήριον (ari.) V 7, 6.

auf -μα[2]):

βάθυσμα! IV 11, 8, 9.
ἡμέρωμα! I 7, 1; C. V 6, 8.
ἔν-θεμα.
κένωμα II 5, 2.
κοίλωμα (ari.) III 8, 5; IX 2, 6.
μόσχευμα II 2, 5; C. III 11, 5.
ἀγ-νόημα.
πρίσμα V 6, 3.
σανίδωμα V 7, 5.
ἀπο-στέγασμα.
ὕλημα I 5, 3; 6, 2, 7; 10, 6; III 3, 6; 18, 1; IV 2, 11; 4, 1, 5, 12; 5, 1; 6, 1; 10, 1; V 9, 3; C. I 3, 5; 5, 2; 10, 6; III 1, 1; VI 12, 10; 14, 6; 17, 9.
χέλυσμα V 7, 2, 3.

auf -μός und -σμός:

ἀθροισμός C. I 17, 2.
ἐριναςμός! C. II 9, 5, 7, 9, 13; III 18, 1.
καρπισμός C. IV 8, 2.
καυθμός! IV 14, 11; C. V 12, 4.
κοπρισμός C. III 9, 2.
ἐν-οφθαλισμός.
ποασμός! C. III 20, 6.
σπερματισμός VII 4, 3; 5, 3 (Schn.).
φλοϊσμός! V 1, 1.
περι-φλοισμός!
χαραγμός! (auch bei Athen. zitiert) III 10, 3; 11, 3; 12, 7; 13, 5; 15, 6.

[1]) Wird von Phrynichus verworfen, s. Rutherford, The New Phryn. S. 268, findet sich auf Papyri, s. Croenert a. a. O. S. 293.

[2]) Wie die auf -σμός eine der beliebtesten Bildungen der Koine. Bei Theophrast bezeichnen diese Substantiva auf -μα wie bei den Attikern das actum, aber noch nicht, wie später, die actio.

auf -τόc:
λοπητόc! V 1, 12.
cκαφητόc C. III 16, 2.
cπορευτόc! C. III 20, 6.
auf -τηc:
κραυρότηc! I 5, 4.
ὀψιότηc! C. I 17, 1; II 9, 8; IV 11, 9.
πρωϊότηc! C. IV 11, 9.
τεραμνότηc! C. IV 12, 3, 10.
ἀ-τεραμνότηc!
ὑπτιότηc I 10, 2.
ὀλιγο-χρονιότηc.
πολυ-χρονιότηc.
auf -ιc:
ἄμφ-αυξιc.
ἐννεατηρίc! IV 11, 2.
cυρματῖτιc! II 7, 4; VII 5, 1.
auf -cιc:
ἄνθηcιc III 4, 2; 10, 4; VI 2, 3; 4, 2, 7; 6, 9; 8, 1, 2; 13, 6; 15, 1; VII 9, 2, 5; 10, 1, 2, 4; 11, 2; 13, 3; VIII 2, 5; 3, 3; 7, 2; IX 2, 5; C. II 1, 7; 2, 2; 3, 1; 7, 5; III 22, 6; IV 10, 1—3; V 1, 11; 3, 3; 9, 10, 13; 10, 3, 4; VI 15, 2, 3.
ἄρδευcιc C. II 9, 8; III 8, 3.
ἐπι-βόcκηcιc!
γαλάκτωcιc! C. IV 4, 7.
γλύκανcιc! C. IV 4, 5.
δᾴδωcιc C. V 11, 3.
δένδρωcιc! C. II 15, 5.
ἀπ-έραcιc.
ἔρεψιc V 6, 1.
ἄφ-εψιc!
δι-ήθηcιc.
ἡλιώcιc C. VI 16, 5.
ἡμέρωcιc III 2, 2; C. II 4, 3.
ἐκ-καύληcιc!
ἀπό-κνιcιc!
ἐπί-κνιcιc!
κόπριcιc! VIII 6, 3; C. II 4, 3; III 2, 1; 9, 1, 5; 19, 1; 20, 6.
κόπρωcιc! II 7, 1.
κορύνηcιc III 5, 1.
διά-κοψιc!
κρείττωcιc! C. V 9, 13.
μάcηcιc! C. VI 9, 3.
μόρφωcιc C. III 7, 4.
νέανcιc C. III 20, 7.
ξέcιc! V 6, 4.
κατ-όρυξιc!
πελέκηcιc! III 9, 3; IV 16, 2; V 1, 1, 9, 10; 6, 4.
κατά-πνιξιc.
ῥίζωcιc VIII 1, 3; C. II 4, 1; 12, 5; III 3, 1; 4, 4; 6, 2; 20, 5; 24, 3.
ἐπί-caξιc!
περί-caξιc!
cκάλcιc C. III 20, 6; IV 13, 3.
ὄ-cκαλcιc! II 7, 5[1]) (Schn.).
cκωλήκωcιc! VII 5, 6 (bei Hesych cκωληκίαcιc).
cχάcιc IV 2, 8; C. II 14, 4.
cωμάτωcιc C. VI 11, 14.

[1]) Ich stimme Schneider nicht zu, der cκάλcιc ändern will; nach Hesych findet sich auch ὀcκάπτω für ἀναcκάπτω und ὄcταφιc neben cταφίc.

τρύπηcιc (ari.) V 3, 3.
ὕδρευcιc C. III 9, 5; 19, 1.
cύμ-φραξιc!
φύcηcιc V 9, 3.
ἐπι-χρόϊcιc!
χύλωcιc VII 5, 1; C. III 9, 2.
Andere Endungen haben:
αὐλωνίcκοc! IX 7, 1.
γυρόc II 5, 1; C. III 4, 1, 2; 6, 2; 12, 1, 3.
ἔλκηθρον! V 7, 6.
κωπεών! (statt κωπεύc, jenes auch bei Hesych) IV 1, 4; V 1, 7.
μίcχοc = Blattstiel I 1, 6; 2, 1; 10, 7—9; 11, 5; III 5, 6; 12, 7; 13, 5; IV 9, 1; 10, 3; 12, 2; VII 9, 1; 13, 4; C. V 4, 2; 10, 4, 5; 11, 3; 12, 2, 5; 13, 6; 15, 4; 18, 11, 12; als Name eines Werkzeugs C. III 20, 8.
ῥύτροc! VI 4, 4.
cάριc(c)α III 12,2, makedonisch.
cκαπάνη (= cκάλcιc, vgl. C. V 8, 2 cκαπάνηc[1]) ἢ ἐντομῆc) II 7, 1, 5; C. III 2, 1; 6, 3; 7, 12; 9, 5; 10, 1, 3; 16, 1; 20, 2; V 8, 2; 9, 11; 15, 3.
cκινθόc IV 6, 9.
cτιλβηδών V 4, 2.
τρόχμαλοc C. III 6, 4.
τρώξανα! (bei Späteren die Form τραύcανα; die Attiker sagten dafür αἱμαcιά) C. III 2, 2.
χελιδονίαc VII 15, 1.
Ein ausländisches Wort ist γάζα VIII 11, 5.
Zweifelhaft sind:
ἄνοχοc! III 18, 13 (= diarrhoea nach Steph.).
θάμνον! statt des üblichen θάμνοc IV 3, 5.
καρνεῖοc! III 16, 4.

c) Verba:

auf -άζω:
ἐρινάζω II 8, 1, 3; C. II 9, 5, 9, 10, 12, 13.
παρα-θριγκάζω!
δι-ικμάζω!
cυν-ικμάζω!
ὀλυνθάζω! II 8, 4; C. II 9, 15.
auf -ίζω:
ἐπ-ακανθίζω!
παρ-ακανθίζω!
ἀκανίζω! VI 4, 8.
βοτανίζω C. III 20, 9.
ἐδαφίζω (ari.) IX 3, 1; 4, 4; C. IV 8, 2.
δια-καυλίζω!
παρα-καυλίζω!
ἐκ-λαχανίζω!
λεπίζω IX 2, 7; die Form λοπίζω III 13, 1, 4.
περι-λοπίζω!
ἀπο-πηνίζω[2])!
cακκίζω C. VI 7, 4.

[1]) Die Bedeutung eines Werkzeugs hat das Wort bei Theophr. nie.
[2]) πηνίζω bei Philyll. zweifelhaft.

σπινθηρίζω III 8, 7.
κατα-σταμνίζω.
φλοΐζομαι (bei Hesiod πεφλοιδώς) III 16, 3; V 4, 6; 9, 5.
ἀπο-φυλλίζω.
ἐγ-χυλίζω.

auf -άω:

ἁλμάω VIII 10, 1 (W).
ἀροτριάω VIII 6, 3; C. IV 12, 13.
ἐρυσιβάω! VIII 10, 2[1]).
ἀπ-ικμάω!
συνεπ-ικμάω!
κορυνάω! IV 12, 2.
λειχηνιάω! C. V 9, 10.
λοπάω III 5, 1, 3; 13, 2; IV 15, 3; V 1, 1; C. V 9, 9.
ὑπο-λοπάω!

auf -έω:

ἀ-βλαστέω.
εὐ-βλαστέω!
ὀψι-βλαστέω!
πρωϊ-βλαστέω!
κακο-βλαστέω.
ἀστρο-βολέομαι.
σταχυο-βολέομαι!
νεο-ελκέω (νεωλκέω).
εὐ-θετέω.
δια-καυλέω!
ἐκ-καυλέω.
δι-καυλέω!
πιττο-καυτέω!
ὑλο-μανέω.
φυλλο-μανέω!
εὐ-οσμέω.
ὀψι-σπορέω!
πρωϊ-σπορέω!
μανο-σπορέω!
πυκνο-σπορέω!
χειμο-σπορέω!
βλαστο-φυέω!
ῥιζο-φυέω!
σπερμο-φυέω!
ἰσο-χρονέω.

auf -όω:

ἐξ-αιγειρόομαι!
ἀκανθόομαι VII 6, 2.
ἐξ-ακανθόομαι.
ἀπ-αρρενόομαι!
ἀχυρόω (ari.) IV 8, 8.
βοτρυόομαι! C. I 18, 4.
γαλακτόομαι C. I 7, 3.
ἐκ-γαλακτόομαι.
γελγιδόομαι! VII 4, 11.
γονατόομαι! VIII 2, 4.
ἀπο-γωνιόομαι.
δᾳδόομαι! IX 2, 7; C. V 11. 3; VI 11, 6.
ἐν-δᾳδόομαι.
δενδρόομαι.
ἀπο-δενδρόομαι.
ἀφ-ερπυλλόομαι!
ἐρυσιβόω C. II 1, 7; 2, 2; III 22, 1, 2; 24, 4.
ἀπ-ερυσιβόω!
ζῳόομαι C. IV 2, 2; 15, 3; V 18, 2.
ἐκ-ζῳόομαι!
θαλαττόω C. VI 7, 6.

---

[1]) Vielleicht ist für ἐρυσιβᾷ die Form ἐρυσιβοῖ von dem bei Theophr. und Späteren sich mehrfach findenden ἐρυσιβόω einzusetzen.

ἐκ-θαμνόομαι!
καλαμόομαι! VIII 2, 4.
ἀπο-κιττόομαι.
κρειττόομαι! IV 14, 6; C. V 9, 13.
κυλινδρόω! II 4, 3.
ἐπι-κυλινδρόω!
λιμνόομαι V 4, 6; C. V 12, 3; 14, 2, 9.
ἀπο-λοχμόομαι!
ἐκ-λοχμόομαι!
μανόω! C. III 6, 1; 20, 7; 21, 4; 23, 4, 5; V 13, 6.
μορφόω C. I 20, 2; V 6, 7.
ἐκ-ξυλόομαι!
ὀζόομαι C. III 5, 1; ὀζωτός I 3, 1.
ἀπο-παππόομαι!
ἐκ-παππόομαι!
ἐκ-πνευματόομαι.
ἐκ-σαρκόομαι.
σημειόομαι C. I 21, 7.
σκωληκόομαι! IV 14, 2, 4, 10; C. II 11, 6; III 17, 1; 22, 5; IV 14, 4; V 6, 10; 9, 3, 4; 10, 1.
σπερματόομαι VI 8, 2; C. III 2, 2.
ἐκ-σπερματόομαι!
σπερμόομαι! III 18, 8.
ἀπο-σταφιδόομαι.
ταρρόομαι C. III 23, 3 (W).
συν-ταρρόομαι.

auf -εύω:

γονεύω VIII 10, 5; C. I 14, 1; III 16, 2; 22, 5; IV 10, 3 (Schn.).
χιλεύω C. II 17, 6.

auf -ίω:

ὑπο-κονίω.

auf -ύω:

ἀνα-πιδύω.

auf -ύνω:

ξανθύνομαι! III 15, 6.

Hierzu kommt noch ψίνομαι! (= ῥυὰς γίγνομαι)[1]) IV 14, 6.

C. Namensbezeichnungen.

I. Von Pflanzen[2]).

ἀγριέλαιος (ari.) II 2, 5.
ἀθραγίνη V 9, 6.
αἰγίλωψ III 8, 2, 4, 6 (Eichenart); VII 13, 5; VIII 7, 1; 8, 3; 9, 2, 3; 11, 8, 9; C. IV 6, 1, 3; 16, 2 V 15, 5 (Gras).
αἱμόδωρον! VIII 8, 5.
ἄκανος I 10, 6; 13, 3; VI 1, 3; 4, 3—5, 9.

[1]) Vom Weinstock gesagt: ῥυὰς δὲ γίγνεται, ὃ καλοῦσί τινες ψίνεσθαι; also ein dialektisches Wort (ψινάς findet sich bei Suidas).

[2]) Auf die Beifügung lateinischer Pflanzennamen verzichte ich, weil dabei so vieles auf unsichere Vermutungen hinausläuft. Wer sich mit solchen begnügt, findet bei Schneider und Wimmer (1866) Aufschluß; Eigenes könnte ich nicht hinzufügen.

[1]) Bei Hip. nach Gal. βληχρόν.
[2]) ἔβενος bei Hdt. u. Ari.
[3]) Fehlt bei Steph., wie auch ἐτεόκριθος, εἰλειθυία usw. usw.
[4]) ἤρυγγος bei Ari.

καγχρυδίας VIII 4, 3; C. III 21, 2.
καδύτας! (bei Hesych κασύτας) C. II 17, 3.
καμακίας! VIII 7, 4.
κανθάρεως! (ἡ ἄμπελος) C. II 15, 5.
καυκαλίς VII 7, 1.
κεάνωνος! (?) IV 10, 6.
κενταυρίς IX 1, 1.
κεντρομυρρίνη! III 17, 4.
κεραύνιον I 6, 5.
κέρασος (ari. De plant.) III 13, 1, 3; IV 15, 1; IX 1, 2.
κερωνία I 11, 2; 14, 2; IV 2, 4.
κήλαστρον! I 3, 6; 9, 3; III 3, 1; 4, 5; IV 1, 3; V 6, 2; 7, 7.
κιχόρη! VII 7, 1.
κλινότροχος! III 11, 1.
κνῖκος C. VI 9, 3.
κοκκυγέα III 16, 6.
κολοιτία! (bei Hesych κολοιτέα) I 11, 2; III 17, 3.
κολουτέα! III 17, 2.
κολυτέα! III 14, 4 (wohl dasselbe wie das vorige).
κορυμβίας! III 18, 6.
κορωνόπους VII 8, 3; C. II 5, 4.
κόστος IX 7, 3.
κράταιγος III 15, 6.
κραταιγών! III 15, 6.
κριθανίας! VIII 2, 3.
κρινωνία! II 2, 1; VI 6, 9; IX 1, 4; C. I 4, 4.
κρομυογήτειον! IV 6, 2.
κροτώνη! (auch bei Hesych) I 8, 6.
κυαμών IV 8, 8.
κύϊξ VII 13, 9.
κύκη! II 6, 10.
κυνόρροδον VI 4, 8.
κύνωψ VII 7, 3.
κώμακον! IX 7, 2.
λακάρη! (auch bei Hesych) III 3, 1; 6, 1.
[λειμόδωρον! C. V 15, 5[1].]
λειοθασία VII 4, 2 (Schn.).
λέμνα! IV 10, 1.
λευκάκανθα VI 4, 3.
λινόσπαρτον! I 5, 2.
λυχνίς VI 8, 3.
μαγύδαρις I 6, 12; VI 3, 4, 7.
μάλαξις V 3, 3.
μαλιναθάλλη! IV 8, 12.
μελαγκρανίς IV 12, 1, 2.
μελάμπυρον VIII 4, 6; 8, 3.
μελάνδρυον[2]) I 6, 2; V 3, 1.

[1]) Die Handschriften haben λιμόδορον. Es kann kein Zweifel bestehen, daß es dieselbe Pflanze ist, die VIII 8, 5 αἱμόδωρον geschrieben wird. Beidemal wird sie als Schmarotzerpflanze von βουκέρας bezeichnet. Daß Α für Λ keine wesentliche Variante ist, liegt auf der Hand. Jedenfalls muß an beiden Stellen der gleiche Name stehen. Da der Urbinus VIII 8, 5 zweimal αἱμόδωρον hat (die Worte καλούμενον μᾶλλον ἰδίᾳ, ἔστι δὲ τὸ αἱμόδωρον finden sich nur in ihm), wird man dieser Schreibung wohl den Vorzug geben.

[2]) μελάνδρυος Od., Aesch.

[1]) Harpokrat. gibt diese Form auch zu Xen. Anab. an, wo jetzt μελίνη geschrieben wird.

[2]) Bei Hom. οἰσύα.

[3]) Bei Ari. ὄρυζα.

[4]) Das Adj. πύξινος bei Dichtern vor Theophr., s. S. 107.

cιτανίαϲ! VIII 2, 3.
cκυταλίαϲ VII 4, 6.
cπειραία I 14, 2; VI 1, 4.
cτελεφοῦροϲ VII 11, 2.
cτελίϲ C. II 17, 1, 2, 6.
cτλεγγύϲ VIII 4, 3.
cτραγγίαϲ C. III 21, 2.
cυριγγίαϲ IV 11, 10.
cφενδαμνόϲ[1]) III 3, 1, 8; 4, 4; 6, 1, 5; 11, 1, 2; V 1, 2, 4; 3, 3; 7, 6.
cχοινία! IV 12, 2.
τετράλιξ VI 4, 4.
τευτλίϲ VII 7, 2.
τίφυον! C. I 10, 5.
τραγάκανθα IX 1, 3.
τριχομανέϲ VII 14, 1.
τύφη I 5, 3; 8, 1; IV 10, 1, 5, 7.
ὕδνον (ari De plant.) I, 1, 11; 6, 5, 9.
ὑποχοιρίϲ! VII 7, 1; 11, 4.
ὑφέαρ! (auch bei Hesych) III 16, 1; C. II 17, 1, 2, 6.
φάϲκον! (bei Hesych φάϲκοϲ) III 8, 6.
φελλόδρυϲ! I 9, 3; III 3, 3; 16, 3.
φέωϲ VI 1, 3; 4, 1; 5, 1, 2.
φιλύκη I 9, 3; III 3, 1, 3; 4, 2, 4; V 6, 2; 7, 7.
φιλυρέα I 9, 3; III 3, 3.
φλόγινον VI 8, 1, 2.
χαμαίβατοϲ! III 18, 4.
χαμαιδάφνη III 18, 13.
χαρακίαϲ IV 11, 1.
χόνδρυλλα VII 7, 1; 11, 4.

II. Von einzelnen Teilen bestimmter Pflanzen.

ἀνθήλη IV 10, 4; 11, 4.
ἀϲφαραγία! VI 4, 2.
βότρυον III 7, 3.
εἰλειθυία! V 9, 8; C. V 4, 4.
θυῖον V 2, 1.
καυλίαϲ! VI 3, 2; IX 1, 7.
κόρϲιον IV 8, 11.
κράδοϲ (Name krankhafter Auswüchse des Feigenbaumes) IV 11, 4.
κράνον C. III 1, 4; 10, 2.
κώδυον VI 8, 1.
λοῦϲϲον III 9, 7.
μαϲτίχη VI 4, 9; IX 1, 2.
πέρϲιον II 2, 10.
(πέταϲοϲ? IV 8, 9, s. darüber S. 50 f.).
ϲκαλίαϲ! IV 6, 11.
φαυλία II 2, 12; C. VI 8, 3, 5.

III. Von Tieren.

θρίψ V 4, 4, 5.
μίδαϲ C. IV 15, 4.

γάμβρη, ein ἅπαξ εἰρημένον, das die Ausgaben I 3, 1 bieten, ist oben nicht aufgezählt. Theophrast gibt an dieser

[1]) cφενδάμνετοϲ bei Kratin. und Ar.

Stelle die verschiedenen Formen des Habitus an und führt sie an allgemeinen bekannten Gewächsen vor Augen. So werden für den Begriff 'Baum' als Beispiele genannt ἐλάα, συκῆ, ἄμπελος, für 'Strauch' βάτος, παλίουρος, für 'Staude' außer γάμβρη noch πήγανον, für 'Kraut' (d. h. Pflanzen mit dünnem Stengel) σῖτος, λάχανα. Unmöglich kann nun hier neben πήγανον eine dem Namen und der Art nach völlig unbekannte Pflanze als Typus gelten, und es ist nur zu verwundern, daß Wimmer, der doch sonst mit Konjekturen nicht zurückhielt, sich hier mit der Überlieferung, allerdings zweifelnd, zufrieden gab. Und dabei scheint mir die Lösung des Rätsels, wenigstens in sachlicher Hinsicht, nahe zu liegen. Eine kleine Änderung der Überlieferung führt auf das Wort κράμβη = Kohl, eine für den Begriff φρύγανον ebenso charakteristische Pflanze wie πήγανον. Doch dürfte man damit erst eine varia lectio gefunden haben, denn Theophrast kennt in seiner wissenschaftlichen Sprache nur ῥάφανος als Namen des Kohls. Κράμβη dagegen ist entweder eine lokale Bezeichnung dafür oder ein Wort der Vulgärsprache, vgl. Aristot., De animal. hist. 551a 16: ῥάφανος, ἣν καλοῦσί τινες κράμβην. Mit der Einführung von κράμβη in die Schriftsprache hängt zugleich der Bedeutungswechsel von ῥάφανος zusammen. In der älteren Literatur ist ῥάφανος = Kohl und ῥαφανίς = Rettich, und diese ältere Terminologie hat auch Theophrast beibehalten. Erst als κράμβη als Name des Kohls allgemein aufkam, verlor ῥάφανος seine ursprüngliche Bedeutung und rückte an die Stelle von ῥαφανίς (= Rettich), so schon in der mittleren Komödie. — An unserer Stelle wird man also bei der Lesart κράμβη, auf die man zunächst geführt wird, nicht stehen bleiben, sondern, von der varia lectio ausgehend und Theophrasts Sprachgebrauch folgend, die Heilung des Textes in der Einsetzung von ῥάφανος finden. Auch sonst nennt Theophrast ῥάφανος und πήγανον öfter zusammen, so I 3, 4; 9, 4; VI 1, 2; VII 6, 1; C. I 4, 2; III 19, 2.

Ergebnisse:

Aus den vorstehenden Zusammenstellungen ergibt sich zahlenmäßig, — was als allgemeine Beobachtung längst bekannt ist, — daß Theophrast im Wortschatze am meisten von seinen beiden Vorgängern in der Naturwissenschaft, dem Ionier Hippokrates und dem im ganzen, wenn auch nicht im Sinne eines Isokrates, attisch schreibenden Aristoteles beeinflußt ist. Die Übereinstimmung entspringt nicht etwa nur den stofflichen Berührungsflächen, eine innere sprachliche Verwandtschaft tritt klar genug zutage. Daß beide Strömungen, die eine aus der älteren reinen Naturwissenschaft der Ionier, die andere aus der jüngeren attischen Philosophie, zu der die Naturwissenschaft nur ein spät entwickeltes Supplement bildet, in dem Stile des in ionischer Kolonie geborenen und in Attika lebenden Aristoteles oft ineinanderfließen, darauf wurde in der Einleitung dieses Abschnitts bereits hingewiesen. Und da aus ihnen überhaupt die wissenschaftliche Terminologie der κοινή entstand, so ist das Zusammentreffen beider in der Sprache Theophrasts ganz natürlich. Von den 135 Wörtern, die Theophrast mit Hippokrates gemeinsam hat, sind nur 24, nämlich ἀβρότονον, ἀκτῆ, ἄρκευθος, βλίτον, δαφνίς, δρακόντιον, ἐλελίσφακος, ἐρύσιμον, ἱππομάραθον, ἱπποφέως, καρδάμωμον, κενταύριον, κνεώρος, λευκόϊον, πάνακες, περσέα, πόλιον, σατάνειος, στρύχνος, σχινίς, τέρμινθος, τῆλις, φύσιγξ, χαλβάνη Namen von Pflanzen oder Pflanzenteilen, von den 245 Wörtern aus dem Sprachschatze des Aristoteles gar nur fünf, nämlich ἀφάκη, βάλσαμον, βοστρύχιον, κυνόσβατον, πικρίς, und nur acht Tiernamen: ἑλίκη (bei Theophr. aber Pflanze), κεντρίτης, λαίμαργος, λόφουρον, σκωλήκιον, σφηκίον, ὑπολαΐς, χρυσαλλίς, und von den 101 Wörtern, die sich bei Hippokr. und Aristot. zugleich finden, sind nur zehn: ἄμωμον, ἄρον, βρύον, ἐπίπετρον, ἰξία (doch nur bei Theophr. Pflanze), κεγχραμίς, πράσιον, στρούθιον, τίφη, χέδροπα Pflanzen- und zwei: κάμπη, χαμαιλέων (bei Theophr. aber Pflanze) Tiernamen. In der Hauptsache sind die übrigen Wörter termini technici der wissenschaftlichen Sprache; sie gaben zugleich die Muster für Neubildungen ab, die im

Interesse einer präzisen und knappen Ausdrucksweise geboten waren. Dazu kommen die rein ionischen Einschläge, die bei Theophrast sowenig wie bei Aristoteles verwunderlich sind. Auf diese Weise erklärt sich auch die Berührung mit der dem Ionischen entsprungenen Dichtersprache. Als termini (also an mehreren Stellen) finden wir daraus bei Theophr.: ἀκρεμών, ἀποχέω, ἄφυλλος, βαθύρριζος, βοτρυώδης, ἐλάτινος, εὔοσμος, εὐοσμία, θάλεια, καλλίκαρπος, κοπρίζω, πεύκινος, παλιμβλαστής, πρόσειλος. Während nun von den übrigen allgemein auch poetischen Wörtern nur 14 Pflanzennamen sind (βολβίνη, γίγαρτον, ἐρινόν, καρύα, κλήθρα, κοκκύμηλον, λείριον, μέσπιλον, μηλέα, παλίουρος, πρασία, σκόλυμος, σόγκος, ὑάκινθος), machen diese bei den besonders aufgezählten Wörtern aus der Komödie fast die Hälfte aus, von 75 folgende 32: αἰγίπυρος, ἅλιμον, ἀνεμώνη, ἀνθερικός, ἄρακος, βόλβος, βούτομος, γήθυον, γήτειον, ἔνθρυσκον, ἡμεροκαλλές, θρῖον, ἴφυον, ἰωνία, κάκτος, κεδρίς, κιχόριον, κόϊξ, κοκκυμηλέα, κόμαρος, κόρχυρος, κράμβος, κράνεον, λάθυρος, μάσπετον, μιμαίκυλον, μύρρινος, μυρρίνη, ὀνωνίς, πισός, σφάκος, τραγόπωγων; von den 29 Wörtern, die sich in der Komödie und bei Hippokrates finden, sogar 23: ἀμάρακον, ἀμυγδάλη, ἀνδράχνη, ἀτράφαξυς, βόλβιτος, γογγυλίς, θέρμος, θριδακίνη, θύμβρα, ἱπποσέλινος, καλαμίνθη, κάππαρις, κίσθος, νάρδος, ὀθόνιον, πελεκῖνος, ῥάμνος, ῥαφανίς, σίδιον, σκαμωνία, τεύτλιον, τιθύμαλος, ὤκιμον; von den 12 Wörtern, die außer der Komödie Hippokr. und Aristot. haben, folgende 9: αἶρα, ἀμυγδαλῆ, εὐνουχίας, θύμον, κύτισος, μελίλωτος, νᾶπυ, πήγανον, σισύμβριον, und von den 23, die sich in der Komödie und bei Aristot. finden, folgende 7: ἀμύγδαλον, θρυαλλίς, κότινος, κύπαρος, πρασοκουρίς, ῥάφανος, συκάμινον. Daß sich in der Komödie soviel Pflanzennamen finden, ist nicht weiter verwunderlich. Es sind zumeist Gemüse- und Gewürzpflanzen, die im bürgerlichen Leben, das die Komödie mit Vorliebe schildert, eine mehr oder minder wichtige Rolle spielen.

Der Vollständigkeit wegen seien auch die übrigen vor Theophrast vorkommenden Pflanzennamen besonders zusammengestellt. Von den 31 Wörtern, die bei Dichtern und Hippokr. belegt sind, zählen hierher 17: ἀδίαντον (nur bei

Theophr. Pflanzenname), ἄργεμον, ἀσφάραγος, ἐλένιον, ἐρείκη, ἡδύοσμος, καρχαρίας, κορίαννον, κύμινον, μελία, μίνθα, νάρκισσος, πράσον, ῥοῦς, στοιβή, τεῦτλον, τρίβολος; von den 11 Wörtern, die die Dichter, Hippokr. und Aristot. haben, 7: ἀκαλήφη, βάτος, γόγγρος (nur bei Theophr. Pflanze), κνῆκος, ὀρίγανον, πολυπόδιον, σίδη; ferner haben wir bei Dichtern und Aristot.: ἄγρωστις, κερκίς (nur bei Aristot. und Theophr. Pflanzenname), ὄγχνη; bei Herodot: κεδρία; bei Dichtern und Ioniern: ἄγχουσα, ἄνηθον (ἄννησον), ἀπέλαβος, ἀτρακτυλίς, ἀψίνθιον, βουκέρως, ἔβενος, ἐρευθέδανον, θρῖδαξ, ἴουλος, κάρδαμον, κασία, κόνυζα, κρίκος, κρίνον, κύπειρον, οἴναρον, ὀξύη, φιλύρα, φλεώς, χελιδόνιον (nur bei Theophr. Pflanze); bei Plato: ἄπιον, κεράσβολος (nur bei Theophr. Pflanze); bei anderen Autoren: ἀσπάλαθος, λάπαθον, μάραθον, ὁλόσχοινος, ὄλυρα, ὄροβος, οὖον, ῥοδωνία, σικύα, σκάνδιξ, στύραξ, φελλός, φυκίον.

An Neubildungen von Wörtern finden sich bei Theophrast nicht weniger als 1333, davon 651 nur bei ihm; davon sind 188 Pflanzennamen, von denen 79 auch später nicht belegt sind.

Bei den einzelnen Wortgruppen läßt sich der Einfluß des Ionischen der älteren Naturwissenschaft von dem des Attischen der Philosophie des 4. Jahrh. im allgemeinen nicht trennen, da sich die meisten Wortbildungsgruppen bei Hippokrates wie bei Aristoteles finden. Immerhin ergeben sich einige beachtenswerte Scheidungen.

Was zunächst die Bildungen mit Vorsilben anbelangt, so entfallen die meisten auf Präpositionen (381). Von Aristoteles, der ebenfalls viele neue Wörter auf diese Weise geformt hat, übernahm Theophrast 74, von Hippokrates (den Ioniern) 52. Von den Doppelzusammensetzungen sind der sonstigen griechischen Sprachbildung entsprechend die mit προ- und συν- beginnenden am häufigsten (12 und 21). Beachtenswert sind die Zusammensetzungen mit ἐπι- und ὑπο-, bei denen, namentlich bei ὑπο-, die Präposition eine Milderung des Wortbegriffs bezeichnet, also einem deutschen 'etwas' entspricht; beide drücken also den Begriff der Annäherung aus, der sich aus ihrer Grundbedeutung ergibt.

Von Hippokr. hat Theophr. ὑπόγλισχρος, ὑποπέλιος, ὑπόσυχνος, von Hippokr. und Aristot. ὑπόλευκος, von Xenoph. ἐπίξανθος. Neu sind bei ihm: ἐπίβαρυς, ἐπίγλυκυς, ἐπίδασυς, ἐπίλευκυς, ἐπιμέλας, ἐπίπικρος, ἐπιπόρφυρος, ἐπίπυρρος, ἐπίσαπρος, ἔπουλος, ἔψαμμος, ἔψυγρος; ὑπάργιλος, ὑπόλεπρος, ὑπολίπαρος, ὑπόπικρος, ὑποστρόγγυλος, also durchweg Adjektiva der sinnlichen Wahrnehmung.

Auch die Zusammensetzungen mit α privativum sind zahlreich (50). Hier ist wohl der Einfluß der attischen Philosophensprache erkennbar. Denn während Theophrast mit anderen Autoren nur ἄφυλλος (poet.), ἀγλυκής (Hip., Xen.) teilt, übernahm er von Aristoteles 20 Wörter, darunter die termini technici ἄβρωτος, ἀναυξής, ἀπύρηνος, ἄχυμος. Dagegen sind die Bildungen mit εὐ- mehr ionischen Ursprungs. Zunächst gehören sie wohl zu den ältesten Sprachmitteln der Poesie, dann finden wir sie auch bei Hippokrates und Aristoteles. Von Dichtern übernahm Theophrast acht (εὐεργής, εὐκτέανος, εὔξοος, εὔοσμος, εὐρεής, εὐροέω, εὔτορνος, εὐοσμία), von Dichtern und Aristot. vier (εὔειλος, εὐκαμπής, εὐκραής, εὐκαρπία), von Hippokr. sechs (εὔπριστος, εὔτροφος, εὔπνοια, εὐφορία, εὐχυλία, εὐτοκέω), von Hippokr. und Aristot. sieben (εὐαπόλυτος, εὐήκοος, εὔκαμπτος, εὐμετάβλητος, εὔπεπτος, εὐσαρκία, εὔχροια), von Aristot. zwölf (εὐαυξής, εὐδιαίρετος, εὐθεώρητος, εὔθραυστος, εὐξήραντος, εὔσηπτος, εὔτοκος, εὔτομος, εὔφθαρτος, εὐβοσία, εὐσθένεια, εὐμελιτέω). — Von Bildungen des Aristoteles mit δυσ- hat Theophrast: δυσαφαίρετος, δυσφυής, δύσχυλος.

Unter den zu diesen Gruppen gerechneten Wörtern befinden sich mehrere, die man als zusammengesetzte Verbaladjektiva anzusehen hat, so ἄβρωτος, ἀθεώρητος, ἀναλλοίωτος, ἀρρίζωτος, δυσαφαίρητος, εὐαπόλυτος, εὐδιαίρετος, εὐθεώρητος, εὔθραυστος, εὔκαμπτος, εὐμετάβλητος, εὐξήραντος, εὔπεπτος, εὔπριστος, εὔσηπτος, εὔφθαρτος aus dem Sprachschatze der früheren Autoren. Theophr. bietet zuerst: ἀβλάστητος, ἀγεώργητος, ἀθέριστος, ἀκονίατος, ἀκόπριστος, ἀλόπιστος, ἀνερίναστος, ἀνύδρευτος, ἀπελέκητος, ἀπέπαντος, ἀπερίττωτος, ἀδιάφρακτος, ἀναπόμικτος, ἀνεπίδοτος, δυσαύξητος, δυσέργαστος, δύcθλαcτοc, δυcξήραντοc, δύcπριcτοc, δύcφθαρθοc, δύccχιcτοc, δυcαπόπτωτοc, δυcδιαίρετοc, δυcδιάπνευcτοc, δυcδιάτηκτοc, δυcκάτακτοc, δυcκατάπεπτοc, δυcπερικάθαρτοc, εὐέψητοc, εὐθέρμαντοc, εὐκήπευτοc, εὐμέριcτοc, εὐπελέκητοc, εὐπύρωτοc, εὐcύμφυτοc, εὔcχιcτοc, εὐτρύγητοc, εὐχώριcτοc, εὐαπόπτωτοc, εὐδιάχυτοc, εὐπεριαίρετοc, εὐπρόcφυτοc, εὐcύμφυτοc, dazu noch προαπόπτωτοc, ταξιόζωτοc.

Die Geschmeidigkeit der späteren griechischen Sprache ermöglichte es Theophrast, durch Zusammenfügung zweier Wortstämme neue festbestimmte Begriffe zu schaffen und dadurch eine stilistisch ermüdende Monotonie zu meiden. Bildungen wie ἐπιφυλλόκαρποc, μικροκαρπία, cτενοφυλλία sind bei sprachlicher Glätte termini von einer präzisen Begrenztheit, wie sie die Wissenschaft in unserer Sprache oft vermißt[1]). Der eine Teil der Zusammensetzungen ist bei Theophrast meist ein allgemeiner morphologischer Begriff, der durch den zweiten Bestandteil näher charakterisiert werden soll; dahin gehören die Bildungen mit ῥίζα, βλάcτοc, cτέλεχοc, καυλόc, φλοιόc, φύλλοc, ὄζοc, μίcχοc, καρπόc, cτάχυc, cπέρμα, χυλόc, πυρήν etc. Am meisten treten Zusammensetzungen von Adjektiven und Substantiven auf; bei den Bildungen mit Verbalstämmen überwiegen weit die mit φορέω (24) und φύω (10). Mehrere ähnliche Bildungen fand Theophrast schon bei früheren Autoren, in erster Linie wieder bei Hippokrates und Aristoteles; dann auch bei Dichtern. Dahin gehören die Zusammensetzungen:

1. zweier Substantivstämme: ῥιζοτόμοc Soph., cτεφανηπλόκοc Parmen., ὑλοτόμοc poet., ῥιζοτομέω Hip., ἀνδρομήκηc, Xen., κεφαλαλγήc Xen.; bei Ari.: cκωληκοτόκοc, (bei Theophr. außerdem cκωληκοβόροc), φίλυδροc, ᾠοτοκέω, ᾠοτόκοc.

2. eines Adjektivs mit einem Substantiv: βαθύρριζοc Soph., ἰcόδενδροc Pind., καλλίκαρποc Trag., λευκανθήc Pind.; Soph., πολυανθήc Hom., πυκνόφθαλμοc Eur., πολύφυλλοc Kom.; bei Hip.:

---

[1]) Im Deutschen müssen die meisten Wortzusammensetzungen Theophrasts durch mehrere Wörter umschrieben werden, oder sind etwa Übersetzungen wie 'sehnenstengelig' für νευρόκαυλοc wohlklingende Bildungen?

καλλίφυλλος, μικρόφυλλος, πεντάφυλλος, ὀλιγότροφος, πυκνόρριζος; bei Hip. und Ari.: λεπτόδερμος, πολυτόκος, ὀλιγότροφος, πολύστοιχος; βαθύγειος Hdt., μελάγγειος Hdt., ἡδύοινος Appollod., Xen., μονόκωλος Hdt., Ari., ὀλιγόγονος Hdt., Ari.; bei Ari.: ἰσοπαχής, λεπτομερής, μακροβιότης, μονόχροος, ὀλιγοσπέρματος, πλατύφυλλος, πολυγώνιος, πολύοζος, πολύσαρκος, πολύσπερμος, πολυτοκέω; dazu von Attikern, bei denen sonst nur Zusammensetzungen mit πολύς häufiger sind: λεπτόγειος Thuk., ἰσομήκης und ἰσοσκελής Pl., Ari.

3. eines Substantivs mit einem Verbum: πυροφόρος poet., φυλλοφόρος Pind., ἀνθοφόρος Aristoph., σιτοφόρος Hdt., σαρκοφάγος Ari.

4. eines Adjektivs mit einem Verbum: κακοποιός Pind., μονοφυής Hdt., Ari.; bei Ari: ἰσοφυής, ὀλιγόχοος, πολύχοος; dazu bei Plat.: κακοφυής, ὁμοφυής. Mit Ausnahme von ῥιζοτομέω, ᾠοτοκέω, πολυτοκέω, μακροβιότης sind es nur Adjektiva, von denen die mit πολυ- und ὀλιγο- gebildeten eigentlich nichts Ungewöhnliches sind. Theophrast ging hier indes viel weiter. Für ihn ließen sich alle Adjektiva zusammensetzen und davon wieder Substantiva und Verba ableiten: Bildungen auf -ριζία, -φυλλία, auf -σπορέω, -φυέω sind in der griechischen Sprache durchaus neu. Am häufigsten sind natürlich auch bei Theophrast von den Zusammensetzungen mit Adjektivstämmen die mit πολυ-(27), dann folgen die mit ὀλιγο-(14), κακο-(7), λεπτο-(7), μονο- (7), μακρο- (6).

An den Neubildungen durch Suffixe läßt sich noch offensichtlicher der Einfluß beider Hauptquellen nachweisen:

Von den selteneren Substantivbildungen auf -άς sind schon vor Theophr. belegt: λοπάς Archestr., Kom., Ari., ἀποφυάς und παραφυάς Hip., Ari., ῥυάς Ari. Zahlreich sind die Bildungen auf -ία, die auch im Attischen nicht selten sind. Als termini übernahm Theophr.: εὐκαρπία Ari., εὐοσμία Soph., εὐχυλία Hip. Besonders beliebt sind sie bei Aristot., von ihm stammen bei Theophr.: ἀμεταβλησία, ἀπεψία, ἀπλυσία, εὐβοσία, νεωλκία, ὁμωνυμία, συστοιχία, ὑπερομβρία. Die Bildungen auf -σις sind eine Eigentümlichkeit der attischen Philosophensprache; so übernahm Theophr. von Plat.: διακάθαρσις, κλάσις, πιθήνησις, von Aristot.: ἄδρυνσις, ἀναθυμίασις, αὔανσις, βλάστησις, γειτνίασις, γεῦσις, ἔκπεψις, κόλουσις, μάνωσις, μόλυνσις, πάχυνσις, πέπανσις, πλάσις, πρόωσις, πύκνωσις, τελείωσις, τρῶσις, von Plat. und Aristot.: ἀλλοίωσις, ἔλλειψις, κύησις, κώλυσις, ὁμοίωσις, ὄσφρησις, πήδησις, πίλησις, πτῶσις, σχίσις. Viel seltener als in der Koine sind in der älteren griechischen Sprache Bildungen auf -μα und auf -σμός. Von älteren begegnen wir bei Theophr.: ἀπόμαγμα Soph., Hip., ξύσμα Archestr., Hip., Ari., ἕλκωμα, ἔρεγμα Hip., ἀπόρημα Pl., Ari., σχίσμα Ari., στερέωμα Anaxag., Ari., σφακελισμός Eur., Hip., ἀφορισμός, μετεωρισμός, Hip., Ari., διορισμός, μερισμός, σχηματισμός, χωρισμός Pl., Ari. — Aus der attischen Volkssprache darf man vielleicht die Deminutivbildungen auf -ιον herleiten; auch bei uns eigenen die Bildungen mit den Suffixen -chen, -lein zunächst der Dialektsprache und gelangen von hier über und durch das Volkslied in die höhere Poesie. Die griechische Komödie hat die von der Tragödie gemiedenen Deminutiva verhältnismäßig häufig nach der Volkssprache; daher auch bei Theophr.: βοτάνιον Antiph., κλινάριον Ar., κυλίκιον Epikr., ῥιζίον Ar., Antiph.; Aristot. schon bei βοστρύχιον, περικάρπιον, ῥαβδίον, σκωλήκιον, σφηκίον; außerdem schon bei früheren belegt σφαιρίον Demokr., τραπέζιον Lys., φυκίον Alex., Pl., Ari. Doch könnte hier auch ionisches Ferment mit vorliegen; der ionische Iambos hat Deminutiva.

Bei den Adjektiven findet sich die Endung -ικός 24 mal. Diese Bildung ist bei den Ioniern ebenso wie in der gewöhnlichen Atthis des 5. Jahrh. seltener, dagegen seit der Sophistenzeit häufig bei den attischen Philosophen. Aus dem Sprachschatze des Hippokrates begegnen wir: κατεργαστικός, στυπτικός, aus Hip. und Ari.: αὐξητικός, γεννητικός, καυτικός, ξηραντικός, ὑπνωτικός; aus Xen. und Ari.: κωλυτικός, φυσικός; aus Pl.: ἑλκτικός, κηπουρικός, πυρευτικός; aus Pl. und Ari.: διακριτικός, θερμαντικός, θρεπτικός, οἰκοδομικός, ῥυπτικός, τμητικός, φθαρτικός; aus Ari.: γενικός, δερμαντικός, δηκτικός, ἐκκριτικός, νοσηματικός, ὀργανικός, παθητικός, περιττωματικός, πνευματικός, σπερματικός, στερητικός, σωματικός, τηκτικός, ὑλικός. Man beachte dabei: vor Aristoteles begegnen wir fast nur Bildungen vom Adj.

verb. (man könnte sie beinahe selbst Adj. verb. mit aktiver Bedeutung nennen); ausgenommen sind nur φυσικός Xen. Ari., κηπουρικός Pl. und οἰκοδομικός Pl., Ari., also 2 davon bei Plato. Bei den von Aristoteles übernommenen Wörtern dagegen überwiegt die Zahl der von Substantiven abgeleiteten Bildungen. Es gehören dahin: γενικός, δερματικός, νοσηματικός, ὀργανικός, παθητικός, περιττωματικός, πνευματικός, σπερματικός, σωματικός, ὑλικός. Theophrast folgt auch in dieser Hinsicht seinem Lehrer, also der attischen Philosophensprache. Bei ihm sind 14 der Adjektiva auf -ικός von Substantiven gebildet, nämlich ἀκανθικός, ἀκρεμονικός, ἁμαξικός, ἀνθικός (neben ἀνθητικός), βλαστικός (neben βλαστητικός), δενδρικός, καυλικός, ῥαγικός, στεφανωματικός (neben στεφανωτικός), ὑληματικός, φρυγανικός, φυλλικός; dazu ἀκανικός, μηκωνικός. — Selten sind die Adjektiva auf -ηρός; von früheren begegnen wir σιτηρός Hip., Ari., ἐλαιηρός Hip., Pind., Pl., βαλανηρός Ari. — Die Bildungen auf -ινος dienen fast nur zur Bezeichnung der Holzart, darum sind sie nicht zahlreich. Wir finden bei Theophrast nur vier Neubildungen: ἄκτινος, ζύγινος πτελέϊνος, τερμίνθινος, während er von früheren Autoren neun übernommen hat: ἐλάϊνος Hom., ἐλάτινος Hom., Eur., Timoth., ἰτέϊνος Hdt., κρόκινος Demokr., Anaxil. com., λώτινος Anakr., πεύκινος Trag., πιτύϊνος Hip., πρίνινος Hes., Antiph., Ari., πύξινος Hom., Kom.

Als charakteristisch für Theophrast darf man die vielen Bildungen auf -οειδής bezw. -ώδης bezeichnen. Es sind im ganzen 90, davon 42 von einzelnen Pflanzennamen abgeleitet. Für die Art seiner Beschreibung, die ein besonderes Gewicht auf die Vergleichung legt und bei unbekannten Pflanzen durch die Beziehung auf bekannte eine anschauliche Vorstellung erwecken will, sind diese Sprachbildungen ein hauptsächliches Hilfsmittel. So verwendet sie Theophrast bald zur Charakterisierung des ganzen Habitus (wie κεγχραμώδης, κυμινώδης), bald zur morphologischen Bestimmung einzelner Teile, so der Wurzel (βολβώδης), des Holzes (λωτοειδής), des Blattes (ἀσφοδελώδης, σελινώδης, σκολιώδης, τριχώδης, ὠκιμώδης), der Blüte (μηλινοειδής), der Frucht (ἀμυγδαλώδης), des Duftes (λειριώδεϲ) usw. Mögen wir, die wir heute für jede morphologische Form einen bestimmten terminus haben, diese vergleichende Terminologie vielleicht als unwissenschaftlich empfinden, so hat sie andererseits eines der unserigen voraus: sie ist anschaulicher, ich möchte fast sagen malerischer. Wenn Theophrast z. B. ein Blatt δαφνοειδήϲ nennt, so haben wir eine genaue Vorstellung von Größe, Form und Randbildung des Blattes, wie sie unsere Terminologie erst durch Anführung mehrerer Merkmale geben kann. Die Bildung mit -ώδηϲ ist ebenfalls bei Hippokrates und Aristoteles am meisten beliebt, wie die folgende Zusammenstellung der Wörter, die sich schon vor Theophrast belegen lassen, beweist: ἀλϲώδηϲ Eur., βοτρυώδηϲ Eur., μυχώδηϲ Eur., χιονώδηϲ Hip., Eur., χνοώδηϲ Hip., Emped., γαλακτώδηϲ Hip., Parm., Ari., κηριώδηϲ Epich.; bei Hip.: ἁλμυρώδηϲ, δακρυώδηϲ, ἰλυώδηϲ, καυϲώδηϲ, κεφαλώδηϲ, κοπριώδηϲ, λεκιθώδηϲ, ὀμφαλώδηϲ, ὀρρώδηϲ, πιτυρώδηϲ, πτερυγοειδήϲ, ῥητινώδηϲ, ϲιτώδηϲ, ϲτυπτηριώδηϲ, ταινιοειδήϲ, φονώδηϲ, χλοώδηϲ; bei Hip. und Ari.: δενδρώδηϲ, ἐλαιώδηϲ, ἑλώδηϲ, ἐριώδηϲ, οἰνώδηϲ, ὀπώδηϲ, ὀϲμώδηϲ, ῥυτιδώδηϲ, ὑμενώδηϲ; ἁλμώδηϲ Hip., Xen., ἀργιλώδηϲ Hdt., Ari., ἰνώδηϲ Xen, Ari., αἱματώδηϲ Thuk., Ari., γωνιώδηϲ Hip., Thuk., λοχμώδηϲ Thuk., ὑλώδηϲ Thuk., Xen.; bei Pl. und Ari.: κολλώδηϲ, ϲηϲαμώδηϲ; bei Ari.: ἀμμώδηϲ, αἰδοιώδηϲ, ἀνεμώδηϲ, ἀτμιδώδηϲ, δερματώδηϲ, ἐρυϲιβώδηϲ, θυλακώδηϲ, καλαμώδηϲ, καπνώδηϲ, κερατώδηϲ, κομμιδώδηϲ, κονιορτώδηϲ, λεπυριώδηϲ, μελιτώδηϲ, ξυλώδηϲ, ὁμοειδήϲ, πιττώδηϲ, πλακώδηϲ, ϲτοιχειώδηϲ, τριχώδηϲ, φαραγγώδηϲ, φαρμακώδηϲ, φλοιώδηϲ, φυκώδηϲ, ᾠοειδήϲ. — Von den einzelnen Pflanzennamen abgeleitet finden sich nur wenige: πιτυώδηϲ Alkae.; δαφνοειδήϲ, πραϲώδηϲ, ϲηϲαμώδηϲ Hip.; ποιώδηϲ Hdt.

Interessant zu beobachten ist, daß fast alle von Theophrast neu eingeführten Verba denominativa sind. Davon ausgenommen sind nur die auf -φυέω, ferner ὑλομανέω, φυλλομανέω; von Verbaladjektiven abgeleitet sind εὐθετέω, πιττοκαυτέομαι. Von den vor Theophrast gebrauchten finden sich bei früheren Autoren folgende Denominativa:

auf -άζω: ψεκάζω Ar., περκάζω Chairem., ὑγιάζω Hdt.,

παρακμάζω Alex., Xen., Ari., παροιμιάζομαι Pl., Ari., μηρυκάζω Ari.;

auf -ίζω: καρπίζω Eur., κοπρίζω Od., ῥαβδίζω Pherecr., Ari., ἀφρίζω Soph., Com., καταβυθίζω Hip., μετασχηματίζω Pl., Ari.; διετίζω, ἐκτοπίζω, ὀπίζω Ari.;

auf -έω: ἐπινεφέω Alex., εὐκαρπέω Ar., πιττοκοπέομαι Alex., εὐτοκέω Hip., ῥιζοτομέω Hip., στοιχέω Xen., καταρραφέω Hip., Xen., συμπιλέω Pl., Ari.; ἀμπελουργέω Aeschin.; εὐμελιτέω, εὐτροφέω, ζῳογονέω, πολυτοκέω, προσοδοποιέω, ᾠοτοκέω Ari.;

auf -όω: κληματόομαι Soph., θηριόω, συνεκπυρόω Pl.; bei Ari.: κολοβόω, σωματόομαι, τριχόω.

Besonders charakteristisch für Theophrast sind die zahlreichen (36) medialen Bildungen auf -όομαι zur Bezeichnung einer physiologischen Metamorphose. Von sämtlichen neueingeführten Verben auf -όω zählen nicht hierher nur folgende: ἀχυρόω, ἐρυσιβόω, ἀπερυσιβόω, θαλαττόω, κυλινδρόω, ἐπικυλινδρόω, μανόω, μορφόω, σημειόομαι.

Als Verbalbildungen von Pflanzennamen sind zu beachten ἐρινάζω, ὀλυνθάζω (von den Fruchtbezeichnungen ἐρινον und ὄλυνθος), ἐξαιγειρόομαι, βοτρυόομαι, γελγιδόομαι, ἀφερπυλλόομαι, ἀποκιττόομαι, ἀποσταφιδόομαι. Noch häufiger sind die von allgemeineren Pflanzenbegriffen gebildeten: ἀκανίζω, βοτανίζω, διακαυλίζω, παρακαυλίζω, ἐκλαχανίζω, φλοιΐζομαι, ἀποφυλλίζω, ἀβλαστέω, εὐβλαστέω, ὀψιβλαστέω, πρωϊβλαστέω, κακοβλαστέω, διακαυλέω, ἐκκαυλέω, δικαυλέω, ὀψισπορέω, πρωϊσπορέω, μανοσπορέω, πυκνοσπορέω, χειμοσπορέω, ἀκανθόομαι, ἐξακανθόομαι, δενδρόομαι, ἀποδενδρόομαι, ἐκθαμνόομαι, καλαμόομαι, ἀπολοχμόομαι, ἐκλοχμόομαι, ἐκξυλόομαι, ὀζόομαι, ἀποπαππόομαι, ἐκπαππόομαι, σπερματόομαι, ἐκσπερματόομαι, σπερμόομαι.

Auch die Pflanzennamen bieten sprachlich manches Beachtenswerte, so die Bildungen auf -ίας, die eigentlich Adjektiva sind. Dahin gehören: βομβυκίας, δρακοντίας, εἱλετίας, καγχρυδίας, καμακίας, κορυμβίας, κριθανίας, σιτανίας, σκυταλίας, στραγγίας, συργγίας, χαρακίας; καυλίας, σκαλίας; auf -ιον endigen: ἀσχίον, ἡλιοτρόπιον, ἠρύγγιον, κεραύνιον, μνάσιον, ξιφίον, πηγάνιον; κόρσιον, πέρσιον.

Eine Reihe sind zusammengesetzte Substantiva[1]): Subst. mit Subst.: αἱμόδωρον, ἀρνόγλωϲϲον, βουμέλιοϲ, γεράνδρυον, διόϲπυρον, ἐλαίαγνοϲ, ἡλιοτρόπιον, κεντρομυρρίνη, κορωνόπουϲ, κρομυογήτειον, κυνόρροδον (vgl. 'Hundsrose'), μελιϲϲόφυλλον, μυάκανθοϲ, μυοφόνοϲ, ὀνόπυξοϲ (vgl. unser 'Eselsdistel'), ὀνοχειλέϲ, ὀποβάλϲαμον, ὀρειπτελέα, ὀρεοϲέλινον, τραγάκανθα, φελλόδρυϲ.

Subst. mit Adj.: τριχομανέϲ.

Adj. mit Subst.: ἀγριέλαιοϲ, ἐλειοϲέλινον, ἑτεόκριθοϲ, ἐτυμόδρυϲ, θηλυκράνεια, λειοθαϲία, λευκάκανθα, μελάμπυρον, μελάνδρυον, μικρόμυρτοϲ, μυριόπουϲ, ὁμοιόκριθοϲ, ὁμοιόπυροϲ, ὀξυάκανθοϲ.

Zahlw. mit Subst.: τετράλιξ.

Adv. mit Subst.: χαμαίβατοϲ, χαμαιδάφνη.

Subst. mit Verb.: λινόϲπαρτον.

Verb. mit Subst.: κλινότροχον.

Aus der Literatur vor Theophrast gehören dahin:

Subst. mit Subst.: αἰγίπυροϲ, ἱππομάραθον, ἱπποϲέλινον, ἱπποφέωϲ, κοκκυμηλέα, κοκκύμηλον, κυνόϲβατοϲ, μελίλωτοϲ, πραϲοκουρίϲ.

Adj. mit Subst.: ἑλειόχρυϲοϲ, ἡδύοϲμοϲ, λευκόϊον.

Adj. mit Adj.: ἡμεροκαλλέϲ.

Verb. mit Subst.: ἐλελίϲφακοϲ.

Gruppiert man die Neubildungen Theophrasts nach Stämmen, so ergeben sich folgende Wortreihen: ἀγγείδιον, ἐναγγειόκαρποϲ. ϲυν-άγκεια, βαθυαγκήϲ. ἀπ-ἀγρίωϲιϲ, ἀγριέλαιοϲ. περι-αίρεϲιϲ, δυϲ-, δυϲπερικαθ-, εὐ-περιαίρετοϲ, προαφαιρέω. ἄκανοϲ, ἀκανικόϲ, ἀκανώδηϲ, ἀκανίζω. ἐπ-, παρ-ακανθίζω, ἀκανθόομαι, ἐξακανθόομαι, ἀκανθοφόροϲ, μυάκανθοϲ, ὀξυ-, ὀρθ-, περικαρπι-, πολυ-, πτορθάκανθοϲ, τραγάκανθα, φυλλ-, ἀφυλλάκανθοϲ. δι-, ἐξ-, προ-, ϲυν-αλλοιόω. ἁλμάω, ἔφαλμα. ἔφ-, ὕφ-αμμοϲ. δι-άρκεια, αὐταρκέω. μέτ-αρϲιϲ. ἀτμώδηϲ, ἐξάτμιϲιϲ. παρ-, ϲυνεξ-αυαίνω. κατ-, προκαταύληϲιϲ. ἄμφ-αυξιϲ, δυϲαυξήϲ, δυϲαύξητοϲ, ἐξαυξάνω. —

[1]) Viele von diesen sind wohl volkstümliche Bezeichnungen wie μυοφόνοϲ der 'Mäusetod', κορωνόπουϲ der 'Krähenfuß', bei einigen sagt es auch Theophrast ausdrücklich, so bei κλινότροχοϲ, γεράνδρυον ἐτυμόδρυϲ, θηλοκράνεια.

βάθυcμα, Bildungen mit βαθυ-. προ-, κατα-, cυμπαρα-, cυναποβάλλω, ἀποβλητικόc, κεραυνοβλήc, δροcο-, ἡλιο-, φυλλοβόλοc, φυλλοβολία, ἀcτροβοληcία, ἀcτροβολία, ἀcτροβολέομαι, cταχυοβολέω. ἀνα-βάπτω, κοκκοβαφήc. ἔμ-βιοc, ἐμβιόω. ἐκ-, ἐπι-βόcκω, ἐπιβόcκηcιc. περι-, ὑπο-βιβρώcκω, cκωληκόβρωτοc, cκωληκόβοροc. ἀπο-, ἐπι-βρέχω, ἡμιβρεχήc, ἡμίβροχοc. — γαλάκτωcιc, γαλακτόομαι, ἐκγαλακτόομαι. εὔ-γειοc, ἰcόγεωc, λευκόγειοc, ἐγγειόφυλλοc, ἐγγεοτόκοc, ἐπιγειόκαρποc, ἐπιγειόφυλλοc. γελγίc, γελγιδόομαι. προ-, προcεπι-γεννάω. ἀ-γεώργητοc, ἀγεωργηcία. ἀ-γίγαρτοc, γιγαρτώδηc. γλύκανcιc, ἐπιγλυκύc, ἀνα-, ἐπιγλυκαίνω. γονατώδηc, γονατόομαι, ὀλιγογόνατοc, μεcογονάτιον. γονεύω, εὐ-, τρι-, καρπο-, cπερμο-, τελεογονέω, ταχύγονοc, ζῳο-, καρπογονία. ἄ-γωνοc, ἀπογωνιόομαι, ἐγγωνοειδήc, γωνιόφυλλοc, τετραγωνία. — δᾴδωcιc, δᾳδώδηc. δᾳδόομαι, ἐνδᾳδόομαι, ἄ-ένδᾳδοc, δᾳδουργόc, δᾳδουργέω, δᾳδοκοπέω, δᾳδοφορέω. δενδρικόc, δένδρωcιc, δενδρύφιον, δενδρόομαι, ἀποδενδρόομαι, πρόcδενδροc, δενδροφόροc, δενδρολάχανον. ἀνά-δοcιc, ἀνεπίδοτοc. — δι-ειδήc, δυcείδεια, Bildungen auf -οειδήc. ἀν-έλαιοc, ἐξελαιόω, ὀλιγοέλαιοc, ἐλαίαγνοc. ἕλκηθρον, cυνανέλκω, ἀφέλκωcιc, νεωλκέω. δί-, τρί-, ἐνά-ενοc. ἐνιαυτοφορέω, παρενιαυτοφόροc. ἐξ-εργαcία, δυcέργαcτοc, δύc-, ἀμφί-, κάτεργοc, προκατεργάζομαι, ἁμαξο-, ἀμπελο-, διφρο-, φυτο-εργία, δᾳδουργόc, cιδηρουργόc, δᾳδουργέω, τελειουργέω. ἐρινάζω, ἐριναcμόc, ἀνεριναcτόc. τρι-, τετρα-ετία, ἐπετειόκαυλοc, ἐπετειόφυλλοc, ἐπετειοφόροc, ἐπετειοφορέω. ἐμπερι-έχω, περιοχή. προαφέψω, ἄφεψιc, εὐέψητοc. —
ἄ-, εὔ-ζῳοc, ζῳόομαι, ἐκζῳόομαι, ζῳογονία, ζῳοποιόc, ζῳοτροφέω. —
ἐξ-ηθέω, διήθηcιc. ἡλίωcιc, διηλιόω, ἡλιοβόλοc. ἡμέρωμα, ἡμέρωcιc, δι-, cυνημερόω. —
θαμνώδηc, ἐκθαμνόομαι. ἀπο-, δια-θηλύνω, θηλυκράνεια.
ἄν-ικμοc, ἀπ-, δι-, cυνεπικμάω, δι-, cυνικμάζω. ἄ-, εὔ-, λεπτό-, ὀλιγό-, πολύ-ϊνοc. —
περι-κάθαρcιc. καλαμόομαι, καλαμόφυλλοc, λεπτο-, μονο-, ὀλιγο-, παχυ-, πολυκάλαμοc. ἀ-, πολυκαμπήc. ἀ-, ἐρυθροκάρδιοc. καυθμόc, κατάκαυcιc, νεόκαυτοc, πιττοκαυτέομαι.

καχρύδιον, καχρυώδης, καχρυοφόρος. κελυφανώδης, ἀκέλυφος. κεντητικός, παρακεντέω, ἐγκεντρίζω, κεντρομυρρίνη. περι-κεφαλαία, κεφαλόρριζος, ῥιζοκέφαλος, πεντεγκέφαλος. κιττοειδής, ἀποκιττόομαι. ὀλιγό-, πολύκλαδος. κλωνίον, πολυύκλωνος. ἄ-κνισος, ἀπό-, ἐπικνίζω, ἐπίκνισις. κοίλωμα, ἐγκοίλιον, ἐκκοιλαίνω, κοιλόμισχος, κοιλόφυλλος. κοκκοβαφής, καλικόκκος. ἄ-κολλος, ἐπι-, παρακόλλημα, ἐπικολλάω. ἀ-κονίατος, ὑποκόνισις, ὑποκονίω. κοπάς, ἐπι-, κατακοπή, διάκοψις, δᾳδοκοπέω, χαλαζοκοπία, χαλαζοκοπέομαι. κόπρισις, κόπρωσις, κοπρισμός, ἀκόπριστος, διάκοπρος, φιλόκοπρος. κορύνησις, κορυνώδης, κορυνάω. κρείττωσις, κρειττόομαι. κυλινδρόω, ἐπικυλινδρόω, κυλιν-δρώδης. —

εἰς-, συνεπι-λάμπω. λαχανηρός, λαχανώδης, ἐκλαχανίζω. προσυλ-, προσεπι-λέγω, βλαστολογία, βλαστο-, καρπο-, ἐκλιθολογέω. ἐπί-λευκος, ἐκλευκαίνω, λευκάκανθα, Bildungen mit λευκ-. ἀντι-ληπτικός, περικατάληψις, περικαταλαμβάνω. λιθάριον, ἀπολιθόω, παραλιθάζω, ἐκλιθολογέω. λιμόομαι, ἔκλιμος. λιπώδης, ἀλιπής. μακρό-, στρογγυλό-λοβος, ἐλλοβοειδής, ἐλλοβόκαρπος, ἐλλοβοσπέρματος. λοπάω, ὑπολοπάω, λοπίζω (λεπίζω), λοπητός, περιλοπίζω, ἀλόπιστος, τρίς-, μονό-, πολύλοπος. ἀπο-, ἐκλοχμόομαι. —

μανόω, ὑλομανέω, φυλλομανέω. ἀνά-, κατά-, ἐναπό-μιξις, ἀναπόμικτος, συναναμείγνυμι. ἐπι-μέλας, μελαγκρανίς, μελάμπυρον, μελάνδρυον. μελιτηρός, βουμέλιος. μίσχος, ἄ-, κοιλόμισχος. μόρφωσις, μορφόω. —

ἐκ-νέφελος, ἐπινεφής. —

δυς-ξήραντος, ἀναξήρανσις. ξιφίον, ξιφοειδής. εὔ-ξυλος, ἐκ-ξυλόομαι. —

ὀζώδης, ὀζόομαι, ἄ-, τρί-, δί-, ὀλίγοζος, ταξιόζωτος, πολυοζία. ὀλυνθάζω, ὀλυνθοφόρος, ὀλυνθοφορέω. σύν-οξυς, ἐξοξύνομαι. κατ-όρυξις, ἀποκάτωρυξ[1]), προορύττω. ἀ-, πολυ-οσμία, πολύοσμος, εὐοσμέω. οὐλότης, ἄν-, ἔπουλος, οὐλόφυλλος. ἐν-οφθαλισμός, ἐνοφθαλμίζω. —

παππώδης, ἀπο-, ἐκπαππόομαι, παπποσπέρματος. ἐκ-παχύνω, ὑπερπαχύνομαι, Bildungen mit παχυ-. πελέκησις, ἀ-, εὐπε-

[1]) s. jedoch S. 152.

λέκητος, ἐκ-, παραπελεκάω. ἐκ-, κατα-πεπαίνω, ἀπέπαντος. πηκτικός, ἐκπηκτικός, ἔκπηξις, ἐκπήγνυμι, ἁμαξο-, διφρο-, θυρο-, κλινοπηγία. ἐπί-, ὑπό-πικρος. ἀντι-, παρεις-, προαπο-πίπτω, εὔ-, προαπόπτωτος, συμπτωματικός. παρα-πλάγιος, πλαγιόκαρπος, πλαγιόκαυλος. συμ-πλήρης, συναναπληρόω. ἀπνεύματος, δυςδιάπνευστος, ἀπο-, διεκπνοή, περίπνους, διεκπνέω, ἐκπνευματόομαι. κατά-πνιξις, συμπνίγω. ποάριον, ποασμός. ἐπι-πόρφυρος, ἐπιπορφυρίζω. πρεμνώδης ὑπόπρεμνος. πρίσμα, δύσπριστος, πριονώδης. πυρηνώδης, πυρήνιον, ἐμ-, μαλακο-, μικρο-, πολυπύρηνος. —
ῥαγικός, ῥαγώδης. ῥύτρος, συρροή, προαπορ-, συγκατα-, συναπορρέω, φυλλορροία. —
ἐκ-σαρκόομαι, σαρκόρριζος, σαρκόφυλλος. κατα-, περι-σάττω, ἐπι-, περίσαξις. δια-, ἐκ-, περι-, ὑπο-σήπω, ἐπίσαπρος, εὐσηψία. σκαπάνη, σκαφητός, ἀνα-, παρα-, περι-, συ-, συγκατασκάπτω. εὐπερι-σκεπής, κατα-, περι-, συσκεπάζω, φιλόσκεπος. σκωλήκωσις, σκωληκόομαι, σκωληκόβορος, σκωληκόβρωτος. ἐπίσπασις, κατάσπασμα, παρασπάς. σταχυηρός, σταχυώδης, περισταχυώδης, μεγαλό-, μικρόσταχυς, σταχυοβολέω. στελεχώδης, ἀ-, βραχυ-, μακρο-, μονο-, πολυστελέχης, στελεχόκαρπος. ἀνάστημα, ἐπισυν-, συμπεριΐστημι. ἄ-, πεντά-, ἑξά-, ὁμό-στοιχος, δι-, τετταρα(τετρα-)στοιχία. σχάσις, κατασχάζω. ἑτερο-, ὁμοσχήμων, μεγαλόσχημος, ὁμοιοσχήματος, μετασχηματισμός. ἐπισχίζω, δύς-, ἔν-, εὔσχιστος, ἀκρο-, μεσο-, χαμαισχιδής. —
ταρρώδης, ταρρόομαι, συνταρρόομαι, σύνταρρος. ἐκ-τελείωσις, δια-, ἐκτελειόω, συνεκτελέω, τελειουργέω, τελειογονέω, τελειοκαρπέω. προαπο-τέμνω, δύς-, ἐπί-, ὀψί-, βραχύ-, μακρό-, πρωτότομος, ὑποτομή, βραχυ-, μακρο-, πυρο-, ῥιζοτομία. τεράμων, τεραμνότης, ἀτεραμνότης. παρατήρησις, συνδιατηρέω. ὑπερ-, βλαστο-, καρπο-, σπερμο-τοκέω, καρποτοκία, ἐγγεοτόκος. ἀποτραχύνω, τραχύφλοιος. τριχόφυλλος, τριχομανές. ἀ-, πολυτροφία, δύς-, κακό-, ὀλιγό-, πολύτροφος, ἀ-, (συν-), κακο-τροφέω. τρύπησις, δυς-, εὐτρύπητος, ἐκτρύπημα. —
ὕδρευσις, ὑδρώδης, ἀνύδρευτος, ἐφυδρεύω, ὀλιγό-ϋδρος, λειψ-, πολυ-, ψυχροϋδρία. ὕλημα, ὑληματικός, ἄνυλος, ὑλομανέω. —
δύς-φθαρτος. φθειροποιός, φθειροφόρος. φοράς, καρποφορία, Bildungen auf -φόρος, -φορέω. ἐπι-φράττω, διαφρά-

γνυμι, ἀδιάφρακτος, σύμφραξις. φρυγανικός, φρυγανώδης. τρι-, ῥιζο-, σπερμο-φυής, ὑπόφυσις, δυς-, ὀρθοφυΐα, βλαστο-, ῥιζο-, σπερμοφυέω, εὔπρος-, εὐσυμ-, φοινικόφυτος, φυτουργία, μεταφυτεία, μετα-, παρα-, ὑποφυτεύω. —
ἐπι-, περι-χαράττω. χίλωσις, χιλεύω. ἡμι-χοαῖος, τριακοντά-, πεντηκοντά-, ἑκοντάχοος, πολυχοΐα. ἰσο-χρόνιος, παρισόχρονος, ὀλιγο-, πολυχρονιότης, ἰσοχρονέω. χύλωσις, ἀ-, δυσχυμία, λεπτόχυλος, ἐγχυλίζω. ἀπό-χυσις, εὐδιάχυτος. —
φιλό-ψυχρος, ψυχροϋδρία. —
ἀ-ώριος, πάρωρος. —

Den Beschluß mögen die von den morphologischen Grundbegriffen ῥίζα, βλαστός, καυλός, φύλλον, φλοιός, ἄνθος, καρπός, σπέρμα abgeleiteten Wörter bilden, an denen man den Reichtum der von Theophrast geschaffenen Terminologie ersehen mag.

Bildungen mit und von ῥίζα: ῥίζωσις, ῥιζώδης, ἄ-, κατά-, εὔ-, ἀσθενόρριζος, βαθυρριζία, βραχύρριζος, βραχυρριζία, εὐθύ-, ἰσχυρό-, λεπτό-, μακρόρριζος, μακρορριζία, μονό-, ὀλιγό-, ὁλό-, παχύ-, πολύρριζος, πολυρριζία, ἐπιπολαιό-, κεφαλό-, σαρκόρριζος, ῥιζοφίτυτος[1]), ῥιζοτομία, ῥιζοφυής, ῥιζοφυέω.

βλαστός: βλαστητικός, βλαστικός, ἀβλαστής, ἄβλαστος, ἀβλάστητος, ἀβλαστέω, ἀειβλαστής, ἀειβλάστησις, ἀρτι-, δυς-, εὐβλαστής, εὔβλαστος, εὐβλαστία, εὐβλαστέω, ὀψιβλαστής, ὀψίβλαστος, ὀψιβλαστέω, πρωϊβλαστής, πρωΐβλαστος, πρωϊβλαστία, πρωϊβλαστέω, ἀνα-, διαβλάστησις, διαβλαστάνω, ἐμβλάστησις, ἐμβλαστάνω, ἐπιβλαστικός, ἐπιβλάστησις, ἐπι-, μεταβλαστάνω, παραβλαστητικός, παραβλαστικός, ἀπαράβλαστος, παραβλάστη, παραβλάστημα, παραβλάστησις, πρόβλαστος, προβλάστημα, προβλαστάνω, ὑπερβλαστής, ὑπερ-, προσεπι-, συναναβλαστάνω, ἀκρόβλαστος, κακοβλαστής, κακόβλαστος, κακοβλαστέω, λεπτόβλαστος, ὁμοβλαστής, ὁμοβλαστάνω, πολυβλαστής, πολυβλαστία, πυκνό-, ταχύβλαστος, ταχυβλαστία, βλαστολογία, βλαστολογέω, βλαστοτοκέω, βλαστοφυέω.

καυλός: καυλικός, καυλώδης, καυλίας, δικαυλέω, χαμαί-, ἀπόκαυλος, διακαυλέω, διακαυλίζω, ἐκκαύλησις, ἐκκαυλέω, παρακαυλίζω, εὐθύ-, λειό-, λευκό-, μεγαλό-, μονό-, ὀλιγό-, ὀρθό-, παχύ-, πλαγιό-, πλατύ-, ποικιλό-, πολύ-, πορφυρό-, σκολιό-,

[1]) s. S. 165.

στρογγυλό-, ἐπαλλό-, ἐπετειό-, περιαλλό-, νευρό-, ἐννευρό-, ἐπιγειόκαυλος, ἐπικαυλόφυλλος.

φλοιός: φλοισμός, φλοΐζομαι, ἄ-, ἔμφλοιος, περιφλοισμός, ἁλί-, λειό-, λεπτό-, μαλακό-, ὁμοιό-, παχύ-, τραχύ-, ῥηξίφλοιος, φλοιορραγής, ἐμφλοιοσπέρματος.

φύλλον: φυλλικός, φυλλώδης, ἀειφυλλία, ἀποφυλλίζω, δωδεκά-, εἰκοσί-, ἑκοντά-, ἀκρό-, κοιλό-, λειό-, λεπτό-, μανό-, μεγαλό-, μονό-, ὀλιγό-, οὐλό-, πυκνό-, σκληρό-, στενόφυλλος, στενοφυλλία, ἐπετειό-, γωνιό-, καλαμό-, ῥιζόσαρκό-, ταξί-, τριχό-, ἐγγειό-, ἐπιγειό-, ἐπικαυλό-, ἐπιφυλλό-, προσριζόφυλλος, μελισσόφυλλον (Pflanzenname), φυλλοβόλος, φυλλοβολία, φυλλόκαρπος, φυλλορροία, φυλλομανέω, φυλλοφορέω, ἀφυλλάκανθος, ἀφυλλανθές.

ἄνθος: ἀνθικός, ἀνθητικός, ἀνθώδης, ἄνθησις, ἀνθήλη, δι-, ὀψιανθής, ὀψιανθέω, πρωϊανθής, ἀπάνθησις, παρ-, προανθέω, κολοβοανθής, ἀφυλλανθές.

καρπός: καρπισμός, ἀκαρπέω, δίκαρπος, δικαρπέω, ἀείκαρπος, ὀπισθοκάρπιος, ὀψίκαρπος, ὀψικαρπία, ὀψικαρπέω, πρωΐκαρπος, πρωϊκαρπία, πρωϊκαρπέω, ἀκρό-, βραδύκαρπος, γλυκυκαρπέω, γυμνό-, ἡδύκαρπος, κακοκαρπία, καλλικαρπία, καλλικαρπέω, λευκό-, μεγαλό-, μικρόκαρπος, μικροκαρπία, ξηρό-, ὀλιγόκαρπος, ὁμοκαρπέω, πλαγιόκαρπος, τελειοκαρπέω, στελεχό-, ἐλλοβό-, ἐμπεδό-, ἐπιφυλλόκαρπος, καρπογονία, καρπογονέω, καρπολογέω, καρποτοκία, καρποτοκέω, καρποφορία, περικαρπιάκανθος.

σπέρμα: σπερμάτιον, σπερματισμός, σπερματόομαι, σπερμόομαι, ἐκσπερματόομαι, γυμνόσπερμος, γυμνοσπέρματος, κακκό-, μικρόσπερμος, πολυσπέρματος, παππο-, ἐμφλοιοσπέρματος, ἐναγγειό-, ἐνυμενόσπερμος, πωγωνόσπερμα, σπερμογονέω, σπερμοτοκέω, σπερμοφόρος, σπερμοφορέω, σπερμοφυής, σπερμοφυέω; dazu von σπείρω, σπορά: σπορευτός, ὀψίσπορος, ὀψισπορέω, πρωΐσπορος, πρωϊσπορέω, ἐπισπορά, παρασπείρω, μανόσπορος, μανοσπορέω, πυκνόσπορος, πυκνοσπορέω, χειμόσπορος, χειμοσπορέω, λινόσπαρτον (Pflanzenname).

Die formale Seite von Theophrasts botanischen Schriften glaube ich damit einigermaßen erschöpfend behandelt zu haben. Der Wissenschaft bleiben vor allem die Aufgaben materieller Art, für die die Arbeit kaum eingesetzt hat. Einmal wäre die Methode Theophrasts in ihren Einzelheiten zu untersuchen: die Art, wie er fremde Mitteilungen verwertet und sie mit eigenen Beobachtungen verknüpft; wie er stets Vergleiche sucht und dadurch die Anschaulichkeit erhöht; ferner die Art seiner Beweisführung, durch die er die physiologischen Erscheinungen zu ergründen und zu erklären sucht. Nach dieser Seite hin hat Bretzl den richtigen Weg gezeigt. Weiter müßte man den gesamten Aufbau prüfen und die Beziehungen der Teile zueinander aufdecken, ebenso die Disposition jedes Abschnitts für sich betrachten, wobei ebenso die stilistische wie die methodische Verschiedenheit der beiden theophrasteischen Schriften zutage treten würde, darüber hinaus sich aber ein Blick eröffnen möchte in die Tiefen der forschenden Naturwissenschaft des Altertums. Hier kann aber nur eine gründliche Kenntnis der zoologischen Schriften des Aristoteles weiterhelfen, auf die uns Theophrast selbst hingewiesen hat, wenn er mit den Eingangsworten der Pflanzengeschichte 'τῶν φυτῶν τὰς διαφορὰς καὶ τὴν ἄλλην φύσιν ληπτέον κατά τε τὰ μέρη καὶ τὰ πάθη καὶ τὰς γενέσεις καὶ τοὺς βίους. ἔθη γὰρ καὶ πράξεις οὐκ ἔχουσιν ὥσπερ τὰ ζῷα' deutlich Bezug nimmt auf Aristoteles (De animal. part. 487a 11): 'αἱ δὲ διαφοραὶ τῶν ζῴων εἰσὶ κατά τε τοὺς βίους καὶ τὰς πράξεις καὶ τὰ ἤθη καὶ τὰ μορία'.

Verzeichnis
der textkritisch behandelten oder erläuterten Stellen.

Historiae plantarum:

Causae plantarum:

Sachregister.

Druckfehler und Versehen.

S. 40 Z. 8 v. o. lies γεννώμενα für γεννόμενα.
S. 46 Z. 4 v. u. lies πρῷρα für πρῳςα.
S. 85 Z. 13 v. u. lies Demosthenes.
S. 102 Z. 7 v. o. streiche 'zu' vor 'dürfen'.
S. 115 2. Sp. Z. 6 v. o. lies κύτιϲοϲ für κύτιϲυϲ.
S. 116 1. Sp. Z. 14 v. u. füge ein: πίννα Kratin. — C. II 17, 8.
S. 125 1. Sp. Z. 15 v. u. lies ἀγλευκήϲ für ἄγλευκήϲ.

FSC
www.fsc.org
MIX
Papier | Fördert gute Waldnutzung
FSC® C083411

Zeitfracht Medien GmbH
Ferdinand-Jühlke-Straße 7
99095 Erfurt, Deutschland
produktsicherheit@kolibri360.de